U0230660

内容简介

本书被评为**“北京高等教育精品教材”**，是高等职业、高等专科教育经济类和管理类“微积分”课程的教材. 该书根据教育部制定的高职高专“经济数学基础课程教学基本要求”，并结合作者多年来为经济类、管理类高职学生讲授“微积分”课程所积累的丰富教学经验编写而成. 全书共分六章，内容包括：函数、极限与连续，导数与微分，微分中值定理与导数的应用，不定积分，定积分及其应用，多元函数微分学等. 几乎每节配置 A 组，B 组两类习题，每章配置总习题. A 组习题是基本题，B 组习题是综合题和提高题. 书末附有各节习题和各章总习题的答案或提示，并在本教材的配套辅导教材《微积分学习辅导(经济类、管理类)》中，给出了全部 B 组习题和各章总习题的详细解答，以供教师和学生参考.

本书针对学生的接受能力、理解程度按教学基本要求讲述“微积分”课程的基本内容，叙述通俗易懂、例题丰富、图形直观、富有启发性，便于自学，强调经济概念的引入和微积分在经济学中的应用，注重对学生基础知识的训练和综合能力的培养.

本书可作为高等职业、高等专科教育经济类和管理类学生“微积分”课程的教材，也可作为参加自学考试、成人教育、文凭考试、职大师生讲授和学习“微积分”课程的教材或学习参考书.

北京高等教育精品教材

高职高等数学系列教材

微 积 分

(经济类、管理类)

(第三版)

主 编 冯翠莲

图书在版编目(CIP)数据

微积分：经济类、管理类/冯翠莲主编. —3 版. —北京： 北京大学出版社， 2016.8

(高职高等数学系列教材)

ISBN 978-7-301-27335-7

Ⅰ. ①微… Ⅱ. ①冯… Ⅲ. ①微积分—高等职业教育—教材 Ⅳ. ①O172

中国版本图书馆 CIP 数据核字(2016)第 173023 号

书　　名	微积分(经济类、管理类)(第三版) WEIJIFEN
著作责任者	冯翠莲　主编
责任编辑	曾琬婷
标准书号	ISBN 978-7-301-27335-7
出版发行	北京大学出版社
地　　址	北京市海淀区成府路 205 号　100871
网　　址	http://www.pup.cn
电子信箱	zpup@pup.cn
新浪微博	@北京大学出版社
电　　话	邮购部 62752015　发行部 62750672　编辑部 62767347
印 刷 者	北京大学印刷厂
经 销 者	新华书店
	787 毫米×980 毫米　16 开本　13.5 印张　300 千字 2002 年 11 月第 1 版 2004 年 6 月第 2 版 2016 年 8 月第 3 版　2019 年 1 月第 2 次印刷(总第 21 次印刷)
印　　数	75701—78700 册
定　　价	32.00 元

未经许可，不得以任何方式复制或抄袭本书之部分或全部内容。

版权所有，侵权必究

举报电话：010-62752024　电子信箱：fd@pup.pku.edu.cn

图书如有印装质量问题，请与出版部联系，电话：010-62756370

“高职教育高等数学系列教材”
出版委员会

主　任：刘　林

副主任：关淑娟

委　员（以姓氏笔画为序）：

冯翠莲　田培源　刘　林　刘书田

刘雪梅　关淑娟　林洁梅　胡显佑

赵佳因　侯明华　高旅端　唐声安

“高职高等数学系列教材”书目

高等数学（第二版）　　刘书田　主编

微积分（第三版）（经济类、管理类）　　冯翠莲　主编

线性代数（第二版）　　胡显佑　主编

概率统计（第二版）　　高旅端　主编

高等数学学习辅导（第二版）　　刘书田等编著

微积分学习辅导（第二版）（经济类、管理类）　　冯翠莲　编著

线性代数学习辅导（第二版）　　胡显佑等编著

概率统计学习辅导（第二版）　　高旅端等编著

“高职高专高等数学系列教材（少学时）”书目

新编经济数学基础（第二版）　　冯翠莲　主编

新编工科数学基础（第二版）　　冯翠莲　主编

第三版前言

"高职高等数学系列教材"之《微积分(经济类、管理类)》(北京高等教育精品教材)第二版自2004年6月出版至今已有12年,在这12年的时间里,得到了全国高职院校师生的认可和厚爱,在此深表谢意.但由于高职高专教育的诸方面均发生了很多变化,为了使本教材内容更加适合高职高专教育经济类、管理类各专业对数学的要求,更加符合高职高专教育生源变化的实际以及高职高专教育的培养目标,更好地为各高职院校的师生服务,我们对第二版教材进行了修订.

1. 在内容的选择上,删去了传统微积分中较为繁杂与技巧性较强的内容,突出数学知识与数学思想、数学方法的应用,使知识线条清楚明确,内容简化;对基本概念、基本理论、基本方法的论述更加直观通俗、由浅入深、深入浅出,力求不仅使学生掌握一定的数学知识和技能,而且能提高学生的数学素质,让学生感悟到微积分中蕴涵的令人终身受益的思维方法.

2. 在内容的编排上,将经济学中常用的函数提到第一章,以便更加突出教材为经济类、管理类各专业服务的特点;数学概念的引入从实际问题出发,从经济问题出发,并精选了实际应用案例与经济应用案例,配备了相应的应用习题,注重问题的实际背景和经济背景,以解决困扰学生微积分在实践中及相关专业中有什么用、何时用以及怎么用的问题.

3. 在例题与习题的配置上,增补并调整了部分例题与习题,力求做到习题难易及数量搭配适当,知识与应用结合紧密,掌握理论与培养能力相得益彰,使学生具备基本运算能力、数形结合能力、逻辑思维能力、简单实际应用能力.

本教材在修订过程中汲取了许多同行专家、教授的宝贵意见,得到了许多高职院校教师的大力支持,在此一并表示感谢.参加本教材修订工作的还有吴江、陈皡、李建军、杨丽丽、赵连盛.

非常感谢读者对第一版及第二版教材的厚爱,希望第三版教材能继续得到广大读者的帮助和支持.

为了便于教师进行多媒体教学,作者为采用本书作为教材的任课教师提供配套的电子教案及部分微课视频,具体事宜可通过电子邮件与作者联系,邮箱:fengcuilian@sina.com.

编　者

2016年4月于北京

第二版序言

为满足迅速发展的高职教育的需要，我们于 2001 年 1 月编写了“高职高等数学系列教材”. 这套教材包括《高等数学(上、下册)》《微积分(经济类、管理类)》《线性代数》《概率统计》和四册配套辅导教材，供高职教育工科类、经济类和管理类不同专业的学生使用. 本套教材的出版受到广大教师和学生的好评，受到同行专家、教授的赞许. 2003 年，本套教材被北京市教委列入**“北京市高等教育精品教材立项项目”**，2004 年被评为**“北京高等教育精品教材”**. 为了不断提高教材质量，适应当前高职教育的发展趋势，我们根据三年多来使用本套教材的教学实践和读者的反馈意见，对第一版教材进行了认真的修订.

修订教材的宗旨是：以高职教育的总目标——培养高素质应用型人才——为出发点，遵循“加强基础、培养能力、突出应用”的原则，力求实现基础性、实用性和前瞻性的和谐与统一. 具体体现在：

(1) 适当调整了教材体系. 在注意数学系统性、逻辑性的同时，对数学概念和基本定理，着重阐明它们的几何意义、物理背景、经济解释以及实际应用价值. 有些内容重新改写，使重点突出、难点分散；调整了部分例题、练习题，使之更适合高职教育的总目标.

(2) 在教材内容的取舍上，删减了理论性较强的内容，减少了理论推导，增加了在工程、物理、经济方面具有实际应用的内容，立足实践与应用，使在培养学生应用数学知识解决实际问题能力方面得到进一步加强.

(3) 兼顾教材的前瞻性. 本次修订汲取了国内高职数学教材的优点，注意到数学公共课与相关学科的联系，为各专业后续课打好坚实的基础.

本套教材在修订过程中，得到北京市教委，同行专家、教授的大力支持，在此一并表示诚挚的感谢. 参加本书编写和修订工作的还有唐声安、赵连盛、李月清、梁丽芝、徐军京、高旅端、胡显佑等同志.

我们期望第二版教材能适合高职数学教学的需要，不足之处，恳请读者批评指正.

编　者

2004 年 5 月于北京

第一版前言

为了适应我国高等职业教育、高等专科教育的迅速发展，满足当前高职教育高等数学课程教学上的需要，我们依照教育部制定的高职、高专数学课程教学基本要求，为高职、高专工科类及经济类、管理类学生编写了“高职高等数学系列教材”. 本套书分为教材四个分册：《高等数学(上、下册)》《微积分(经济类、管理类)》《线性代数》《概率统计》；配套辅导教材四个分册：《高等数学学习辅导(上、下册)》《微积分学习辅导(经济类、管理类)》《线性代数学习辅导》《概率统计学习辅导》，总共 8 分册. **书中加“ * ”号的内容**，对非工科类学生可不讲授.

编写本套系列教材的宗旨是：以提高高等职业教育教学质量为指导思想，以培养高素质应用型人才为总目标，力求教材内容“涵盖大纲、易学、实用”. 本套系列教材具有以下特点：

1. 教材的编写紧扣高职、高专数学课程教学基本要求，慎重选择教材内容. 既考虑到高等数学本学科的科学性，又能针对高职班学生的接受能力和理解程度，适当选取教材内容的深度和广度；既注重从实际问题引入基本概念，揭示概念的实质，又注重基本概念的几何解释、物理意义和经济背景，以使教学内容形象、直观，便于学生理解和掌握，并达到“学以致用”的目的.

2. 教材中每节配有 A 组(基本题为主)和 B 组(综合题和提高题为主)习题，每章配有总习题. 书后附有全书习题的答案与解法提示. 每节的 B 组习题和各章总习题的详细解答编写在配套的辅导教材中.

3. 为使学生更好地掌握教材的内容，我们编写了配套的辅导教材，教材与辅导教材的章节内容同步，但侧重点不同. 辅导教材每章按照教学要求、内容提要与解题指导、各节 B 组习题及每章总习题解答、自测题与参考解答四部分内容编写. 教学要求指明学生应掌握、理解或了解的知识点；内容解析把重要的定义、定理、性质以及容易混淆的概念给出进一步解释和剖析，解题指导是通过典型例题的点评、分析和说明，给出解题方法的归纳与总结；配置自测题的目的是检测学生独立解题的能力. 教材与辅导教材相辅相成，同步使用.

4. 本套教材叙述通俗易懂、简明扼要、富有启发性，便于自学；注意用语确切，行文严谨.

本套系列教材的编写和出版，得到了北京大学出版社的大力支持和帮助，同行专家和教授提出了许多宝贵的建议，在此一并致谢！

限于编者水平，书中难免有不妥之处，恳请读者指正.

编　者

2001 年 1 月于北京

目　录

第一章　函数·极限·连续

函数、极限和连续都是微积分的基本概念. 函数是微积分研究的对象；函数的极限和连续性的基本知识是研究微分学与积分学所必须具备的.

本章讲述函数概念、函数的特性和初等函数；介绍极限概念及其运算；讨论函数连续性概念和连续函数的性质.

§1.1　函　　数

一、函数的概念

1. 函数的定义

在我们的周围，变化无处不在，所有的事物都在变化. 有一些变化着的现象中存在着两个变化的量，简称**变量**. 若两个变量不是彼此孤立，而是相互联系、相互制约的，当其中一个量在某数集内取值时，按一定的规则，另一个量有唯一确定的值与之对应，则变量之间的这种数量关系就是**函数关系**.

定义 1.1　设 x 和 y 是两个变量，D 是一个给定的**非空数集**①. 若对于每一个数 $x\in D$，按照某一确定的**对应法则** f，变量 y 总有唯一确定的数值与之对应，则称 **y 是 x 的函数**，记作

$$y=f(x),\quad x\in D,$$

其中 x 称为**自变量**，y 称为**因变量**，数集 D 称为该函数的**定义域**.

定义域 D 是自变量 x 的取值范围，也就是使函数 $y=f(x)$ 有意义的数集. 由此，若 x 取数值 $x_0\in D$ 时，则称该函数在 x_0 **有定义**，与 x_0 对应的 y 的数值称为函数在点 x_0 的**函数值**，记作

$$f(x_0)\quad 或\quad y\Big|_{x=x_0}.$$

当 x 取遍数集 D 中的所有数值时，对应的函数值全体构成的数集

$$Z=\{y\,|\,y=f(x),x\in D\}$$

称为该函数的**值域**. 若 $x_0\overline{\in} D$，则称该函数在点 x_0 没有定义.

由函数的定义可知，决定一个函数的**三个因素**是：定义域 D，对应法则 f 和值域 Z. 注意到每一个函数值都可由 $x\in D$ 通过 f 而唯一确定，于是给定 D 和 f，则 Z 就相应地被确定

---

①　本书所说的“数”均为实数.

了,从而 D 和 f 就是决定一个函数的**两个要素**.两个函数相等的充分必要条件是定义域相同且对应法则相同.

通过下面的例题来理解函数定义和函数的表示方法.

例 1　圆的面积 A 由圆的半径 r 决定.只要 r 取定一个正数值,面积 A 就有一个确定的值与之对应,且 A 与 r 之间有关系式

$$A=\pi r^2 \quad (r>0).$$

上述公式表明了变量 r 和 A 之间的函数关系.

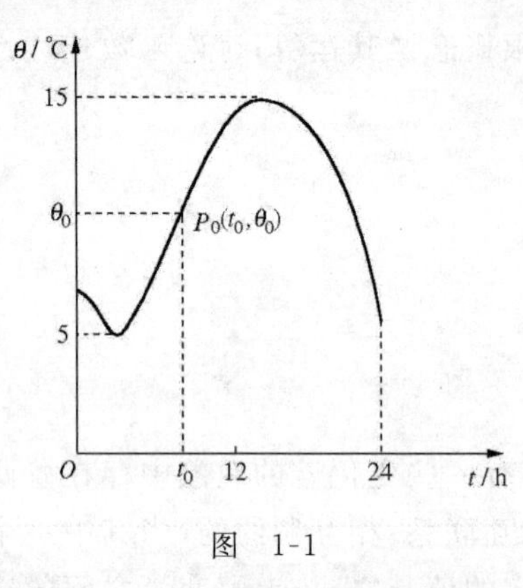

图　1-1

这种用数学表达式表示两个变量之间函数关系的方法称为**公式法或解析法**.

例 2　在气象观测站,气温自动记录仪把某一天的气温变化描绘在记录纸上,如图 1-1 所示的曲线.曲线上某一点 $P_0(t_0,\theta_0)$ 表示时刻 t_0 的气温是 θ_0.观察这条曲线可以知道,在这一天内,时间 t 从 0 点到 24 点气温 θ 的变化情形.时间 t 和气温 θ 都是变量,这两个变量之间的函数关系是由一条曲线确定的.

这种用几何图形表示两个变量之间函数关系的方法称为**图形法**.

例 3　为了预测某种商品的市场销售情况,调查了该商品 1～6 月份的销售数量,列表如表 1.1 所示.表 1.1 表示了月份 t 与销量 Q 之间的函数关系,t 每取定表中列出的一个值,就有唯一确定的 Q 值与之对应.

表　1.1

月份 t	1	2	3	4	5	6
销量 Q/千件	100	105	110	115	111	120

这种用表格表示两个变量之间函数关系的方法称为**列表法**.

若用公式法表示函数,且仅给出一个数学式子,没给出自变量的取值范围,而要求确定该函数的定义域,这时应考虑两种情况:一是,确定使这一式子有意义的自变量取值的全体;二是,对实际问题还应根据问题的实际意义来确定.

例 4　求函数 $y=\dfrac{x+1}{\sqrt{9-x^2}}+\ln(x+2)$ 的定义域.

解　该函数由两项和构成,其定义域应是各项自变量取值范围的公共部分,每项分别讨论.

第一项是分式,其分子 x 可取任意值;对分母 $\sqrt{9-x^2}$,因偶次根的根底式应非负,从而有 $9-x^2\geqslant 0$,又注意到分母不能为零,所以只能有 $9-x^2>0$,即 $-3<x<3$,写成区间则是 $(-3,3)$.

第二项是 $\ln(x+2)$. 因对数符号下的式子应为正的量,所以有 $x+2>0$,即 $x>-2$,写成区间则是 $(-2,+\infty)$.

上述两个区间的交集,即公共部分是区间 $(-2,3)$,这就是所求函数的定义域.

例 5 设函数 $y=f(x)=\dfrac{x}{\sqrt{1+x^2}}$,求 $f(1),f(0),f(-1),f(x_0),f(-x),f(f(x))$.

解 这是已知函数的表达式,求函数在指定点的函数值. 易看出该函数对 x 取任意实数值都有意义.

$f(1)$ 是当自变量 x 取 1 时函数 $f(x)$ 的函数值. 为了求 $f(1)$,需将 $f(x)$ 的表达式中的 x 换为数值 1,得

$$f(1)=\left.\frac{x}{\sqrt{1+x^2}}\right|_{x=1}=\frac{1}{\sqrt{1+1^2}}=\frac{1}{\sqrt{2}}.$$

$f(1)$ 也可记作

$$y\Big|_{x=1}=\left.\frac{x}{\sqrt{1+x^2}}\right|_{x=1}=\frac{1}{\sqrt{2}}.$$

同理可得

$$f(0)=\left.\frac{x}{\sqrt{1+x^2}}\right|_{x=0}=0 \quad 或 \quad y\Big|_{x=0}=\left.\frac{x}{\sqrt{1+x^2}}\right|_{x=0}=0,$$

$$f(-1)=\left.\frac{x}{\sqrt{1+x^2}}\right|_{x=-1}=-\frac{1}{\sqrt{2}} \quad 或 \quad y\Big|_{x=-1}=\left.\frac{x}{\sqrt{1+x^2}}\right|_{x=-1}=-\frac{1}{\sqrt{2}}.$$

为了求 $f(x_0)$,需将 $f(x)$ 的表达式中的 x 换为 x_0,得

$$f(x_0)=\left.\frac{x}{\sqrt{1+x^2}}\right|_{x=x_0}=\frac{x_0}{\sqrt{1+x_0^2}}.$$

同理,将 x 换为 $-x$,得

$$f(-x)=\frac{-x}{\sqrt{1+(-x)^2}}=-\frac{x}{\sqrt{1+x^2}}.$$

将 $f(x)$ 的表达式中的 x 换为 $f(x)$ 的表达式,得

$$f(f(x))=\frac{f(x)}{\sqrt{1+f^2(x)}}=\frac{\dfrac{x}{\sqrt{1+x^2}}}{\sqrt{1+\left(\dfrac{x}{\sqrt{1+x^2}}\right)^2}}=\frac{x}{\sqrt{1+2x^2}}.$$

2. 分段函数

两个变量之间的函数关系,有的要用两个或多于两个的数学式子来表达,即对一个函数,在其定义域的不同部分用不同数学式子来表达,这样的函数称为**分段函数**.

例 6 设函数

$$y=f(x)=\begin{cases}x-1, & -1\leqslant x<0,\\ 0, & x=0,\\ 2^x, & x>0,\end{cases}$$

求:(1) 定义域;　　　(2) $f(-1),f(0),f(1)$.

解　这是分段函数,因为要用三个数学式子表示一个函数. $x=0$ 是该分段函数的分段点.

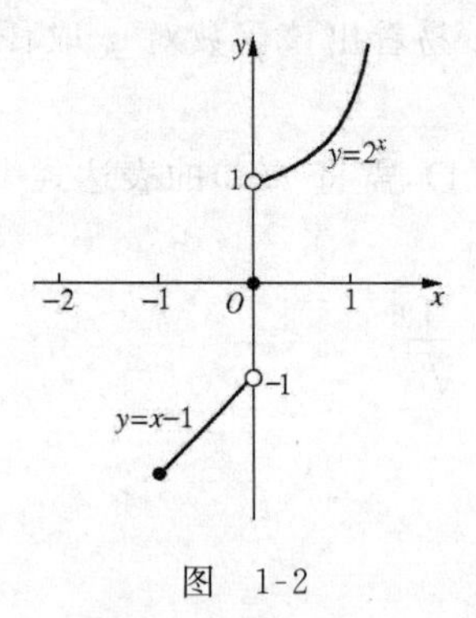

图　1-2

(1) 分段函数的定义域是各段自变量取值范围之总和,依题设即是$[-1,+\infty)$.

(2) 该函数的对应法则是:若自变量 x 在区间$[-1,0)$内取值,则相对应的函数值用 $y=x-1$ 计算;若 x 取 0,则对应的函数值是 $y=0$;若 x 在$(0,+\infty)$内取值,则对应的函数值用 $y=2^x$ 计算(图 1-2). 由上述对应法则,所以

$$f(-1)=(x-1)\Big|_{x=-1}=-2,$$

$$f(0)=0,\quad f(1)=2^x\Big|_{x=1}=2.$$

二、函数的几何特性

1. 函数的奇偶性

由图 1-3 看到,曲线 $y=x^3$ 关于坐标原点对称,即自变量取一对相反的数值时,相对应的一对函数值也恰是相反数. 这时称 $y=x^3$ 为奇函数. 图 1-4 表明,曲线 $y=x^2$ 关于 y 轴对称,即自变量取一对相反的数值时,相对应的函数值却相等. 这时,称 $y=x^2$ 为偶函数. 一般情况是:

设函数 $y=f(x)$的定义域 D 关于**原点对称**. 对任意 $x\in D$,

(1) 若 $f(-x)=-f(x)$,则称 $f(x)$为**奇函数**;

(2) 若 $f(-x)=f(x)$,则称 $f(x)$为**偶函数**.

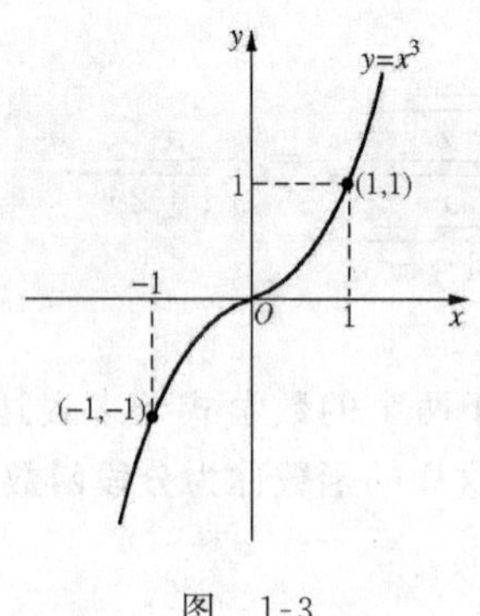

图　1-3

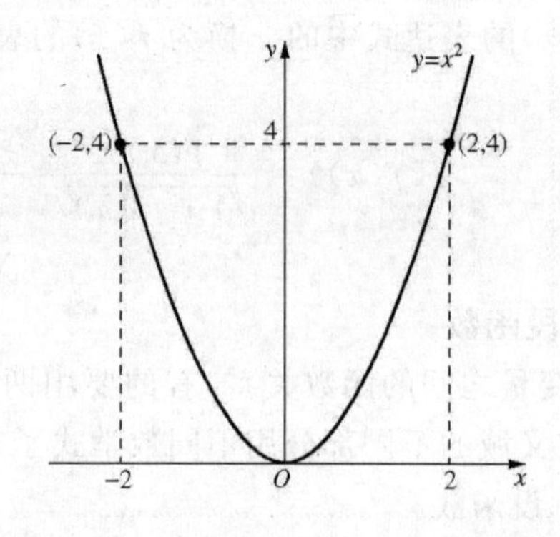

图　1-4

奇函数的图形关于**坐标原点对称**；偶函数的图形**关于 y 轴对称**.

例 7 判断下列函数的奇偶性：

(1) $f(x)=2x^4+3x^2+1$； (2) $f(x)=\ln\dfrac{1-x}{1+x}$； (3) $f(x)=x^3+\cos x$.

解 用奇、偶函数的定义判断函数的奇偶性，应先计算出 $f(-x)$，然后与 $f(x)$ 对照.

(1) 函数的定义域是$(-\infty,+\infty)$. 因为

$$f(-x)=2(-x)^4+3(-x)^2+1=2x^4+3x^2+1=f(x),$$

所以 $f(x)$是偶函数.

(2) 可以计算得该函数在$(-1,1)$内有意义. 对任意 $x\in(-1,1)$，由于

$$f(-x)=\ln\frac{1-(-x)}{1+(-x)}=\ln\frac{1+x}{1-x}=-\ln\frac{1-x}{1+x}=-f(x),$$

所以 $f(x)$是奇函数.

(3) 函数的定义域是$(-\infty,+\infty)$. 对任意 x，有

$$f(-x)=(-x)^3+\cos(-x)=-x^3+\cos x.$$

由于

$$f(-x)\neq -f(x),\quad f(-x)\neq f(x),$$

所以该函数既不是奇函数，也不是偶函数.

2. 函数的单调性

观察函数 $y-x^3$ 的图形(图 1-3)，从左向右看(沿着 x 轴的正方向)，这是一条上升的曲线，即函数值随着自变量的值增大而增大. 这样的函数称为单调增加的. 在区间$(-\infty,0)$内，观察函数 $y=x^2$ 的图形(图 1-4). 我们看到情况完全相反，这是一条下降的曲线，即函数值随自变量的值增大而减小. 这时，称函数 $y=x^2$ 在区间$(-\infty,0)$内是单调减少的.

在函数 $f(x)$有定义的区间 I① 上，对于任意两点 x_1 和 x_2，当 $x_1<x_2$ 时，

(1) 若 $f(x_1)<f(x_2)$，则称函数 $f(x)$在 I 上是**单调增加**的；

(2) 若 $f(x_1)>f(x_2)$，则称函数 $f(x)$在 I 上是**单调减少**的.

单调增加的函数和单调减少的函数统称为**单调函数**. 若 $f(x)$在区间 I 上是单调函数，则称 I 是该函数的**单调区间**.

沿着 x 轴的正方向看，单调增加函数的图形是**一条上升的曲线**；单调减少函数的图形是**一条下降的曲线**.

例 8 判断函数 $f(x)=\dfrac{1}{x}$ 在区间$(0,+\infty)$内的单调性.

解 在区间$(0,+\infty)$内任取两点 x_1,x_2，且设 $x_1<x_2$. 由于

$$f(x_2)-f(x_1)=\frac{1}{x_2}-\frac{1}{x_1}=\frac{x_1-x_2}{x_1x_2}<0,$$

---

① 若我们所讨论的问题在任何一种区间(有限区间：(a,b)，$[a,b]$，$(a,b]$，$[a,b)$或无限区间：$(a,+\infty)$，$[a,+\infty)$，$(-\infty,b)$，$(-\infty,b]$，$(-\infty,+\infty)$)都成立时，将用字母 I 表示这样一个泛指的区间.

所以 $f(x_2)<f(x_1)$，即函数 $f(x)=\dfrac{1}{x}$ 在 $(0,+\infty)$ 内是单调减少的(图 1-5).

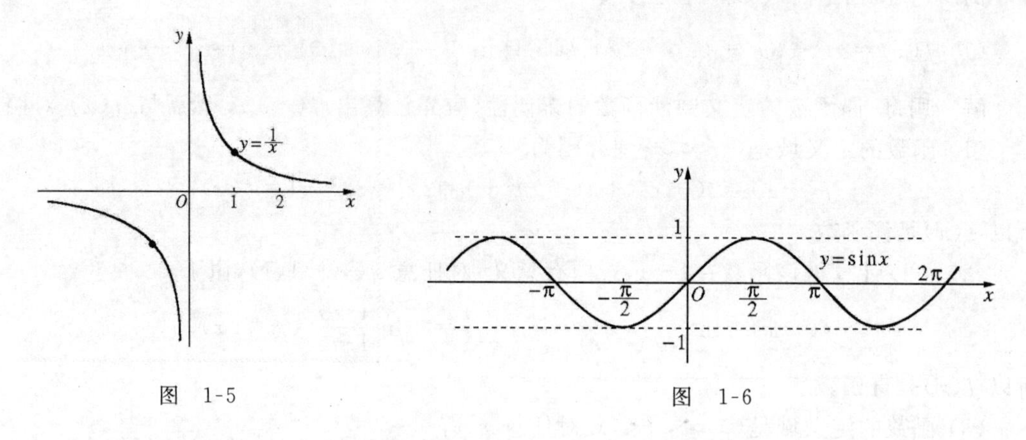

图　1-5　　　　图　1-6

3. 函数的周期性

我们已经知道，正弦函数 $y=\sin x$ 是周期函数，即有

$$\sin(x+2n\pi)=\sin x,\quad n=\pm 1,\pm 2,\cdots,$$

亦即 $\pm 2\pi,\pm 4\pi,\cdots$ 都是函数 $y=\sin x$ 的周期，而 2π 是它的最小正周期. 一般称 2π 为正弦函数的周期(图 1-6).

设函数 $f(x)$ 的定义域为 D. 若存在一个非零常数 T，对于 D 内所有 x，有

$$f(x+T)=f(x)$$

成立，则称 $f(x)$ 是**周期函数**，称 T 是它的一个**周期**.

若 T 是函数的一个周期，则 $\pm 2T,\pm 3T,\cdots$ 也都是它的周期. 通常周期函数的**周期**是指周期中的**最小正周期**.

周期为 T 的周期函数，在长度为 T 的各个区间上，其函数的图形有相同的形状. 对正弦函数 $y=\sin x$，在长度为 2π 的各个区间上，其图形的形状显然是相同的.

4. 函数的有界性

在区间 $(-\infty,+\infty)$ 内，函数 $y=\sin x$ 的图形介于两条平行于 x 轴的直线 $y=-1$ 和 $y=1$ 之间(图 1-6)，即有 $|\sin x|\leqslant 1$，这时称 $y=\sin x$ 在 $(-\infty,+\infty)$ 内是有界函数. 在区间 $(-\infty,+\infty)$ 内，函数 $y=x^3$ 的图形向上、向下都可以无限延伸(图 1-3)，不可能找到两条平行于 x 轴的直线，使这个图形介于这两条直线之间，这时称 $y=x^3$ 在区间 $(-\infty,+\infty)$ 内是无界函数.

设函数 $f(x)$ 在区间 I 上有定义. 若存在正数 M，使得对任意 $x\in I$，有

$$|f(x)|\leqslant M\quad(\text{可以没有等号}),$$

则称 $f(x)$ 在区间 I 上是**有界函数**；否则，称 $f(x)$ 在区间 I 上是**无界函数**.

有界函数的图形必**介于两条平行于 x 轴的直线** $y=-M\ (M>0)$ **和** $y=M$ **之间.**

例如，反正切函数 $y=\arctan x$ 在其定义域 $(-\infty,+\infty)$ 内是有界的（图 1-7）：

$$|\arctan x|<\frac{\pi}{2}.$$

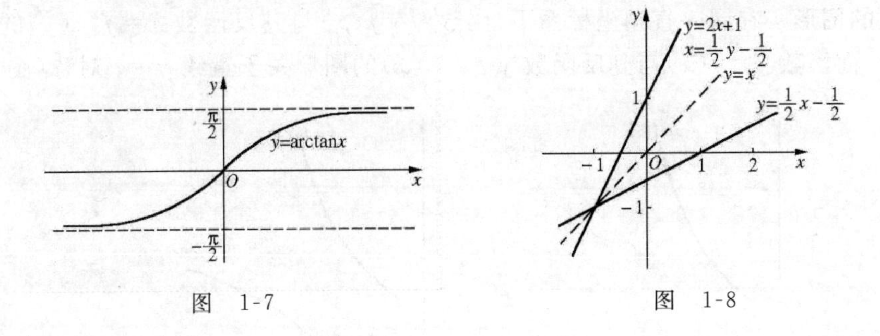

图 1-7　　图 1-8

三、反函数

对以 x 为自变量，y 为因变量的函数

$$y=f(x)=2x+1, \tag{1.1}$$

它的图形是一条直线（图 1-8）. 若把上式改写成

$$x=\frac{1}{2}y-\frac{1}{2}, \tag{1.2}$$

该式的图形仍是原来那条直线（图 1-8）. 若从函数的角度，把 (1.2) 式看作以 y 为自变量，x 为因变量的函数，则称 $x=\frac{1}{2}y-\frac{1}{2}$ 是已知函数 $y=2x+1$ 的反函数.

习惯上，用 x 表示自变量，y 表示因变量，通常把 (1.2) 式改写成

$$y=\frac{1}{2}x-\frac{1}{2},$$

而把该式看成由 (1.1) 式所确定的函数的反函数. 由图 1-8 看，函数 $y=2x+1$ 与其反函数 $y=\frac{1}{2}x-\frac{1}{2}$ 的图形关于直线 $y=x$ 对称.

把以上的分析一般化，便有如下的反函数定义和关于反函数图形的结论：

定义 1.2　已知函数

$$y=f(x),\quad x\in D,\ y\in Z.$$

若对每一个 $y\in Z$，D 中只有一个 x 值，使得 $f(x)=y$ 成立，这就以 Z 为定义域确定了一个函数，这个函数称为**函数 $y=f(x)$ 的反函数**，记作

$$x=f^{-1}(y),\quad y\in Z.$$

按习惯记法，x 作自变量，y 作因变量，函数 $y=f(x)$ 的反函数记作

$$y = f^{-1}(x), \quad x \in Z.$$

若函数 $y=f(x)$ 的反函数是 $y=f^{-1}(x)$，则 $y=f(x)$ 也是函数 $y=f^{-1}(x)$ 的反函数，或者说它们**互为反函数**.

反函数的图形 在同一直角坐标系下，函数 $y=f(x)$ 与其反函数 $x=f^{-1}(y)$ 的图形是同一条曲线，而函数 $y=f(x)$ 与其反函数 $y=f^{-1}(x)$ 的图形**关于直线** $y=x$ **对称**(图 1-9).

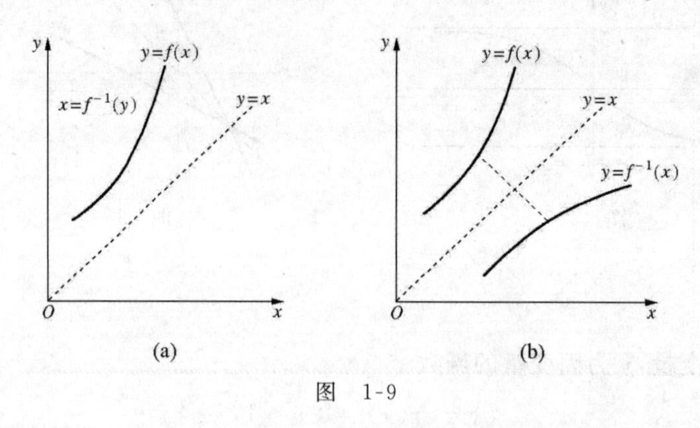

图 1-9

由反函数定义知，若函数 $y=f(x)$ 具有反函数，这意味着它的定义域 D 与值域 Z 之间按对应法则 f 建立了一一对应关系. 易判断单调函数有如下特性：

单调函数必有反函数，而且单调增加(减少)函数的反函数也是单调增加(减少)的.

例 9 求函数 $y=x^3+2$ 的反函数.

解 已知函数的定义域是$(-\infty,+\infty)$，它是单调增加的，存在反函数.

首先，由已知式解出 x，得

$$x^3 = y-2, \quad x = \sqrt[3]{y-2}.$$

其次，将上式中的 x 与 y 互换，得到按习惯记法的反函数 $y=\sqrt[3]{x-2}$.

函数

$$y = x^2, \quad x \in (-\infty, +\infty), \ y \in [0, +\infty)$$

在其定义域内不是单调的. 事实上，对同一个 y_0，$y_0 \in (0,+\infty)$，将有两个不同的 x 值：$x_1=\sqrt{y_0}$，$x_2=-\sqrt{y_0}$，都满足关系式 $x^2=y$ (图 1-4).

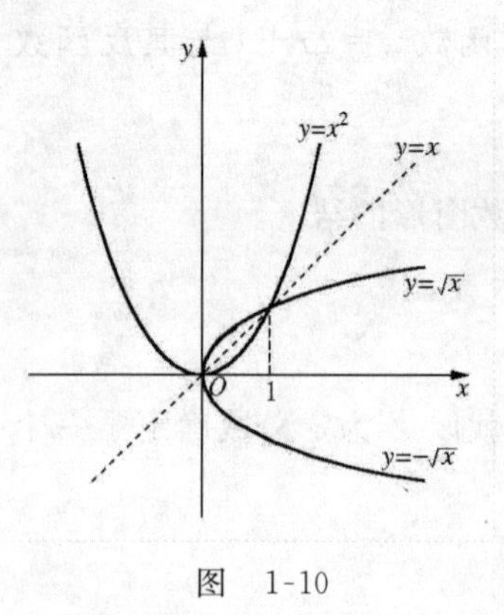

图 1-10

遇到这种情况，可以把函数的定义域分成若干个单调区间，在各单调区间内求其反函数. 函数 $y=x^2$，其定义域可分成单调区间$(-\infty,0]$和$[0,+\infty)$. 在$(-\infty,0]$内，它的反函数是(图 1-10)

$$y = -\sqrt{x}, \quad x \in [0, +\infty);$$

在$[0,+\infty)$内，它的反函数是（图 1-10）

$$y=\sqrt{x},\quad x\in[0,+\infty).$$

习 题 1.1

A 组

1. 求下列函数的定义域：

(1) $y=\dfrac{x+1}{x^2-3x-4}$； (2) $y=\dfrac{\sqrt{x^2-4}}{1+x^2}$； (3) $y=\ln\dfrac{1}{1-x}$.

2. 判断下列各对函数是否相同，并说明理由：

(1) $f(x)=1$ 与 $g(x)=\sin^2 x+\cos^2 x$； (2) $f(x)=\sin x$ 与 $g(x)=\sqrt{1-\cos^2 x}$；

(3) $f(x)=x+2$ 与 $g(x)=\dfrac{x^2-4}{x-2}$.

3. 求下列函数值：

(1) 已知 $f(x)=x^2+3x+1$，求 $f(0),f(1),f(-1),f(-x),f\left(\dfrac{1}{x}\right)$；

(2) 已知 $f(x)=x\,4^{x-2}$，求 $f(2),f(-2),f(x^2),f\left(\dfrac{1}{x}\right)$.

4. 设函数 $f(x)=\begin{cases}2^x, & -1<x<0,\\ 2, & 0\leqslant x<1,\\ x-1, & 1\leqslant x\leqslant 3,\end{cases}$ 求：

(1) $f(x)$的定义域； (2) $f(-0.5),f(0),f(0.5),f(2),f(3)$.

5. 设函数 $f(x)=\dfrac{|x|}{x}$，用分段函数的形式表示该函数，确定其定义域，并求 $f(-1),f(1)$.

6. 确定下列函数的奇偶性：

(1) $f(x)=\dfrac{x\sin x}{1+x^2}$； (2) $f(x)=\dfrac{e^x-1}{e^x+1}$；

(3) $f(x)=x^2+\sin x$； (4) $f(x)=xe^{-1/x^2}+\arctan x$.

7. 求下列函数的反函数：

(1) $y=3x+2$； (2) $y=1+\ln(3x-1)$.

B 组

1. 证明：$f(x)=\log_a(x+\sqrt{1+x^2})$是奇函数.

2. 求函数 $y=\dfrac{e^x}{e^x+1}$ 的反函数.

§1.2 初等函数

一、基本初等函数

基本初等函数通常是指以下六类函数：常量函数、幂函数、指数函数、对数函数、三角函数和反三角函数.

(1) **常量函数**

$$y = C\ (\text{常数}),\quad x\in(-\infty,+\infty),$$

其图形见图 1-11.

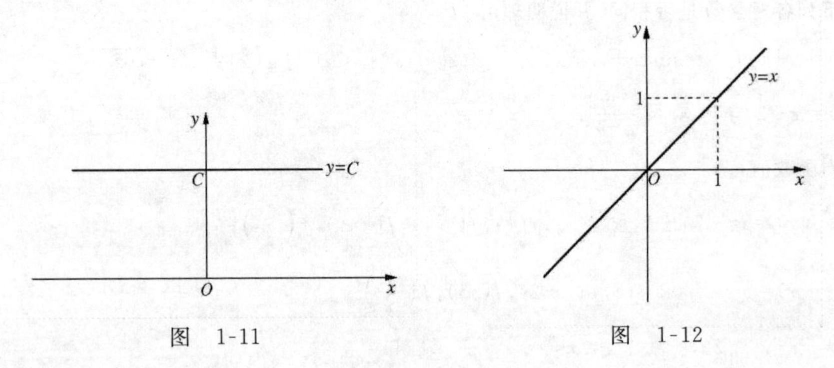

图 1-11　　图 1-12

(2) **幂函数**

$$y = x^{\alpha}\quad(\alpha\ \text{为实数}),$$

其定义域随 α 而异，但不论 α 取何值，它在区间 $(0,+\infty)$ 内总有定义，且它的图形均过点 $(1,1)$. 例如：

当 $\alpha=1$ 时，$y=x$，$x\in(-\infty,+\infty)$，见图 1-12；

当 $\alpha=2$ 时，$y=x^2$，$x\in(-\infty,+\infty)$，见图 1-4；

当 $\alpha=3$ 时，$y=x^3$，$x\in(-\infty,+\infty)$，见图 1-3；

当 $\alpha=-1$ 时，$y=x^{-1}=\dfrac{1}{x}$，$x\in(-\infty,0)\cup(0,+\infty)$，见图 1-5；

当 $\alpha=1/2$ 时，$y=x^{1/2}=\sqrt{x}$，$x\in[0,+\infty)$，见图 1-10.

(3) **指数函数**

$$y=a^x\ (a>0,a\neq1),\quad x\in(-\infty,+\infty),\ y\in(0,+\infty).$$

当 $a>1$ 时，指数函数是单调增加的；当 $0<a<1$ 时，指数函数是单调减少的. 因为 $a^0=1$，且总有 $y>0$，所以指数函数的图形过 y 轴上的点 $(0,1)$ 且位于 x 轴的上方(图 1-13).

本书常常用以 e 为底的指数函数 $y=\mathrm{e}^x$. e 是一个无理数：$\mathrm{e}=2.718281828459\cdots$.

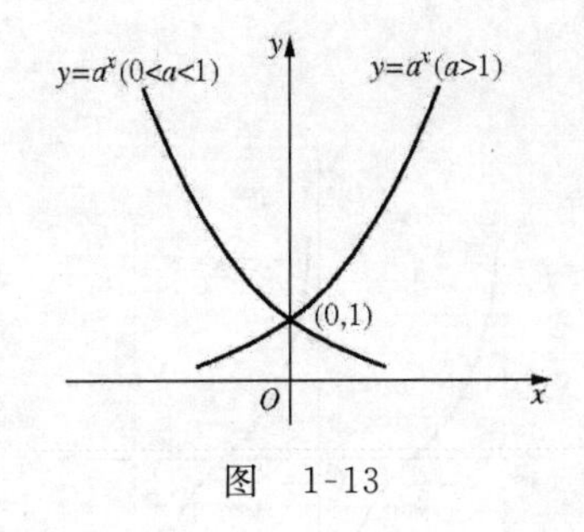

图 1-13

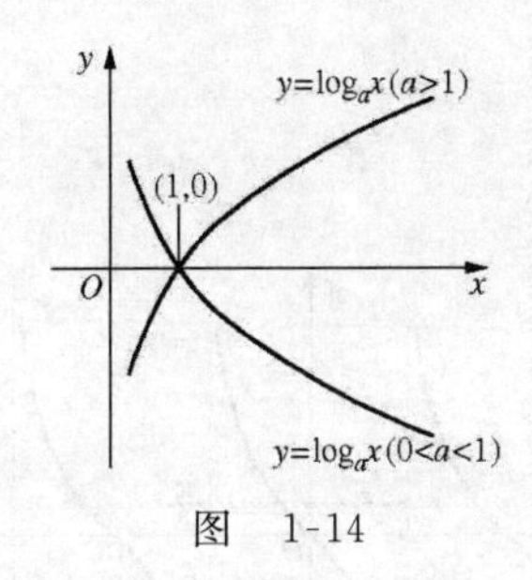

图 1-14

(4) **对数函数**

$$y=\log_a x \ (a>0,a\neq 1), \quad x\in(0,+\infty),\ y\in(-\infty,+\infty).$$

对数函数与指数函数互为反函数. 当 $a>1$ 时,$\log_a x$ 是单调增加的;当 $0<a<1$ 时,$\log_a x$ 是单调减少的. 因为总有 $x>0$,且 $\log_a 1=0$,所以 $\log_a x$ 的图形过 x 轴上的点(1,0)且位于 y 轴的右侧(图 1-14).

本课程,常用以 e 为底的对数函数 $y=\ln x$,称之为**自然对数**.

(5) **三角函数**.

三角函数是如下六种函数的统称:

正弦函数 $y=\sin x,\ x\in(-\infty,+\infty),\ y\in[-1,1]$.

余弦函数 $y=\cos x,\ x\in(-\infty,+\infty),\ y\in[-1,1]$.

正切函数 $y=\tan x,\ x\neq n\pi+\dfrac{\pi}{2},\ n=0,\pm1,\pm2,\cdots,\ y\in(-\infty,+\infty)$.

余切函数 $y=\cot x,\ x\neq n\pi,\ n=0,\pm1,\pm2,\cdots,\ y\in(-\infty,+\infty)$.

正割函数 $y=\sec x=\dfrac{1}{\cos x}$.

余割函数 $y=\csc x=\dfrac{1}{\sin x}$.

其中,$y=\sin x$(图 1-6)与 $y=\cos x$(图 1-15)都是以 2π 为周期的周期函数,且都是有界函数:

$$|\sin x|\leqslant 1, \quad |\cos x|\leqslant 1.$$

$y=\sin x$ 是奇函数,$y=\cos x$ 是偶函数. $y=\tan x$(图 1-16)与 $y=\cot x$(图 1-17)都是以 π 为周期的周期函数,且都是奇函数.

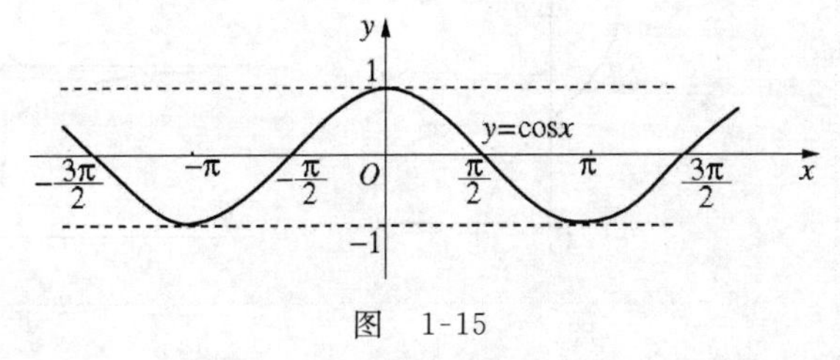

图 1-15

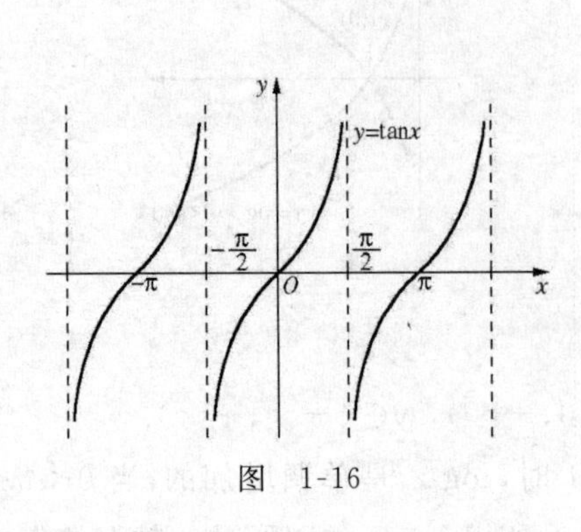

图 1-16

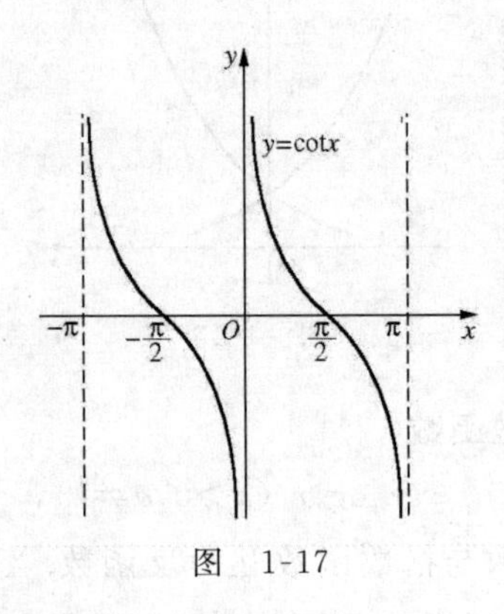

图 1-17

(6) **反三角函数.**

反三角函数是三角函数的反函数.这里只给出如下四种：

反正弦函数　$y=\arcsin x$，$x\in[-1,1]$，$y\in\left[-\frac{\pi}{2},\frac{\pi}{2}\right]$.

反余弦函数　$y=\arccos x$，$x\in[-1,1]$，$y\in[0,\pi]$.

反正切函数　$y=\arctan x$，$x\in(-\infty,+\infty)$，$y\in\left(-\frac{\pi}{2},\frac{\pi}{2}\right)$.

反余切函数　$y=\operatorname{arccot} x$，$x\in(-\infty,+\infty)$，$y\in(0,\pi)$.

正弦函数 $y=\sin x$ 在其定义域$(-\infty,+\infty)$内不具备单调性，不存在反函数.若限制自变量 x 在区间$\left[-\frac{\pi}{2},\frac{\pi}{2}\right]$上取值，则它是单调增加的，因而它存在反函数.由此得到的正弦函数的反函数，称为反正弦函数的**主值**(图 1-18)，记作

$$y=\arcsin x,\quad x\in[-1,1],$$

其值域是区间$\left[-\frac{\pi}{2},\frac{\pi}{2}\right]$.

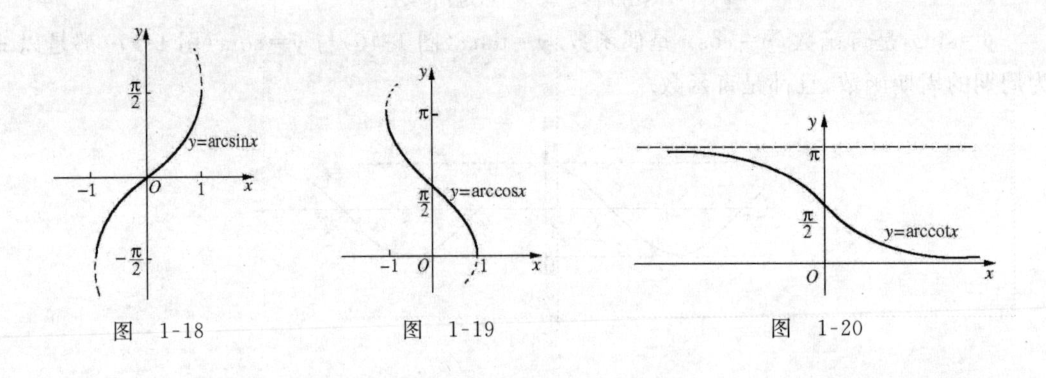

图 1-18　　图 1-19　　图 1-20

类似地,函数 $y=\cos x$,$y=\tan x$,$y=\cot x$ 分别在其单调区间$[0,\pi]$,$\left(-\frac{\pi}{2},\frac{\pi}{2}\right)$,$(0,\pi)$内得到相应的反余弦函数 $y=\arccos x$(图 1-19),反正切函数 $y=\arctan x$(图 1-7),反余切函数 $y=\operatorname{arccot} x$(图 1-20).

二、复合函数

对于函数 $y=\mathrm{e}^{\sin x}$,x 是自变量,y 是 x 的函数.对给定的 x 值,为了确定 y 值,应先计算 $\sin x$.若令 $u=\sin x$,再由已求得的 u 值计算 e^u,便得到 y 值:$y=\mathrm{e}^u$.

这里,可把 $y=\mathrm{e}^u$ 理解成 y 是 u 的函数;把 $u=\sin x$ 理解成 u 是 x 的函数.那么,函数 $y=\mathrm{e}^{\sin x}$ 就是把函数 $u=\sin x$ 代入函数 $y=\mathrm{e}^u$ 中而得到的.按这种理解,函数 $y=\mathrm{e}^{\sin x}$ 就是由 $y=\mathrm{e}^u$ 和 $u=\sin x$ 这两个函数复合在一起构成的,称为复合函数.

定义 1.3 已知两个函数

$$y=f(u),\quad u\in D_1,\ y\in Z_1,$$
$$u=\varphi(x),\quad x\in D_2,\ u\in Z_2,$$

则称函数 $y=f(\varphi(x))$是由函数 $y=f(u)$和 $u=\varphi(x)$经过复合而成的**复合函数**.通常称 $f(u)$为**外层函数**,称 $\varphi(x)$为**内层函数**,称 u 为**中间变量**.

复合函数 $y=f(\varphi(x))$可看作将函数 $\varphi(x)$代换函数 $y=f(u)$中的 u 得到的.

复合函数不仅可用两个函数复合而成,也可以由多个函数相继进行复合而成.

例 1 已知函数 $y=f(u)=u^2$,$u=\varphi(x)=\tan x$,则函数

$$y=f(\varphi(x))=(\tan x)^2$$

就是由已知的两个函数复合而成的复合函数.

例 2 已知函数 $y=f(u)=\sqrt{u}$,$u=\varphi(v)=\ln v$,$v=\psi(x)=\cos x$,则函数

$$y=f(\varphi(\psi(x)))=\sqrt{\ln\cos x}$$

就是由已知的三个函数复合而成的复合函数.

需要指出,不是任何两个函数都能复合成复合函数.按定义 1.3 中所给的两个函数,只有当内层函数 $u=\varphi(x)$的值域 Z_2 与外层函数 $y=f(u)$的定义域 D_1 的交集非空,即 $Z_2\cap D_1\neq\varnothing$ 时,这两个函数才能复合成复合函数 $y=f(\varphi(x))$.例如,对于函数

$$y=\ln u,\quad u\in(0,+\infty),\ y\in(-\infty,+\infty),$$
$$u=-x^2,\quad x\in(-\infty,+\infty),\ u\in(-\infty,0],$$

虽然能写成 $y=\ln(-x^2)$,但它却无意义,因为

$$(-\infty,0]\cap(0,+\infty)=\varnothing.$$

例 3 已知函数 $f(x)=x^2$,$\varphi(x)=a^x$,求 $f(f(x))$,$f(\varphi(x))$,$\varphi(f(x))$.

解 求 $f(f(x))$时,应将 $f(x)$代换 $f(x)$中的 x,得 $f(f(x))=(x^2)^2=x^4$.

求 $f(\varphi(x))$时,应将 $\varphi(x)$代换 $f(x)$中的 x,得 $f(\varphi(x))=(a^x)^2=a^{2x}$.

求 $\varphi(f(x))$时,应将 $f(x)$代换 $\varphi(x)$中的 x,得 $\varphi(f(x))=a^{x^2}$.

复合函数的本质就是一个函数.为了研究函数的需要,今后经常要将一个给定的复合函数看成由若干个基本初等函数复合而成的形式,从而把它分解成若干个基本初等函数.

例 4 下列函数由哪些基本初等函数复合而成?

(1) $y=\sqrt{\sin x^2}$; (2) $y=\ln\tan\frac{1}{x}$.

解 (1) 由内层函数向外层函数分解,即按由 x 确定 y 的运算顺序进行分解:对给定的 x,先计算幂函数 x^2,令 $v=x^2$;再由 v 计算正弦函数 $\sin v$,令 $u=\sin v$;最后,由 u 计算幂函数 $\sqrt{u}$,得 $y=\sqrt{u}$. 于是,$y=\sqrt{\sin x^2}$ 是由基本初等函数

$$y=\sqrt{u},\quad u=\sin v,\quad v=x^2$$

复合而成的.

(2) 由外层函数向内层函数分解,即由最外层函数起,层层向内进行,直到自变量 x 的基本初等函数为止:

令 $y=\ln u$(对数函数),则 $u=\tan\frac{1}{x}$;令 $u=\tan v$(正切函数),则 $v=\frac{1}{x}$. 因为 $v=\frac{1}{x}$(幂函数)已是自变量 x 的基本初等函数,所以 $y=\ln\tan\frac{1}{x}$是由以下三个基本初等函数复合而成的:

$$y=\ln u,\quad u=\tan v,\quad v=\frac{1}{x}.$$

三、初等函数

由基本初等函数经过有限次四则运算和复合所构成的函数,统称为**初等函数**.

初等函数的构成既可有函数的四则运算,又可有函数的复合.我们必须掌握把初等函数按基本初等函数的复合与四则运算形式分解.

例 5 将下列函数按基本初等函数的复合与四则运算形式分解:

(1) $y=\left(\arctan\frac{1-x}{1+x}\right)^2$; (2) $y=\ln(e^x+\sqrt{1+e^x})$.

解 (1) 令 $u=\arctan\frac{1-x}{1+x}$,则 $y=u^2$;令 $v=\frac{1-x}{1+x}$(这已是基本初等函数四则运算形式),则 $u=\arctan v$. 于是,$y=\left(\arctan\frac{1-x}{1+x}\right)^2$ 由下列函数构成:

$$y=u^2,\quad u=\arctan v,\quad v=\frac{1-x}{1+x}.$$

(2) 令 $u=e^x+\sqrt{1+e^x}$,则 $y=\ln u$;令 $v=1+e^x$,则 $u=e^x+\sqrt{v}$. 于是,$\ln(e^x+\sqrt{1+e^x})$ 由下列函数构成:

$$y=\ln u,\quad u=e^x+\sqrt{v},\quad v=1+e^x.$$

本书研究的函数主要是初等函数.

习 题 1.2

A 组

1. 将 y 表示成 x 的函数：

(1) $y=a^u, u=v^2-1, v=\sin x$；　　(2) $y=\ln u, u=v^4+1, v=\tan x$.

2. 设函数 $f(x)=\mathrm{e}^x, g(x)=\ln x$，求 $f(f(x)), f(g(x)), g(f(x))$.

3. 下列函数由哪些基本初等函数复合而成？

(1) $y=4^{x^{1/3}}$；　　(2) $y=\sin\dfrac{1}{x}$；　　(3) $y=\tan^3 x$；

(4) $y=\sin x^{100}$；　　(5) $y=\ln\cos x^3$；　　(6) $y=(\arctan 2^x)^2$.

4. 将下列函数按基本初等函数复合与四则运算形式分解：

(1) $y=\ln(1-x^2)$；　(2) $y=\mathrm{e}^{\sin x+\cos x}$；　(3) $y=\cos(5x^2-3)$；　(4) $y=(2x-1)^{10}$；

(5) $y=\sqrt{\sin\ln x}$；　(6) $y=\sin^2(3x-2)$；　(7) $y=\cos \mathrm{e}^{x^2+2x+2}$；　(8) $y=\left(\arcsin\dfrac{1-x^2}{1+x^2}\right)^2$.

5. 设函数 $\varphi(x)=x^3+1$，求 $\varphi(x^2), [\varphi(x)]^2, \varphi(\varphi(x)), \varphi\left(\dfrac{1}{\varphi(x)}\right)$.

B 组

1. 由下列已知条件求 $f(x)$：

(1) $f\left(\dfrac{1}{x}\right)=x+\sqrt{1+x^2}\ (x>0)$；　　(2) $f(2x-1)=x^2$.

2. 设函数 $f(x)$ 的定义域是 $(0,1)$，求下列函数的定义域：

(1) $f(2^x)$；　　(2) $f(\ln x)$.

§1.3 经 济 函 数

这里讲述本书常常用到的经济学中的函数.

一、需求函数与供给函数

1. 需求函数

需求是指消费者在一定价格条件下对商品的需要. 这也就是消费者愿意购买而且有支付能力. 需求价格是指消费者对所需要的一定量的商品所愿支付的价格.

现假设需求量 Q 与价格 P 之间存在函数关系，并视 P 为自变量，Q 为因变量，便有**需求函数**

$$Q=\varphi(P),\quad P\geqslant 0. \tag{1.3}$$

一般说来，需求量随价格上涨而减少，随价格下降而增加. 因此，通常假设需求函数是单调减少的. 需求函数的图形称为**需求曲线**，如图 1-21 所示. 需求函数的反函数 $P=\varphi^{-1}(Q)$ 在经济学中也称为**需求函数**，有时称为**价格函数**.

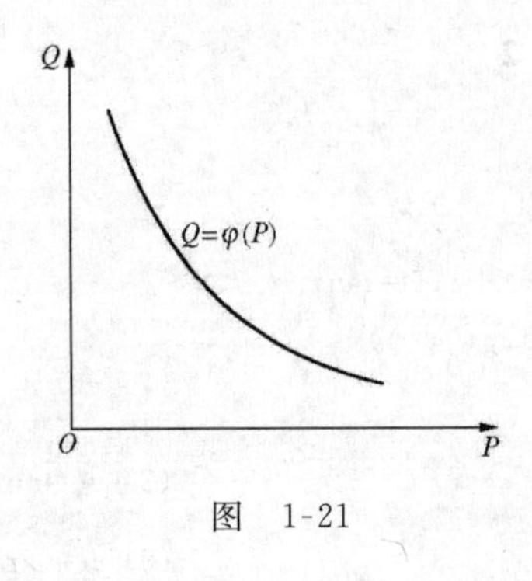

图　1-21

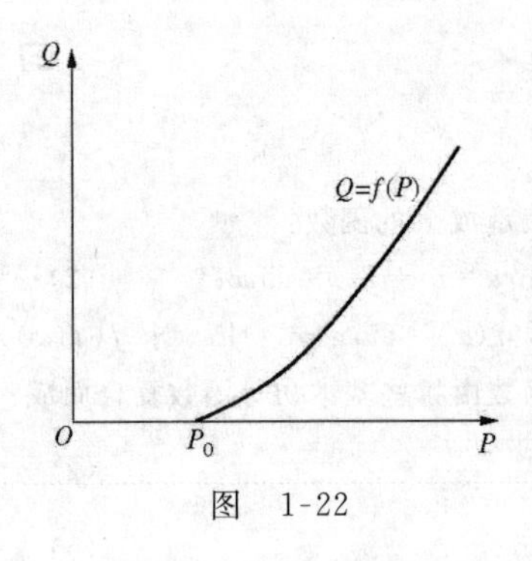

图　1-22

2. 供给函数

供给是指在某一时期内,生产者在一定价格条件下,愿意并可能出售的产品.供给价格是指生产者为提供一定量商品所愿意接受的价格.

假设供给量与价格之间存在着函数关系,视价格 P 为自变量,供给量 Q 为因变量,便有**供给函数**

$$Q = f(P), \quad P > 0. \tag{1.4}$$

一般情况下,假设供给函数是单调增加的,其图形即**供给曲线**如图 1-22 所示.

3. 局部市场均衡

均衡是指经济现象中变动着的各种力量处于一种暂时的稳定状态.均衡是在一定条件下达到的,条件变了,均衡就不存在了.经济现象总是处在一种均衡的破坏和另一种均衡的建立的过程中.从动态的观点看,均衡是短暂的,是一个不间断变化的过程.

局部市场均衡是讨论独立市场、单一商品的价格与供求关系变化的一种方法.它假定在其他条件不变时,一种商品的价格只取决于它本身的供求情况.商品的需求价格和供给价格相一致时的价格称为**均衡价格**.也就是说,当市场的需求量与供给量一致时,商品的价格是均衡价格.这时商品的数量称为**均衡数量**.假设需求曲线 $Q_d=\varphi(P)$和供给曲线 $Q_s=f(P)$[①]的交点为$(\overline{P},\overline{Q})$,则 $\overline{P},\overline{Q}$ 分别是均衡价格和均衡数量.

例 1　市场上售出某种内衣的件数 Q_d 与某内衣厂向市场供给该种内衣的件数 Q_s 都是价格 P 的线性函数.当价格为 10 元一件时,可售出 1500 件,但该厂商只能供应 700 件;当价格为 14 元一件时,可售出 900 件,厂商将供给 1700 件.试求:

(1) 需求函数和价格函数;　(2) 供给函数;

(3) 均衡价格 $\overline{P}$ 和均衡数量 $\overline{Q}$.

解　(1) 由于需求函数随价格上涨而减少,故设线性需求函数为

$$Q_d = a - bP \quad (a > 0, b > 0).$$

依题意,有

---

① 在同一问题中,既有需求量又有供给量时,为了区别起见,记 Q_d 为需求量,Q_s 为供给量.

$$\begin{cases}1500 = a - 10b,\\ 900 = a - 14b.\end{cases}$$

解之,得 $a=3000,b=150$. 所求需求函数为

$$Q_{\mathrm{d}} = 3000 - 150P.$$

由上式解出 P,得价格函数

$$P = 20 - \frac{Q_{\mathrm{d}}}{150}.$$

(2) 由于供给函数随价格上涨而增加,故设线性供给函数为

$$Q_{\mathrm{s}} = -c + dP \quad (c > 0, d > 0).$$

依题意,有

$$\begin{cases}700 = -c + 10d,\\ 1700 = -c + 14d.\end{cases}$$

解之,得 $c=1800,d=250$. 所求供给函数为

$$Q_{\mathrm{s}} = -1800 + 250P.$$

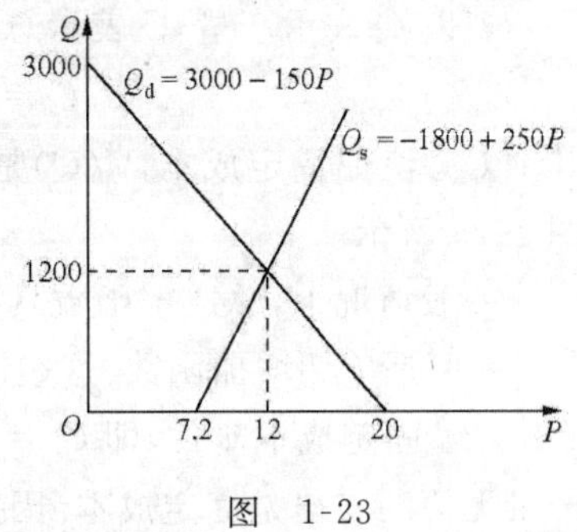

图 1-23

(3) 因局部市场均衡时有 $Q_{\mathrm{d}}=Q_{\mathrm{s}}$,即

$$3000 - 150P = -1800 + 250P,$$

得均衡价格 $\overline{P}=12$. 将 $\overline{P}=12$ 代入需求函数(或供给函数)中,得均衡数量 $\overline{Q}=1200$ (图 1-23).

当价格低于 12 元时,需求量大于供给量;当价格高于 12 元时,供给量大于需求量.

当 $P=0$ 时,$Q_{\mathrm{d}}=3000$ 件,这是市场对该种内衣的最大需求量;

当 $Q_{\mathrm{d}}=0$ 时,$P=20$ 元,这是该种内衣的最高价格;

由 $Q_{\mathrm{s}}=0$ 得 $P=7.2$ 元,表明当价格超过 7.2 元时,厂商才向市场提供产品.

二、收益函数

收益是指生产者出售商品的收入.总收益是指将一定量产品出售后所得到的全部收入;平均收益是指出售一定量的商品时,每单位商品所得的平均收入,即每单位商品的售价.

若以销量 Q 为自变量,总收益 R 为因变量,则 R 与 Q 之间的函数关系称为**总收益函数**. 若已知需求函数 $Q=\varphi(P)$,则总收益函数可记作

$$R = R(Q) = QP = Q\varphi^{-1}(Q), \quad Q \geqslant 0, \qquad (1.5)$$

其中 $P=\varphi^{-1}(Q)$是价格函数,$R\big|_{Q=0}=R(0)=0$,即未出售商品时,总收益的值为 0.

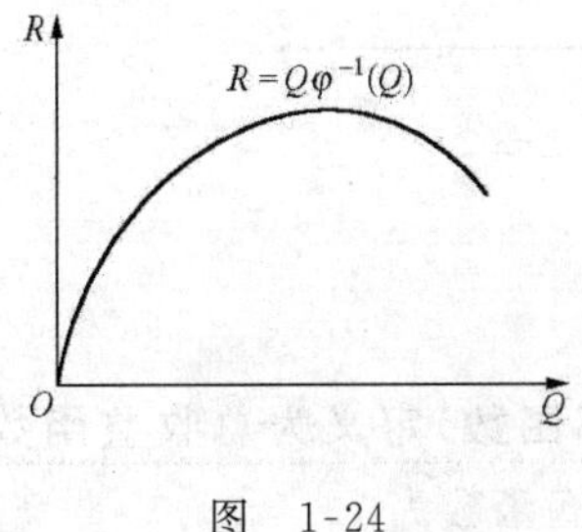

图 1-24

总收益函数也称为**总收入函数**. 总收益函数的图形即**总收益曲线**如图 1-24 所示. 平均收益,记作 AR,即

$$AR = \frac{R(Q)}{Q} = P = \varphi^{-1}(Q). \qquad (1.6)$$

它就是商品的价格.

三、成本函数

1. 总成本函数

总成本是指生产一定产量的产品所需要的**成本总额**. 它包括两部分：固定成本和可变成本. 固定成本是在一定限度内不随产量变动而变动的费用；可变成本是随产量变动而变动的费用.

若以 Q 表示产量，C 表示总成本，则 C 与 Q 之间的函数关系称为**总成本函数**，记作

$$C = C(Q) = C_0 + V(Q), \quad Q \geqslant 0, \tag{1.7}$$

其中 $C_0 \geqslant 0$ 是固定成本，$V(Q)$是可变成本. 一般情况下，总成本函数的图形即**总成本曲线**如图 1-25 所示.

一般情况下，总成本函数具有下列性质：

(1) 是单调增加函数. 这是因为当产量增加时，成本总额必然随之增加.

(2) 固定成本非负，即 $C_0 = C(0) \geqslant 0$. 这很显然，在尚没生产商品时，也需要支出，这与产量无关的支出是固定成本. 因此，可将 $C(0)$理解为固定成本：$C(0) = C_0$.

2. 平均成本函数

平均成本就是平均每单位产品的成本. 通常将平均成本记作 AC. 若已知总成本函数 $C=C(Q)$，则**平均成本函数**为

$$AC = \frac{\text{总成本}}{\text{产量}} = \frac{C(Q)}{Q}, \quad Q > 0. \tag{1.8}$$

在经济学中，**平均成本曲线**(平均成本函数的图形)一般具有如图 1-26 所示的形状.

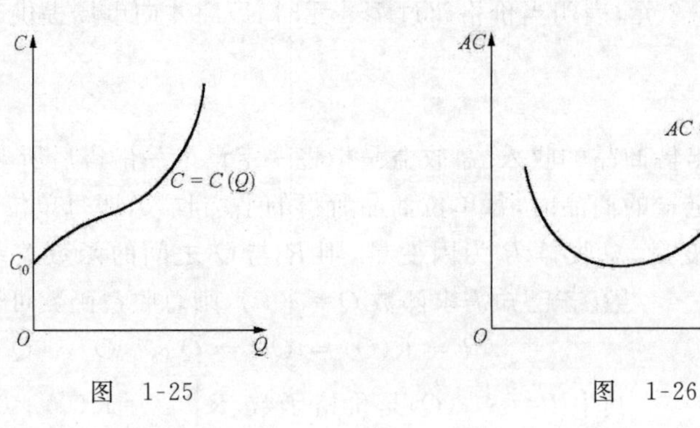

图 1-25　　图 1-26

四、利润函数

在假设产量与销量一致的情况下，**总利润函数**(简称为**利润函数**)定义为总收益函数 $R=R(Q)$与总成本函数 $C=C(Q)$之差. 若以 π 记总利润，则总利润函数为

$$\pi = \pi(Q) = R(Q) - C(Q). \tag{1.9}$$

显然,若产量为 Q,则当 $R(Q)>C(Q)$ 时,盈利;当 $R(Q)<C(Q)$ 时,亏损.若产量 Q_0 使得 $\pi(Q_0)=0$,即 $R(Q_0)=C(Q_0)$,则称 Q_0 为**盈亏分界点**.

例 2 设某产品的需求函数为

$$Q=125-P,$$

生产该产品的固定成本为 100,且每多生产一个产品,成本增加 3,试将利润 π 表示为产量 Q 的函数.

解 由需求函数得价格函数

$$P=125-Q,$$

所以总收益函数为

$$R=PQ=(125-Q)Q=125Q-Q^2,\quad Q\in[0,125].$$

又由题设知总成本函数为

$$C=100+3Q,\quad Q\in[0,+\infty),$$

从而利润函数为

$$\begin{aligned}\pi&=R-C=125Q-Q^2-(100+3Q)\\&=-Q^2+122Q-100,\quad Q\in[0,125].\end{aligned}$$

习 题 1.3

A 组

1. 已知市场均衡模型为

$$\begin{cases}Q_d=Q_s,\\Q_d=18-2P,\\Q_s=-6+P,\end{cases}$$

试求均衡价格 $\bar{P}$ 和均衡数量 $\bar{Q}$,并画出图形.

2. 设总收益 R 是产量 Q 的二次函数.经统计得知,当产量 Q 分别为 2 和 4 时,相应的总收益 R 为 6 和 8.试确定总收益 R 与产量 Q 的函数关系.

3. 设某商品的需求函数为 $Q=1000-100P$,生产该产品的固定成本为 100,且每多生产一个产品,成本增加 4,试求:

(1) 总收益函数; (2) 总成本函数; (3) 利润函数.

4. 某机床厂生产某种型号机床,最大生产能力为年产量 a 台,固定成本为 b 元,每生产一台机床,总成本增加 m 元,试将总成本 C 和平均成本 AC 表示成产量 Q 的函数.若每台机床售价为 P 元,试写出利润函数 π.

5. 已知生产某产品的总成本函数为 $C=800+2Q$ (单位:元),该产品的销售价格为 10 元/件,试求:

(1) 总收益函数; (2) 利润函数,盈亏分界点.

B 组

1. 某商品,若定价每件 5 元,可卖出 1000 件;假若每件每降低 0.01 元,估计可多卖出 10 件.试写出总收益 R 与卖出总件数 Q 的函数关系.

2. 生产某产品，年产量不超过 500 台时，每台售价 200 元，可以全部售出；年产量超过 500 台时，经广告宣传后可再多售出 200 台，每台平均广告费 20 元；生产再多，本年就售不出去. 试将本年的销售收益 R 表为年产量 Q 的函数.

§1.4　极限的概念与性质

一、数列的极限

按一定顺序排列的无穷多个数，称为**数列**. 数列通常记作

$$y_1,\ y_2,\ y_3,\ \cdots,\ y_n,\ \cdots,$$

或简记作 $\{y_n\}$. 数列的每个数称为数列的**项**，依次称为第 1 项，第 2 项，…. 第 n 项 y_n 称为**通项或一般项**.

将全体正整数的集合记作 $\mathbf{N}_+$. 若以函数表示数列，则数列可表示为

$$y_n = f(n), \quad n \in \mathbf{N}_+.$$

例 1　下面均为数列：

(1) $\left\{\frac{n}{n+1}\right\}$: $\frac{1}{2},\frac{2}{3},\frac{3}{4},\frac{4}{5},\cdots,\frac{n}{n+1},\cdots$;

(2) $\left\{\frac{1+(-1)^n}{n}\right\}$: $0,1,0,\frac{1}{2},\cdots,\frac{1+(-1)^n}{n},\cdots$;

(3) $\{(-1)^{n-1}n\}$: $1,-2,3,-4,\cdots,(-1)^{n-1}n,\cdots$;

(4) $\{(-1)^n\}$: $-1,1,-1,1,\cdots,(-1)^n,\cdots$.

所谓数列的极限，就是讨论数列 $\{y_n\}$ 的通项 y_n，当 n 无限增大时的变化趋势，特别是，是否有趋向于某个固定常数的变化趋势.

观察例 1 中的各数列，可以看出，随着 n **无限增大**：

数列 $\left\{\frac{n}{n+1}\right\}$ 的通项 $y_n=\frac{n}{n+1}$ 无限接近常数 1. 这时，称该数列有极限，且以常数 1 为极限，并记作

$$\lim_{n\to\infty}\frac{n}{n+1} = 1.$$

数列 $\left\{\frac{1+(-1)^n}{n}\right\}$ 的奇数项始终取常数 0，而偶数项无限接近常数 0. 可以认为该数列有极限，且以常数 0 为极限，并记作

$$\lim_{n\to\infty}\frac{1+(-1)^n}{n} = 0.$$

数列 $\{(-1)^{n-1}n\}$ 的通项 $y_n=(-1)^{n-1}n$ 的绝对值

$$|(-1)^{n-1}n| = n$$

无限增大，从而不能无限接近任何一个常数. 这时，称该数列没有极限.

数列$\{(-1)^n\}$的通项 $y_n=(-1)^n$ 在数值-1和$+1$上跳来跳去，也不能接近某一常数.这样的数列也没有极限.

一般我们有如下定义：

定义 1.4 设数列$\{y_n\}$：

$$y_1,\ y_2,\ y_3,\ \cdots,\ y_n,\ \cdots.$$

若当 n 无限增大时，y_n 趋于常数 A，则称**数列$\{y_n\}$以 A 为极限**，记作

$$\lim_{n\to\infty} y_n = A \quad 或 \quad y_n \to A\ (n\to\infty),$$

其中前式读作"当 n 趋于无穷大时，y_n 的极限等于 A"，后式读作"当 n 趋于无穷大时，y_n 趋于 A".

有极限的数列称为**收敛数列**；没有极限的数列称为**发散数列**.

按定义 1.4，对数列$\left\{\dfrac{1}{2^n}\right\}$，显然有

$$\lim_{n\to\infty} y_n = \lim_{n\to\infty}\frac{1}{2^n} = 0,$$

即数列$\left\{\dfrac{1}{2^n}\right\}$以 0 为极限.这时，也称该数列收敛于 0.

二、函数的极限

1. 当 $x\to\infty$ 时，函数 $f(x)$的极限

1）极限的定义

x 在这里作为函数 $f(x)$的自变量.若 x 取正值且无限增大，则记作 $x\to+\infty$，读作"x 趋于正无穷大"；若 x 取负值且其绝对值$|x|$无限增大，则记作 $x\to-\infty$，读作"x 趋于负无穷大"；若 x 既取正值又取负值，且其绝对值无限增大，则记作 $x\to\infty$，读作"x 趋于无穷大".

这里，"当 $x\to\infty$ 时，函数 $f(x)$的极限"，就是讨论当自变量 x 的绝对值$|x|$无限增大时，即 $x\to\infty$ 时，函数 $f(x)$的变化趋势.这时，若 $f(x)$无限接近常数 A，就称当 x 趋于无穷大时，函数 $f(x)$以 A 为极限.

先看例题.

例 2 讨论当 $x\to\infty$ 时函数 $f(x)=\dfrac{1}{x}$ 的变化趋势.

参看图 1-5 及由该函数的表达式，容易看出，当 $x\to\infty$ 时，函数 $f(x)=\dfrac{1}{x}$ 无限接近常数 0.这时，称函数 $f(x)=\dfrac{1}{x}$ 当 x 趋于无穷大时以 0 为极限，并记作

$$\lim_{x\to\infty}\frac{1}{x}=0.$$

例 3 讨论当 $x\to\infty$ 时函数 $f(x)=x^2$ 的变化趋势.

参看图 1-4 及由函数 $f(x)$ 的表达式，不难理解，当 $x\to\infty$ 时，函数 $f(x)=x^2$ 也无限增大，从而不能无限接近任何一个常数. 这时，称函数 $f(x)=x^2$ 当 x 趋于无穷大时没有极限.

把上面讨论的问题一般化，有如下定义：

定义 1.5　设函数 $f(x)$ 在 $|x|>a$ $(a>0)$ 时有定义. 若当 $x\to\infty$ 时，函数 $f(x)$ 趋于常数 A，则称**函数 $f(x)$ 当 x 趋于无穷大时以 A 为极限**，记作

$$\lim_{x\to\infty} f(x)=A \quad 或 \quad f(x)\to A\ (x\to\infty).$$

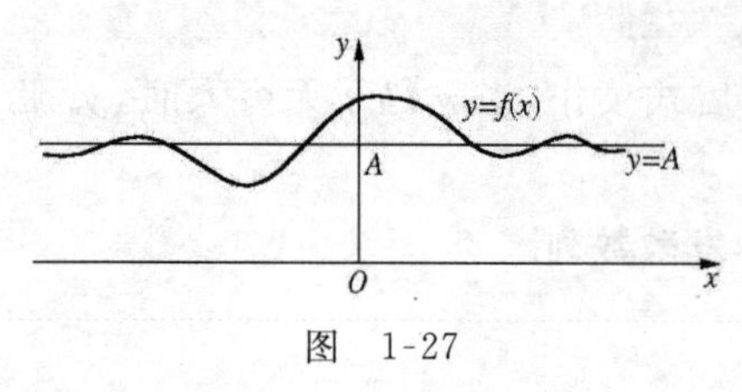

图　1-27

定义 1.5 的几何意义：曲线 $y=f(x)$ 沿着 x 轴的正方向和负方向无限远伸时，都以直线 $y=A$ 为**水平渐近线**(图 1-27).

2) 单侧极限

有时，我们仅讨论 $x\to-\infty$ 时或 $x\to+\infty$ 时函数 $f(x)$ 的变化趋势.

若当 $x\to-\infty$ 时，函数 $f(x)$ 趋于常数 A，则称**函数 $f(x)$ 当 x 趋于负无穷大时以 A 为极限**，记作

$$\lim_{x\to-\infty} f(x)=A \quad 或 \quad f(x)\to A\ (x\to-\infty).$$

若当 $x\to+\infty$ 时，函数 $f(x)$ 趋于常数 A，则称**函数 $f(x)$ 当 x 趋于正无穷大时以 A 为极限**，记作

$$\lim_{x\to+\infty} f(x)=A \quad 或 \quad f(x)\to A\ (x\to+\infty).$$

例 4　参看图 1-13，可看出

$$\lim_{x\to-\infty} \mathrm{e}^x=0, \quad \lim_{x\to+\infty}\left(\frac{1}{\mathrm{e}}\right)^x=\lim_{x\to+\infty}\mathrm{e}^{-x}=0.$$

由上述定义可知有下述**结论**：

极限 $\lim\limits_{x\to\infty} f(x)$ 存在且等于 A 的**充分必要条件**是极限 $\lim\limits_{x\to-\infty} f(x)$ 与 $\lim\limits_{x\to+\infty} f(x)$ 都存在且等于 A，即

$$\lim_{x\to\infty} f(x)=A \Longleftrightarrow \lim_{x\to-\infty} f(x)=A=\lim_{x\to+\infty} f(x).$$

例 5　设函数 $f(x)=\mathrm{e}^{1/x}$. 由于当 $x\to-\infty$ 时，$\dfrac{1}{x}\to0$，当 $x\to+\infty$ 时，$\dfrac{1}{x}\to0$，所以

$$\lim_{x\to-\infty}\mathrm{e}^{1/x}=1,$$

$$\lim_{x\to+\infty}\mathrm{e}^{1/x}=1,$$

从而有(图 1-28)

$$\lim_{x\to\infty}\mathrm{e}^{1/x}=1.$$

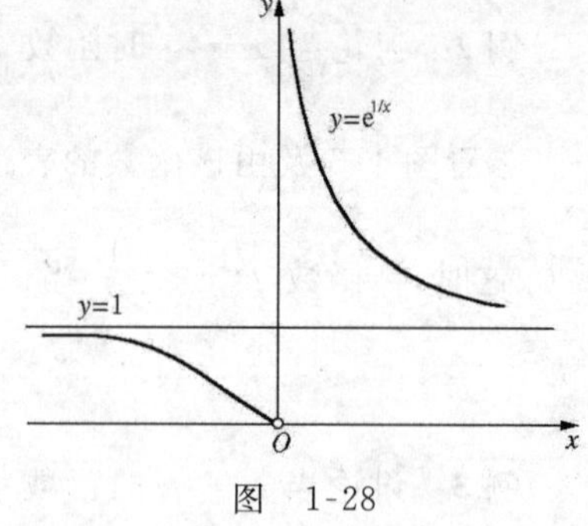

图　1-28

例 6 由反正切函数的图形知(图 1-7)

$$\lim_{x\to-\infty}\arctan x=-\frac{\pi}{2},\quad \lim_{x\to+\infty}\arctan x=\frac{\pi}{2}.$$

由此可知极限 $\lim\limits_{x\to\infty}\arctan x$ 不存在.

2. 当 $x\to x_0$ 时,函数 $f(x)$ 的极限

1) 极限的定义

这里,x_0 是一个有限值.若 $x<x_0$ 且 x 趋于 x_0,则记作 $x\to x_0^-$;若 $x>x_0$ 且 x 趋于 x_0,则记作 $x\to x_0^+$;若 $x\to x_0^-$ 和 $x\to x_0^+$ 同时发生,则记作 $x\to x_0$.

以点 x_0 为中心,以 $\delta(\delta>0)$ 为半径的开区间 $(x_0-\delta,x_0+\delta)$ 称为**点 x_0 的 δ 邻域**(简称为**邻域**).若把邻域 $(x_0-\delta,x_0+\delta)$ 的中心点 x_0 去掉,得 $(x_0-\delta,x_0)\cup(x_0,x_0+\delta)$,称之为**点 x_0 的 δ 空心邻域**(简称为**空心邻域**).

"当 $x\to x_0$ 时,函数 $f(x)$ 的极限",就是在点 x_0 的某邻域内讨论当自变量 x 无限接近 x_0(但 x 不取 x_0)时,函数 $f(x)$ 的变化趋势.根据我们已有的函数极限的概念,容易理解,若当 x 趋于 x_0 时,函数 $f(x)$ 的对应值趋于常数 A,则称当 $x\to x_0$ 时,函数 $f(x)$ 以 A 为极限.

下面举例说明"当 $x\to x_0$ 时,函数 $f(x)$ 以 A 为极限".

例 7 试讨论当 $x\to 2$ 时函数 $f(x)=x+2$ 的变化趋势.

首先要明确,虽然函数 $f(x)$ 在 $x=2$ 处有定义,但这不是求 $x=2$ 时函数 $f(x)$ 的函数值,即不是求 $f(2)$;其次,$x\to 2$ 是 x 无限接近 2,但 x 始终不取 2.

由图 1-29 及函数的表达式容易看出,当 $x\to 2$ 时,函数 $f(x)=x+2$ 对应的函数值无限接近常数 4.这时,称当 $x\to 2$ 时,函数 $f(x)=x+2$ 以 4 为极限,并记作

$$\lim_{x\to 2}(x+2)=4.$$

一般情况,当 $x\to x_0$ 时,$f(x)$ 的极限定义如下:

定义 1.6 设函数 $f(x)$ 在点 x_0 的某邻域内有定义(在 x_0 可以没有定义).若当 $x\to x_0$(但始终不等于 x_0)时,函数 $f(x)$ 趋于常数 A,则称**函数 $f(x)$ 当 x 趋于 x_0 时以 A 为极限**,记作

$$\lim_{x\to x_0}f(x)=A \quad 或 \quad f(x)\to A\ (x\to x_0).$$

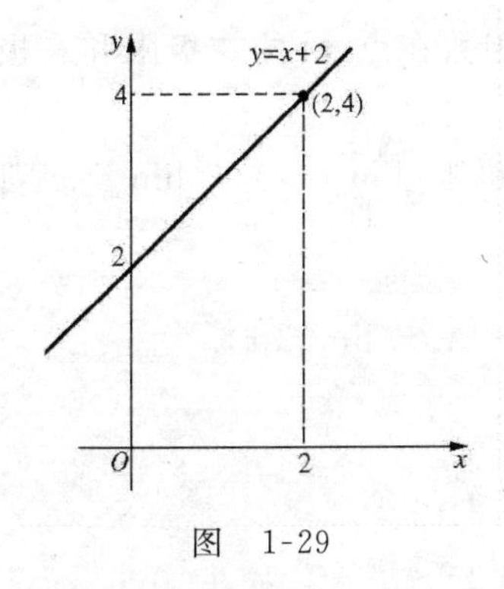

图 1-29

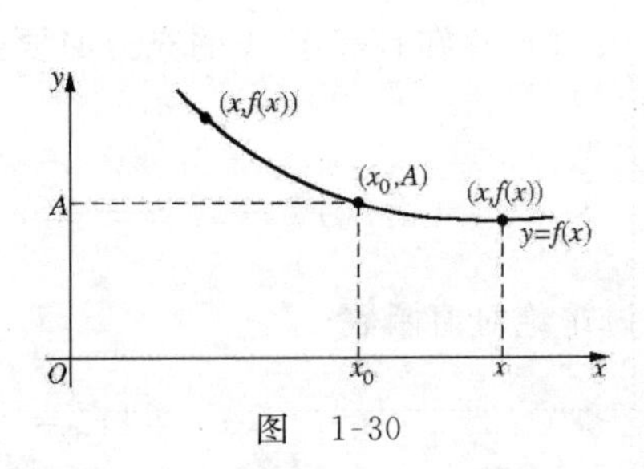

图 1-30

定义 1.6 的几何意义：极限 $\lim\limits_{x\to x_0}f(x)=A$ 表明，曲线 $y=f(x)$ 上的动点 $(x,f(x))$ 在其横坐标无限接近 x_0 时，它趋向于定点 (x_0,A)（图 1-30）.

例 8　试确定当 $x\to2$ 时函数 $f(x)=\dfrac{x^2-4}{x-2}$ 的极限.

解　本例中，函数 $f(x)$ 在 $x=2$ 处无定义. 由于在 $x\to2$ 的变化过程中，不取 $x=2$，而当 $x\neq2$ 时，

$$\frac{x^2-4}{x-2}=\frac{(x-2)(x+2)}{x-2}=x+2,$$

所以当 $x\to2$ 时，函数 $f(x)$ 的对应值趋于 4，即 $f(x)$ 以 4 为极限. 这时，记作

$$\lim_{x\to2}\frac{x^2-4}{x-2}=\lim_{x\to2}(x+2)=4.$$

必须强调指出，在定义极限 $\lim\limits_{x\to x_0}f(x)$ 时，函数 $f(x)$ 在点 x_0 可以有定义（如例 7），也可以没有定义（如例 8）；极限 $\lim\limits_{x\to x_0}f(x)$ 是否存在，与函数 $f(x)$ 在点 x_0 有没有定义及有定义时函数值是什么都毫无关系.

由极限定义可以推得下述两个结论：

$$\lim_{x\to x_0}x=x_0,\quad \lim_{x\to x_0}C=C\ (C\text{ 是任意常数}).$$

2）左极限与右极限

在点 x_0 的左极限或右极限，就是仅讨论当 $x\to x_0^-$ 或 $x\to x_0^+$ 时，函数 $f(x)$ 的极限.

若当 $x\to x_0^-$ 时，函数 $f(x)$ 趋于常数 A，则称函数 $f(x)$ 当 x 趋于 x_0 时以 A 为**左极限**，记作

$$\lim_{x\to x_0^-}f(x)=A\quad\text{或}\quad f(x)\to A\ (x\to x_0^-).$$

若当 $x\to x_0^+$ 时，函数 $f(x)$ 趋于常数 A，则称函数 $f(x)$ 当 x 趋于 x_0 时以 A 为**右极限**，记作

$$\lim_{x\to x_0^+}f(x)=A\quad\text{或}\quad f(x)\to A\ (x\to x_0^+).$$

由上述定义知，函数 $f(x)$ 在点 x_0 的极限与该函数在点 x_0 的左极限和右极限有如下结论：

极限 $\lim\limits_{x\to x_0}f(x)$ 存在且等于 A 的**充分必要条件**是极限 $\lim\limits_{x\to x_0^-}f(x)$ 与 $\lim\limits_{x\to x_0^+}f(x)$ 都存在且等于 A，即

$$\lim_{x\to x_0}f(x)=A\Longleftrightarrow\lim_{x\to x_0^-}f(x)=A=\lim_{x\to x_0^+}f(x).$$

例 9　讨论绝对值函数

$$f(x)=|x|=\begin{cases}x, & x\geqslant0,\\ -x, & x<0\end{cases}$$

在点 $x=0$ 的极限.

解 由于函数 $f(x)$ 在点 $x=0$ 的左、右两侧解析表达式不同,必须先讨论在点 $x=0$ 的左、右极限.

由图 1-31 易知

$$\lim_{x\to0^-}f(x)=\lim_{x\to0^-}(-x)=0,\quad \lim_{x\to0^+}f(x)=\lim_{x\to0^+}x=0,$$

所以绝对值函数在点 $x=0$ 的极限存在,且

$$\lim_{x\to0}f(x)=\lim_{x\to0}|x|=0.$$

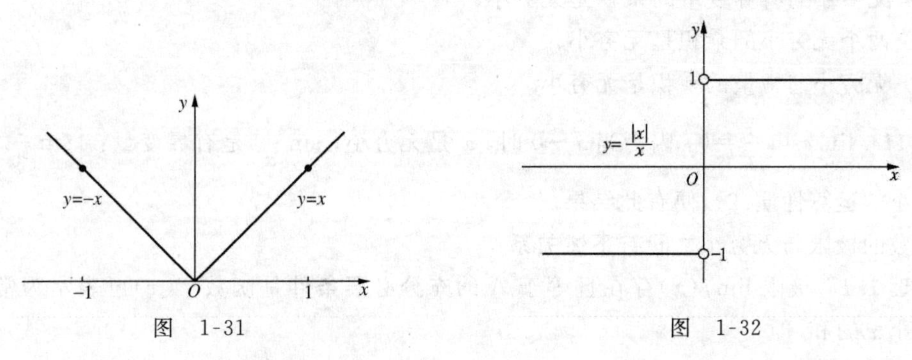

图 1-31　　图 1-32

例 10 设函数 $f(x)=\dfrac{|x|}{x}$,试讨论极限 $\lim\limits_{x\to0^-}f(x)$, $\lim\limits_{x\to0^+}f(x)$ 和 $\lim\limits_{x\to0}f(x)$ 是否存在.

解 由图 1-32 易知

$$\lim_{x\to0^-}f(x)=\lim_{x\to0^-}\frac{-x}{x}=-1,\quad \lim_{x\to0^+}f(x)=\lim_{x\to0^+}\frac{x}{x}=1.$$

可见,在 $x=0$ 处,函数 $f(x)$ 的左、右极限都存在,但不相等,故 $\lim\limits_{x\to0}f(x)$ 不存在.

说明 以上我们引入了下述七种类型的极限:

(1) $\lim\limits_{n\to\infty}y_n$; (2) $\lim\limits_{x\to\infty}f(x)$; (3) $\lim\limits_{x\to-\infty}f(x)$; (4) $\lim\limits_{x\to+\infty}f(x)$;

(5) $\lim\limits_{x\to x_0}f(x)$; (6) $\lim\limits_{x\to x_0^-}f(x)$; (7) $\lim\limits_{x\to x_0^+}f(x)$.

为了统一论述它们共有的性质和运算法则,本书若不特别指出是其中的哪一种极限时,将用 $\lim f(x)$ 或 $\lim y$ 泛指其中的任何一种,其中的 $f(x)$ 或 y 常常称为**变量**. 若需要论证某命题时,只就一种情形 $x\to x_0$ 来证明.

三、无穷小与无穷大

1. 无穷小及其性质

定义 1.7 极限为零的变量称为**无穷小**.

由无穷小定义知,若 $\lim y=0$,则称变量 y 是无穷小. 例如,易判定 $\lim\limits_{n\to\infty}\dfrac{1}{2n}=0$,所以当

$n\to\infty$ 时,变量 $\frac{1}{2n}$ 是无穷小. 因为 $\lim\limits_{x\to 0}\sin x=0$(图 1-6),所以当 $x\to 0$ 时,变量 $\sin x$ 是无穷小.

无穷小是一个变量,它的绝对值无限地变小. 而无限变小的量不是无穷小.

在常量中,**唯有数 0 是无穷小**. 这是因为 $\lim 0=0$.

由无穷小的定义容易理解**无穷小的下述运算性质**:

(1) 两个无穷小的代数和仍是无穷小;

(2) 无穷小与有界变量的乘积是无穷小;

(3) 两个无穷小的乘积是无穷小;

(4) 无穷小与常量的乘积是无穷小.

例 11　$\lim\limits_{x\to 0}x\sin\frac{1}{x}=0$,因为当 $x\to 0$ 时,x 是无穷小,$\sin\frac{1}{x}$ 是有界变量:$\left|\sin\frac{1}{x}\right|\leqslant 1$,由无穷小的运算性质(2),便有此结果.

函数的极限与无穷小之间有**下述关系**:

定理 1.1　极限 $\lim f(x)$ 存在且等于 A 的**充分必要条件**是函数 $f(x)$ 可表示为常数 A 与无穷小 α 的和,即

$$\lim f(x)=A\Longleftrightarrow f(x)=A+\alpha\quad(\alpha\to 0).$$

例如,因为 $f(x)=\frac{x+1}{x}=1+\frac{1}{x}$,而当 $x\to\infty$ 时,$\frac{1}{x}\to 0$,即当 $x\to\infty$ 时,函数 $f(x)$ 可表示为常数 1 和无穷小 $\frac{1}{x}$ 的和,所以

$$\lim_{x\to\infty}\frac{x+1}{x}=1\Longleftrightarrow\frac{x+1}{x}=1+\frac{1}{x}\quad\left(\text{当 } x\to\infty \text{ 时},\frac{1}{x}\to 0\right).$$

2. 无穷大

定义 1.8　绝对值无限增大的变量 y 称为**无穷大**,记作

$$\lim y=\infty.$$

例如,当 $x\to 0$ 时,$y=\frac{1}{x}$ 的绝对值 $\left|\frac{1}{x}\right|$ 将无限增大(图1-5),即当 $x\to 0$ 时,$\frac{1}{x}$ 是无穷大,可记作

$$\lim_{x\to 0}\frac{1}{x}=\infty.$$

在某一变化过程中,变量 y 是无穷大,它没有极限,不过它的变化趋势是确定的,即它的绝对值无限增大. 对于这种情况,我们是借用极限的记法表示它的变化趋势,记作 $\lim y=\infty$,也称变量 y 的极限是无穷大.

又如,当 $x\to+\infty$ 时,$y=\ln x$ 取正值且无限增大(图 1-33). 这时,称当 $x\to+\infty$ 时,$y=\ln x$ 是正无穷大,并记作

$$\lim_{x\to+\infty}\ln x=+\infty;$$

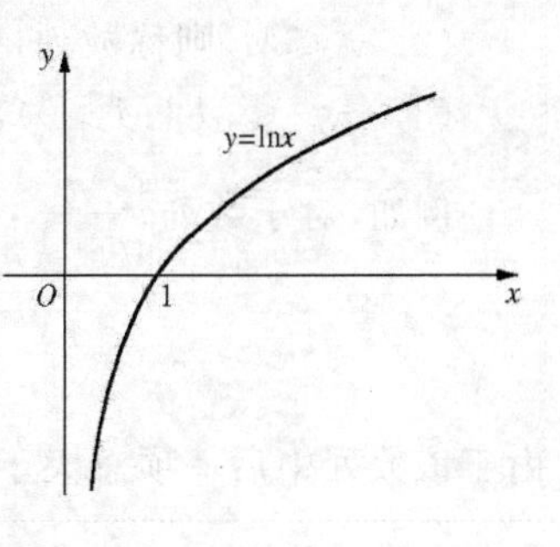

图 1-33

当 $x\to0^+$ 时，$y=\ln x$ 取负值且其绝对值无限增大. 这时，称当 $x\to0^+$ 时，$y=\ln x$ 是负无穷大(图 1-33)，并记作

$$\lim_{x\to0^+}\ln x=-\infty.$$

从几何上看，上式的意义是：曲线 $y=\ln x$ 在直线 $x=0$ 的右侧向下无限延伸且越来越接近直线 $x=0$. 通常称直线 $x=0$ 是曲线 $y=\ln x$ 的**垂直渐近线**(因直线 $x=0$ 垂直于 x 轴).

同样，极限式 $\lim\limits_{x\to0}\dfrac{1}{x}=\infty$ 的几何意义是：曲线 $y=\dfrac{1}{x}$ 在直线 $x=0$ 的左、右两侧分别向下、向上无限延伸，且以直线 $x=0$ 为垂直渐近线(图 1-5).

3. 无穷小与无穷大的关系

由无穷小与无穷大的定义可以得到二者之间有如下**结论**：

在同一变化过程中，有

(1) 若 y 是无穷大，则 $\dfrac{1}{y}$ 是无穷小；

(2) 若 y 是无穷小且 $y\neq0$，则 $\dfrac{1}{y}$ 是无穷大.

例如，当 $x\to1$ 时，$y=x-1$ 是无穷小，而 $\dfrac{1}{y}=\dfrac{1}{x-1}$ 是无穷大.

四、极限存在定理

定理 1.2 (夹逼性质) 设在点 x_0 的某空心邻域内有

$$h(x)\leqslant f(x)\leqslant g(x),\quad 且\quad \lim_{x\to x_0}h(x)=\lim_{x\to x_0}g(x)=A,$$

则极限 $\lim\limits_{x\to x_0}f(x)$ 存在，且

$$\lim_{x\to x_0}f(x)=A.$$

定理 1.3 (数列极限存在准则) 单调有界数列必有极限.

单调有界数列包括两种情形：一种是单调增加而有上界；另一种是单调减少而有下界.

对数列 $\{y_n\}$ 的一切项 y_n，若有

(1) $y_n\leqslant y_{n+1}\ (n=1,2,\cdots)$，则称数列是**单调增加**的；

(2) $y_n\geqslant y_{n+1}\ (n=1,2,\cdots)$，则称数列是**单调减少**的.

单调增加与单调减少的数列，统称为**单调数列**.

在 §1.1 中，我们讲述了有界函数的定义. 对于数列也有类似的定义：

设有数列 $\{y_n\}$，若存在常数 M，对任意正整数 n，都有

(1) $y_n\geqslant M$，则称数列 $\{y_n\}$ 是**有下界数列**；

（2）$y_n \leqslant M$，则称数列$\{y_n\}$是**有上界数列**；

（3）$|y_n| \leqslant M\ (M>0)$，则称数列$\{y_n\}$是**有界数列**.

例如，对于数列$\left\{\dfrac{n}{n+1}\right\}$：

$$\frac{1}{2},\ \frac{2}{3},\ \frac{3}{4},\ \cdots,\ \frac{n}{n+1},\ \cdots,$$

由于该数列中后一项总大于前一项，所以它是单调增加的.又因为一般项 $\dfrac{n}{n+1}<1$，所以它有上界.由定理1.3知，极限 $\lim\limits_{n\to\infty}\dfrac{n}{n+1}$ 存在.事实上，易判定

$$\lim_{n\to\infty}\frac{n}{n+1}=1.$$

习　题　1.4

A　组

1. 已知数列的通项，试写出数列，并观察判定数列是否收敛：

（1）$y_n=\dfrac{n}{2n+1}$；　（2）$y_n=\dfrac{1}{3^n}$；　（3）$y_n=(-1)^{n+1}\dfrac{1}{n}$；　（4）$y_n=(-1)^n\cdot 3$.

2. 画出函数 $f(x)=\operatorname{arccot}x$ 的图形，并直观判定极限 $\lim\limits_{x\to-\infty}f(x)$，$\lim\limits_{x\to+\infty}f(x)$，$\lim\limits_{x\to\infty}f(x)$是否存在.

3. 画出下列函数的图形，并直观判定极限 $\lim\limits_{x\to0^-}f(x)$，$\lim\limits_{x\to0^+}f(x)$，$\lim\limits_{x\to0}f(x)$是否存在：

（1）$f(x)=\begin{cases}x^2, & x\neq0,\\ 1, & x=0;\end{cases}$　（2）$f(x)=\begin{cases}x+1, & x\leqslant0,\\ x-1, & x>0.\end{cases}$

4. 函数 $f(x)=1+\sin x$ 与 $g(x)=\begin{cases}1+\sin x, & x\neq\pi/2,\\ 1, & x=\pi/2\end{cases}$ 是否相同？观察判定 $\lim\limits_{x\to\pi/2}f(x)$与 $\lim\limits_{x\to\pi/2}g(x)$是否相同，为什么？

5. 当 x 趋于何值时，下列变量是无穷小？

（1）$\dfrac{x^2-3x+2}{x-1}$；　（2）$\sin x+\arcsin x$；　（3）e^{x+2}；　（4）$(x-3)\ln(x-1)$.

6. 当 x 趋于何值时，下列变量是无穷大？

（1）$\ln(2-x)$；　（2）$\dfrac{1}{\dfrac{\pi}{2}+\arctan x}$.

7. 填空：

（1）$\lim\limits_{x\to\infty}\dfrac{1}{x}\cos x=$________；　（2）$\lim\limits_{x\to\infty}\dfrac{1}{x^2}\arctan x=$________.

B　组

1. 设函数 $f(x)=\begin{cases}x+2, & x>0,\\ a-e^x, & x<0.\end{cases}$

(1) 函数 $f(x)$在点 $x=0$ 是否有定义? a 为何值时,极限 $\lim\limits_{x\to 0}f(x)$存在?

(2) 已知 a 是给定的数,直观判定极限 $\lim\limits_{x\to -\infty}f(x)$, $\lim\limits_{x\to +\infty}f(x)$, $\lim\limits_{x\to \infty}f(x)$是否存在.

2. 画出函数 $y=\mathrm{e}^{-1/x}$ 的图形,并直观判定极限 $\lim\limits_{x\to 0^-}\mathrm{e}^{-1/x}$, $\lim\limits_{x\to 0^+}\mathrm{e}^{-1/x}$, $\lim\limits_{x\to 0}\mathrm{e}^{-1/x}$, $\lim\limits_{x\to -\infty}\mathrm{e}^{-1/x}$, $\lim\limits_{x\to +\infty}\mathrm{e}^{-1/x}$, $\lim\limits_{x\to \infty}\mathrm{e}^{-1/x}$是否存在.

§1.5 极限的运算

一、极限的运算法则

定理 1.4 (四则运算法则) 设极限 $\lim f(x)=A$, $\lim g(x)=B$,则

(1) 代数和的极限 $\lim[f(x)\pm g(x)]$存在,且

$$\lim[f(x)\pm g(x)]=\lim f(x)\pm \lim g(x)=A\pm B.$$

(2) 乘积的极限 $\lim[f(x)g(x)]$存在,且

$$\lim[f(x)g(x)]=\lim f(x)\cdot \lim g(x)=AB.$$

特别地,有

(i) 常数因子 C 可提到极限符号的前面,即

$$\lim Cg(x)=C\lim g(x)=CB;$$

(ii) 若 n 是正整数,则

$$\lim[f(x)]^n=[\lim f(x)]^n=A^n.$$

(3) 若 $\lim g(x)=B\neq 0$,则商的极限 $\lim\dfrac{f(x)}{g(x)}$存在,且

$$\lim\frac{f(x)}{g(x)}=\frac{\lim f(x)}{\lim g(x)}=\frac{A}{B}.$$

下面只证明乘法法则,其他法则可类似证明.

证 由题设 $\lim f(x)=A$, $\lim g(x)=B$,根据函数的极限与无穷小之间的关系,即定理 1.1,有

$$f(x)=A+\alpha,\quad g(x)=B+\beta,$$

其中 α,β 均是无穷小. 于是

$$f(x)g(x)=(A+\alpha)(B+\beta)=AB+\alpha B+\beta A+\alpha\beta.$$

由无穷小的运算性质知,$\alpha B+\beta A+\alpha\beta$ 是无穷小. 再由定理 1.1 便有

$$\lim[f(x)g(x)]=AB.$$

例 1 求 $\lim\limits_{x\to 1}(2x^2+3x-4)$.

解 由极限的四则运算法则有

$$\begin{aligned}\text{原式}&=\lim_{x\to 1}2x^2+\lim_{x\to 1}3x-\lim_{x\to 1}4\\&=2\lim_{x\to 1}x^2+3\lim_{x\to 1}x-4=2(\lim_{x\to 1}x)^2+3\times 1-4\\&=2\times 1^2+3\times 1-4=1.\end{aligned}$$

由该题计算结果知，对 n 次多项式

$$P_n(x) = a_0x^n + a_1x^{n-1} + \cdots + a_{n-1}x + a_n \quad (a_0 \neq 0),$$

有

$$\lim_{x\to x_0} P_n(x) = a_0x_0^n + a_1x_0^{n-1} + \cdots + a_{n-1}x_0 + a_n = P_n(x_0).$$

例 2 求 $\lim\limits_{x\to 2}\dfrac{5x-7}{x^2+2x+4}$.

解 因为分母的极限为

$$\lim_{x\to 2}(x^2+2x+4) = 2^2+2\times 2+4 = 12 \neq 0,$$

用商的运算法则得

$$原式 = \frac{\lim\limits_{x\to 2}(5x-7)}{\lim\limits_{x\to 2}(x^2+2x+4)} = \frac{5\times 2-7}{2^2+2\times 2+4} = \frac{1}{4}.$$

例 3 求 $\lim\limits_{x\to 3}\dfrac{x+1}{x^2-9}$.

解 易看出，分母的极限为 0，不能用商的极限法则，但分子的极限为 $4\neq 0$，可将分式的分母与分子颠倒后再用商的极限法则，即

$$\lim_{x\to 3}\frac{x^2-9}{x+1} = \frac{0}{4} = 0.$$

由无穷小与无穷大的倒数关系得

$$原式 = \infty.$$

例 4 求 $\lim\limits_{x\to 2}\dfrac{x^2-4}{x^2-5x+6}$.

解 由于分母、分子的极限都为 0，显然，当 $x\to 2$ 时，分母、分子有以 0 为极限的公因子 $(x-2)$. 先进行因式分解，约去公因子，再求极限：

$$原式 = \lim_{x\to 2}\frac{(x-2)(x+2)}{(x-2)(x-3)} = \lim_{x\to 2}\frac{x+2}{x-3} = \frac{4}{-1} = -4.$$

例 2，例 3 和例 4 的计算方法与结果可推广到一般情况. 设 $R(x)$ 是有理分式：

$$R(x) = \frac{P_n(x)}{Q_m(x)} = \frac{a_0x^n + a_1x^{n-1} + \cdots + a_{n-1}x + a_n}{b_0x^m + b_1x^{m-1} + \cdots + b_{m-1}x + b_m}.$$

(1) 若 $Q_m(x_0)\neq 0$，则

$$\lim_{x\to x_0} R(x) = \frac{P_n(x_0)}{Q_m(x_0)} = R(x_0);$$

(2) 若 $Q_m(x_0)=0$，而 $P_n(x_0)\neq 0$，则

$$\lim_{x\to x_0} R(x) = \infty;$$

(3) 若 $Q_m(x_0)=0$，且 $P_n(x_0)=0$，则 $Q_m(x)$，$P_n(x)$ 一定有以 0 为极限的 $(x-x_0)$ 型公因子，可将 $Q_m(x)$，$P_n(x)$ 因式分解，约去公因子后再求极限.

求分式的极限时，若分母与分子的极限都是 0，通常称其为 $\dfrac{0}{0}$ **型未定式**.

例 5 求 $\lim\limits_{x\to 2}\dfrac{\sqrt{x+2}-2}{x-2}$.

解 这是 $\dfrac{0}{0}$ 型未定式,这时可将分母、分子同乘上分子($\sqrt{x+2}-2$)的共轭因子,再求极限:

$$原式=\lim_{x\to 2}\frac{(\sqrt{x+2}-2)(\sqrt{x+2}+2)}{(x-2)(\sqrt{x+2}+2)}=\lim_{x\to 2}\frac{x+2-4}{(x-2)(\sqrt{x+2}+2)}$$

$$=\lim_{x\to 2}\frac{1}{\sqrt{x+2}+2}=\frac{1}{4}.$$

例 6 求 $\lim\limits_{x\to\infty}\dfrac{2x^2+2x-3}{5x^2-3x+1}$.

解 显然,分母、分子的极限都不存在.实际上,分母与分子都是无穷大.用无穷小与无穷大的倒数关系,将分母与分子同时除以 x 的最高次幂 x^2,再用极限的四则运算法则:

$$原式=\lim_{x\to\infty}\frac{2+\dfrac{2}{x}-\dfrac{3}{x^2}}{5-\dfrac{3}{x}+\dfrac{1}{x^2}}=\frac{\lim\limits_{x\to\infty}\left(2+\dfrac{2}{x}-\dfrac{3}{x^2}\right)}{\lim\limits_{x\to\infty}\left(5-\dfrac{3}{x}+\dfrac{1}{x^2}\right)}=\frac{2+0-0}{5-0+0}=\frac{2}{5}.$$

例 7 求 $\lim\limits_{x\to\infty}\dfrac{4x^2+3}{x-2}$.

解 用 x^2 除分母与分子,并利用例 3 的思路:

$$原式=\lim_{x\to\infty}\frac{4+\dfrac{3}{x^2}}{\dfrac{1}{x}-\dfrac{2}{x^2}}=\infty.$$

由例 6 和例 7 可得一般结论:若 $R(x)$是有理分式,则

$$\lim_{x\to\infty}R(x)=\lim_{x\to\infty}\frac{a_0x^n+a_1x^{n-1}+\cdots+a_{n-1}x+a_n}{b_0x^m+b_1x^{m-1}+\cdots+b_{m-1}x+b_m}$$

$$=\begin{cases}\dfrac{a_0}{b_0}, & 当\ n=m\ 时,\\ 0, & 当\ n<m\ 时,\\ \infty, & 当\ n>m\ 时.\end{cases}$$

求分式的极限时,若分母与分子的极限都是 ∞,通常称其为 $\dfrac{\infty}{\infty}$ **型未定式**.

例 8 求 $\lim\limits_{x\to 0}(x^2+x)\sin\dfrac{1}{x}$.

解 当 $x\to 0$ 时,$(x^2+x)\to 0$,而 $\left|\sin\dfrac{1}{x}\right|\leqslant 1$,由无穷小与有界变量的乘积仍是无穷小知

$$\lim_{x\to 0}(x^2+x)\sin\frac{1}{x}=0.$$

二、两个重要极限

1. 极限 $\lim\limits_{x\to 0}\dfrac{\sin x}{x}=1$

当 $x>0$ 时，直接计算 $\dfrac{\sin x}{x}$ 得表 1.2.

表 1.2

x	$\dfrac{\sin x}{x}$
1	0.841471
0.3	0.985067
0.2	0.993347
0.1	0.998334
0.05	0.999583
0.02	0.999933
0.01	0.999983
0.009	0.999986
0.0005	0.999999

由表 1.2 易看出，x 取值越接近 0，则相应的 $\dfrac{\sin x}{x}$ 的取值越接近 1.

当 $x<0$ 时，由于

$$\frac{\sin x}{x}=\frac{-\sin x}{-x}=\frac{\sin(-x)}{-x},$$

所以 $\dfrac{\sin x}{x}$ 的值不变，与 $x>0$ 时一样.

综上所述，可以看出有**第一个重要极限**

$$\lim_{x\to 0}\frac{\sin x}{x}=1.$$

这个极限要作为一个公式来用. 若在极限式中有三角函数或反正弦函数、反正切函数，且为 $\dfrac{0}{0}$ 型未定式，求极限时常常用到该公式.

2. 极限 $\lim\limits_{n\to\infty}\left(1+\dfrac{1}{n}\right)^n=\mathrm{e}$

极限 $\lim\limits_{n\to\infty}\left(1+\dfrac{1}{n}\right)^n=\mathrm{e}$ 是数列的极限. 对数列 $\left\{\left(1+\dfrac{1}{n}\right)^n\right\}$ 取值计算可列出表 1.3.

表 1.3

n	$\left(1+\frac{1}{n}\right)^n$
1	2.000000
10	2.593742
10^2	2.704814
10^3	2.716924
10^4	2.718146
10^5	2.718268
10^6	2.718280

由表 1.3 看出,该数列是单调增加的.若再仔细分析表中的数值会发现,随着 n 增大,数列后项与前项的差值在减少,而且减少得相当快.还可以看出它是有界的:

$$y_n = \left(1+\frac{1}{n}\right)^n < 3.$$

事实上,可以严格证明它是有界的.根据定理 1.3(数列极限存在准则),该数列有极限,且

$$\lim_{n\to\infty}\left(1+\frac{1}{n}\right)^n = \mathrm{e}.$$

当将该极限中的 n 换为实数 x 时,同样有

$$\lim_{x\to\infty}\left(1+\frac{1}{x}\right)^x = \mathrm{e}, \quad 或写作 \quad \lim_{x\to 0}(1+x)^{\frac{1}{x}} = \mathrm{e}.$$

这个极限通常称为**第二个重要极限**.

由于当 $x\to\infty$ 时,$\left(1+\frac{1}{x}\right)\to 1$,第二个重要极限可看作 1^∞ 型.在求幂指函数 $f(x)^{g(x)}$ 的极限时,若 $\lim f(x)=1,\lim g(x)=\infty$,则称其为 **$1^\infty$ 型未定式**.这时,常常考虑用第二个重要极限.

例 9 求 $\lim\limits_{x\to 0}\frac{\tan x}{x}$.

解 注意到本例为 $\frac{0}{0}$ 型未定式,且 $\tan x=\frac{\sin x}{\cos x}$,于是由第一个重要极限与极限的乘积法则得

$$原式 = \lim_{x\to 0}\frac{\sin x}{x}\cdot\frac{1}{\cos x} = \lim_{x\to 0}\frac{\sin x}{x}\cdot\lim_{x\to 0}\frac{1}{\cos x} = 1\times 1 = 1.$$

该极限式也可作为一个公式来用.

例 10 求 $\lim\limits_{x\to 0}\frac{1-\cos x}{x^2}$.

解 注意到 $(1-\cos x)(1+\cos x)=1-\cos^2 x=\sin^2 x$,于是

$$原式 = \lim_{x\to 0}\frac{1-\cos^2 x}{x^2(1+\cos x)} = \lim_{x\to 0}\left(\frac{\sin x}{x}\right)^2\frac{1}{1+\cos x} = 1^2\times\frac{1}{1+1} = \frac{1}{2}.$$

例 11 求 $\lim\limits_{x\to 0}\dfrac{\sin 3x}{x}$.

解 $\dfrac{\sin 3x}{x}=3\,\dfrac{\sin 3x}{3x}$. 令 $t=3x$,则当 $x\to 0$ 时,$t\to 0$. 于是,由第一个重要极限得

$$\text{原式}=3\lim_{x\to 0}\frac{\sin 3x}{3x}=3\lim_{t\to 0}\frac{\sin t}{t}=3\times 1=3.$$

例 12 求 $\lim\limits_{x\to 0}\dfrac{\arctan x}{2x}$.

解 这是 $\dfrac{0}{0}$ 型未定式. 用变量替换转化反正切函数 $\arctan x$ 为正切函数.

设 $t=\arctan x$,则 $x=\tan t$,且当 $x\to 0$ 时,$t\to 0$. 于是,由例 9 有

$$\text{原式}=\lim_{t\to 0}\frac{t}{2\tan t}=\frac{1}{2}\lim_{t\to 0}\frac{1}{\frac{\tan t}{t}}=\frac{1}{2}\times\frac{1}{1}=\frac{1}{2}.$$

若将极限 $\lim\limits_{x\to 0}\dfrac{\sin x}{x}=1$ 中的**自变量 x 换成 x 的函数 $\varphi(x)$**,则有**推广的第一个重要极限公式**

$$\lim_{\varphi(x)\to 0}\frac{\sin\varphi(x)}{\varphi(x)}=1. \tag{1.10}$$

例 13 求 $\lim\limits_{x\to 2}\dfrac{\sin(x-2)}{x^2-4}$.

解 这是 $\dfrac{0}{0}$ 型未定式. 注意到 $x^2-4=(x-2)(x+2)$,应用公式(1.10),有

$$\text{原式}=\lim_{x\to 2}\frac{1}{x+2}\cdot\frac{\sin(x-2)}{x-2}=\lim_{x\to 2}\frac{1}{x+2}\cdot\lim_{x\to 2}\frac{\sin(x-2)}{x-2}=\frac{1}{4}\times 1=\frac{1}{4}.$$

例 14 求 $\lim\limits_{x\to 0}(1-2x)^{\frac{1}{x}}$.

解 这是 1^∞ 型未定式. 注意到本例与极限 $\lim\limits_{x\to 0}(1+x)^{\frac{1}{x}}$ 的关系,作变量替换化成第二个重要极限.

令 $t=-2x$,则 $x=-\dfrac{t}{2}$,且当 $x\to 0$ 时,$t\to 0$. 于是

$$\text{原式}=\lim_{t\to 0}(1+t)^{-\frac{2}{t}}=\lim_{t\to 0}\left[(1+t)^{\frac{1}{t}}\right]^{-2}=\left[\lim_{t\to 0}(1+t)^{\frac{1}{t}}\right]^{-2}=\mathrm{e}^{-2}.$$

例 15 求 $\lim\limits_{x\to\infty}\left(\dfrac{2x-1}{2x+1}\right)^x$.

解 这是 1^∞ 型未定式,用第二个重要极限. 由于

$$\frac{2x-1}{2x+1}=1-\frac{2}{2x+1},$$

令 $t=-\dfrac{2}{2x+1}$,则 $x=-\dfrac{1}{2}-\dfrac{1}{t}$,且当 $x\to\infty$ 时,$t\to 0$. 于是

$$原式=\lim_{t\to 0}(1+t)^{-\frac{1}{2}-\frac{1}{t}}=\lim_{t\to 0}(1+t)^{-\frac{1}{2}}\frac{1}{(1+t)^{\frac{1}{t}}}$$

$$=\lim_{t\to 0}(1+t)^{-\frac{1}{2}}\cdot\frac{1}{\lim\limits_{t\to 0}(1+t)^{\frac{1}{t}}}=1\cdot\frac{1}{\mathrm{e}}=\mathrm{e}^{-1}.$$

例 16 求 $\lim\limits_{x\to 0}\frac{\ln(1+x)}{x}$.

解 由对数性质有 $\frac{\ln(1+x)}{x}=\ln(1+x)^{\frac{1}{x}}$，又知 $\lim\limits_{x\to 0}(1+x)^{\frac{1}{x}}=\mathrm{e}$，故

$$原式=\lim_{x\to 0}\ln(1+x)^{\frac{1}{x}}=\ln\mathrm{e}=1.$$

若将第二个重要极限中的**自变量** x **换成** x **的函数** $\varphi(x)$，则有**推广的第二个重要极限公式**

$$\lim_{\varphi(x)\to\infty}\left[1+\frac{1}{\varphi(x)}\right]^{\varphi(x)}=\mathrm{e} \tag{1.11}$$

或

$$\lim_{\varphi(x)\to 0}[1+\varphi(x)]^{\frac{1}{\varphi(x)}}=\mathrm{e}. \tag{1.12}$$

例 17 求 $\lim\limits_{x\to 0}(1+\tan x)^{2\cot x}$.

解 由于当 $x\to 0$ 时，$\tan x\to 0$，这是 1^{∞} 型未定式. 利用公式(1.12)，有

$$原式=\lim_{x\to 0}(1+\tan x)^{\frac{2}{\tan x}}=\left[\lim_{x\to 0}(1+\tan x)^{\frac{1}{\tan x}}\right]^2=\mathrm{e}^2.$$

说明 这里，按公式(1.12)，应写成

$$原式=\lim_{\tan x\to 0}(1+\tan x)^{\frac{2}{\tan x}}.$$

由于当 $x\to 0$ 时，$\tan x\to 0$ 这是很显然的事实，故按上述写法也可.

3. 复利与贴现

作为公式 $\lim\limits_{n\to\infty}\left(1+\frac{1}{n}\right)^n=\mathrm{e}$ 在经济方面的应用，在此介绍复利与贴现问题.

1) 复利公式

现有本金 A_0，以年利率 r 贷出. 若以复利计息，t 年末 A_0 将增值到 A_t，试计算 A_t.

所谓复利计息，就是将每期利息于每期之末加入该期本金，并以此为新本金再计算下期利息.

若以 1 年为 1 期计算利息，则 1 年末的本利和为

$$A_1=A_0(1+r);$$

2 年末的本利和为

$$A_2=A_1(1+r)=A_0(1+r)(1+r)=A_0(1+r)^2;$$

类推，t 年末的本利和为

$$A_t=A_0(1+r)^t. \tag{1.13}$$

若年利率仍为 r，1 年不是计息 1 期，而是计息 n 期，且以 $\frac{r}{n}$ 为每期的利率来计算，在这种情况下，易推得 t 年末的本利和为

$$A_t = A_0\left(1+\frac{r}{n}\right)^{nt}. \tag{1.14}$$

上述计息的"期"是确定的时间间隔，因而 1 年计息有限次. 公式(1.13)，(1.14)可认为是**按离散情况计算** t 年末本利和 A_t 的**复利公式**.

若计息的"期"的时间间隔无限缩短，从而计息次数 $n\to\infty$，这种情况的复利计息称为**连续复利计息**. 由于

$$\lim_{n\to\infty}A_0\left(1+\frac{r}{n}\right)^{nt} = A_0\lim_{n\to\infty}\left[\left(1+\frac{r}{n}\right)^{\frac{n}{r}}\right]^{rt} = A_0\mathrm{e}^{rt},$$

所以若以**连续复利计算利息**，其**复利公式**是

$$A_t = A_0\mathrm{e}^{rt}. \tag{1.15}$$

在公式(1.13)，(1.14)和(1.15)中，现有的本金 A_0 称为**现在值**，t 年末的本利和 A_t 称为**未来值**. 已知现在值 A_0 求未来值 A_t 是**复利问题**.

2) 贴现公式

若已知未来值 A_t，求现在值 A_0，则称此问题为**贴现问题**. 这时，利率 r 称为**贴现率**.

由复利公式(1.13)易推得，若以 1 年为 1 期贴现，则**贴现公式**是

$$A_0 = A_t(1+r)^{-t}. \tag{1.16}$$

若 1 年均分 n 期贴现，由复利公式(1.14)可得**贴现公式**是

$$A_0 = A_t\left(1+\frac{r}{n}\right)^{-nt}. \tag{1.17}$$

由复利公式(1.15)可得**连续贴现公式**是

$$A_0 = A_t\mathrm{e}^{-rt}. \tag{1.18}$$

例 18　某人用分期付款方式购买一价值为 50 万元的商品房. 设贷款期限为 10 年，年利率为 4%，试计算 10 年末还款的本利和.

(1) 按离散情况计算，每年计息 12 期；

(2) 按连续复利计算.

解　(1) 用公式(1.14)，其中 $A_0=50$，$n=12$，$r=0.04$，$t=10$，于是

$$A_{10} = 50\left(1+\frac{0.04}{12}\right)^{12\times10} \approx 50\times1.490833 = 74.5416\ (\text{单位：万元}).$$

(2) 用公式(1.15)，其中 $A_0=50$，$r=0.04$，$t=10$，于是

$$A_{10} = 50\mathrm{e}^{0.04\times10} \approx 50\times1.491825 = 74.5913\ (\text{单位：万元}).$$

例 19　设年利率为 9%，现投资多少元，10 年末可得 12000 元？

(1) 按离散情况计算，每年计息 4 期；

(2) 按连续复利计算.

解 (1) 用公式(1.17),其中 $A_t=12000, n=4, r=0.09, t=10$,于是

$$A_0=12000\left(1+\frac{0.09}{4}\right)^{-4\times 10}=\frac{12000}{(1+0.0225)^{4\times 10}}$$

$$\approx\frac{12000}{2.435189}=4927.7489\ (\text{单位: 元}).$$

(2) 用公式(1.18),其中 $A_t=12000, r=0.09, t=10$,于是

$$A_0=12000\mathrm{e}^{-0.09\times 10}=\frac{12000}{\mathrm{e}^{0.09\times 10}}\approx\frac{12000}{2.459603}=4878.8359\ (\text{单位: 元}).$$

连续复利和连续贴现,是一种理论上的计息方式,现实中根本不存在,也不具备可操作性.但由于其结果是以 e 为底的函数,有许多很好的数学性质,方便分析复杂的金融问题.

三、无穷小的比较

我们已经知道,以零为极限的变量称为无穷小.不过,不同的无穷小收敛于零的速度有快有慢.当然,快慢是相对的.对此,我们通过考查两个无穷小之比,引进无穷小阶的概念.

例如,当 $x\to 0$ 时,$x^2, x^{1/3}, 2x, \sin x$ 都是无穷小.我们以 x 收敛于零的速度作为标准,将上述无穷小与 x 相比较.由于

$$\lim_{x\to 0}\frac{x^2}{x}=0,\quad \lim_{x\to 0}\frac{x^{1/3}}{x}=\infty,\quad \lim_{x\to 0}\frac{2x}{x}=2,\quad \lim_{x\to 0}\frac{\sin x}{x}=1,$$

显然,当 $x\to 0$ 时,它们收敛于零的速度与 x 相比是不同的,其中

x^2 较 x 为快,称 x^2 是比 x 高阶的无穷小;

$x^{1/3}$ 较 x 为慢,称 $x^{1/3}$ 是比 x 低阶的无穷小;

$2x$ 与 x 只是相差一个倍数,称 $2x$ 与 x 是同阶无穷小;

$\sin x$ 与 x 应该说几乎是一致的,称 $\sin x$ 与 x 是等价无穷小.

定义 1.9 设 $\alpha\ (\alpha\neq 0)$ 和 β 是同一变化过程中的无穷小.

(1) 若 $\lim\dfrac{\beta}{\alpha}=0$,则称 β 是比 α **高阶**的无穷小,记作 $\beta=o(\alpha)$;

(2) 若 $\lim\dfrac{\beta}{\alpha}=\infty$,则称 β 是比 α **低阶**的无穷小;

(3) 若 $\lim\dfrac{\beta}{\alpha}=C$ (C 是不为零的常数),则称 β 与 α 是**同阶**无穷小;

(4) 若 $\lim\dfrac{\beta}{\alpha}=1$,则称 β 与 α 是**等价**无穷小,记作 $\beta\sim\alpha$.

例 20 试证:当 $x\to 0$ 时,$(\sqrt{1+x}-\sqrt{1-x})\sim x$.

证 由于

$$\lim_{x\to 0}\frac{\sqrt{1+x}-\sqrt{1-x}}{x}=\lim_{x\to 0}\frac{1+x-(1-x)}{x(\sqrt{1+x}+\sqrt{1-x})}=1,$$

所以按等价无穷小的定义知，$(\sqrt{1+x}-\sqrt{1-x})$与 x 是等价无穷小，即

$$(\sqrt{1+x}-\sqrt{1-x})\sim x.$$

习　题　1.5

A　组

1. 求下列极限：

(1) $\lim\limits_{x\to 2}(2x^2-3x+4)$；　(2) $\lim\limits_{x\to 2}\frac{x^2+1}{x-3}$；　(3) $\lim\limits_{x\to -1}\frac{x^2+1}{x+1}$；

(4) $\lim\limits_{x\to 1}\frac{x^2-1}{x^3-1}$；　(5) $\lim\limits_{x\to 4}\frac{x^2-6x+8}{x^2-5x+4}$；　(6) $\lim\limits_{x\to 4}\frac{\sqrt{x}-2}{x-4}$.

2. 填空题：

(1) $\lim\limits_{x\to\infty}\frac{3x^2+1}{2x^2+x-1}=$________；　(2) $\lim\limits_{n\to\infty}\frac{5n+6}{2n^2-3n+1}=$________；

(3) $\lim\limits_{x\to\infty}\frac{(2x-3)^{20}(3x-4)^{40}}{(3x+2)^{60}}=$________；　(4) $\lim\limits_{x\to\infty}\frac{1+x^3}{1+2x}=$________.

3. 求下列极限：

(1) $\lim\limits_{x\to\infty}\frac{\sin x}{x}$；　(2) $\lim\limits_{x\to 0}(3x^2+x)\sin\frac{1}{x}$.

4. 求下列极限：

(1) $\lim\limits_{x\to 0}\frac{\sin 4x+\tan x}{x}$；　(2) $\lim\limits_{x\to 0}\frac{\sin ax}{\sin bx}$；　(3) $\lim\limits_{x\to 0}\frac{3x-\tan x}{2x+\sin x}$；

(4) $\lim\limits_{x\to 0}\frac{\sin(\sin x)}{x}$；　(5) $\lim\limits_{x\to 1}\frac{\sin(x^2-1)}{x-1}$；　(6) $\lim\limits_{x\to 0}\frac{\sin x}{\sqrt{1+x}-1}$.

5. 求下列极限：

(1) $\lim\limits_{n\to\infty}\left(1+\frac{2}{n}\right)^{n+2}$；　(2) $\lim\limits_{x\to\infty}\left(1-\frac{1}{x}\right)^{x}$；　(3) $\lim\limits_{x\to\infty}\left(\frac{x}{1+x}\right)^{x}$；

(4) $\lim\limits_{x\to 0}\left(\frac{2-x}{2}\right)^{2/x-1}$；　(5) $\lim\limits_{x\to\infty}\left(\frac{3x+1}{3x+2}\right)^{x}$；　(6) $\lim\limits_{x\to 1}(1+\ln x)^{2/\ln x}$.

6. 设贷款期限为 5 年的年利率是 4%. 现贷款 20 万元购买一辆轿车，5 年末还款的本利和是多少？

(1) 按离散情况计算，每年计息 4 次；　(2) 按连续复利计算.

7. 设年利率为 7%，以连续复利累积 16 年后得到一笔基金 40000 元，求其现值.

8. 一机器距今 4 年后需大修一次，大修费用 5000 元. 设年利率为 5%，问：这笔费用的现在值是多少？

(1) 在无通货膨胀时；　(2) 在每年通货膨胀为 2%时.

9. 当 $x\to 0$ 时，试将下列无穷小与 x 进行比较：

(1) $\sqrt[3]{x}+x$；　(2) $x^2+\sin 2x$；　(3) $1-\cos x$；　(4) $\sin(\tan x)$.

B　组

1. 求下列极限：

(1) $\lim\limits_{h\to 0}\dfrac{\sqrt{x+h}-\sqrt{x}}{h}$；　　(2) $\lim\limits_{x\to 1}\left(\dfrac{2}{x^2-1}-\dfrac{1}{x-1}\right)$；

(3) $\lim\limits_{x\to+\infty}\dfrac{\sqrt[5]{2x^5-3}}{\sqrt{x^2+5}}$；　　(4) $\lim\limits_{x\to\infty}(\sqrt{x^4+1}-x^2)$.

2. 设函数 $f(x)=\dfrac{x^2-4}{3x^2+5x-2}$，求下列极限：

(1) $\lim\limits_{x\to 2}f(x)$；　(2) $\lim\limits_{x\to -2}f(x)$；　(3) $\lim\limits_{x\to 1/3}f(x)$；　(4) $\lim\limits_{x\to\infty}f(x)$.

3. 由已知条件确定 a,b 的值：

(1) $\lim\limits_{x\to 1}\dfrac{x^2+ax+b}{1-x}=5$；　　(2) $\lim\limits_{x\to\infty}\left(\dfrac{x^2+1}{x+1}-ax-b\right)=0$.

4. 求下列极限：

(1) $\lim\limits_{x\to 0}\dfrac{2\arcsin x}{x}$；　　(2) $\lim\limits_{x\to+\infty}\left(1-\dfrac{1}{x}\right)^{\sqrt{x}}$.

5. 证明：当 $x\to 0$ 时，$\arcsin x\sim\ln(1+x)$.

§1.6　函数的连续性

一、连续性的概念

1. 改变量的概念

为了以下叙述需要，先介绍改变量的概念和记号.

如图 1-34 所示，设函数 $y=f(x)$，当自变量 x 由初值 x_0 起改变到终值 $x_0+\Delta x$ 时，自变量实际改变了 Δx，其中 Δx 可正、可负. 我们称 Δx 为自变量的**改变量**. 这时，函数值相应地由 $f(x_0)$ 改变到 $f(x_0+\Delta x)$. 在曲线 $y=f(x)$ 上，点 M_0 的坐标为 $(x_0,f(x_0))$，点 M 的坐标为 $(x_0+\Delta x,f(x_0+\Delta x))$. 若函数相应的改变量记作 Δy，则

$$\Delta y = f(x_0+\Delta x)-f(x_0).$$

若记 $x=x_0+\Delta x$，则 $\Delta x=x-x_0$，相应的函数改变量为

$$\Delta y = f(x)-f(x_0).$$

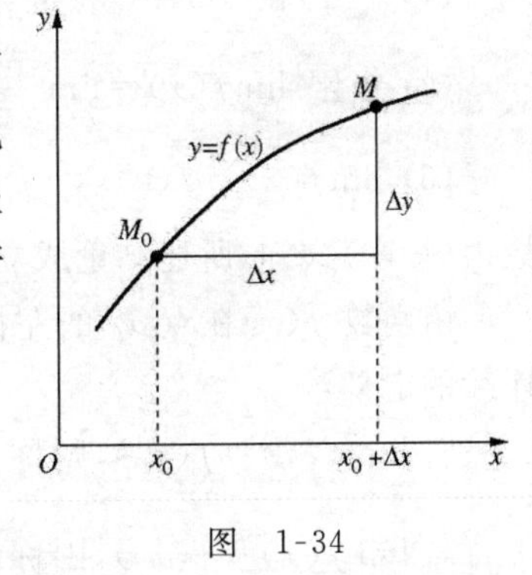

图　1-34

2. 函数连续的定义

所谓连续就是不间断. 客观世界的许多现象都是连续变化的. 例如，气温是随时间不间断地上升或下降的. 若从函数的观点看，气温是时间的函数，当时间(自变量)变化很微小时，气温(函数)相应的变化也很微小. 在数学上，这就是连续函数，它反映了变量逐渐变化的

过程.

观察图 1-34,曲线 $y=f(x)$在点 x_0 是连续的,当横坐标 x 自 x_0 向左或向右有微小改变时,其纵坐标 y 自 $f(x_0)$也有微小改变. 特别是,当横坐标(自变量)的改变量 $\Delta x\to 0$ 时,相应的纵坐标(函数)的改变量 $\Delta y\to 0$.

由以上分析得到函数在一点连续的定义.

定义 1.10 设函数 $y=f(x)$在点 x_0 的某邻域内有定义. 若

$$\lim_{\Delta x\to 0}\Delta y=\lim_{\Delta x\to 0}[f(x_0+\Delta x)-f(x_0)]=0, \tag{1.19}$$

则称函数 $y=f(x)$**在点 x_0 连续**,称 x_0 为该函数的**连续点**.

注意到 $\Delta y=f(x)-f(x_0)$,显然(1.19)式也可记作

$$\lim_{x\to x_0}[f(x)-f(x_0)]=0$$

或

$$\lim_{x\to x_0}f(x)=f(x_0). \tag{1.20}$$

依(1.20)式,函数 $f(x)$在点 x_0 连续必须下述三个条件皆满足:

(1) 在点 x_0 的某邻域内有定义;

(2) 极限 $\lim\limits_{x\to x_0}f(x)$存在;

(3) 极限 $\lim\limits_{x\to x_0}f(x)$的值等于该点的函数值 $f(x_0)$.

我们常常用(1.20)式,即上述三个条件来讨论函数 $f(x)$在某点是否连续.

例 1 函数 $f(x)=\begin{cases}\dfrac{\sin x}{x}, & x\neq 0,\\ 1, & x=0\end{cases}$ 在点 $x=0$ 是连续的. 这是因为

(1) $f(x)$在点 $x=0$ 有定义,且 $f(0)=1$;

(2) 极限 $\lim\limits_{x\to 0}f(x)=\lim\limits_{x\to 0}\dfrac{\sin x}{x}=1$;

(3) $\lim\limits_{x\to 0}f(x)=f(0)$.

故由(1.20)式知,所述结论成立.

由函数 $f(x)$在点 x_0 的左极限与右极限的定义,可得到函数 $f(x)$在点 x_0 左连续与右连续的定义:

若 $\lim\limits_{x\to x_0^-}f(x)=f(x_0)$,则称函数 $f(x)$在点 x_0 **左连续**;

若 $\lim\limits_{x\to x_0^+}f(x)=f(x_0)$,则称函数 $f(x)$在点 x_0 **右连续**.

由此可知,函数 $f(x)$在点 x_0 连续的**充分必要条件**是函数 $f(x)$在点 x_0 既左连续又右连续,即

$$\lim_{x\to x_0}f(x)=f(x_0)\Longleftrightarrow\lim_{x\to x_0^-}f(x)=f(x_0)=\lim_{x\to x_0^+}f(x).$$

例 2 讨论函数 $f(x)=\begin{cases} e^x-1, & x<0, \\ 0, & x=0, \\ \ln(1+x), & x>0 \end{cases}$ 在点 $x=0$ 的连续性.

解 这是分段函数,在分段点 $x=0$ 的左、右两侧需分别讨论左连续和右连续.

因为 $f(0)=0$,又

$$\lim_{x\to 0^-} f(x) = \lim_{x\to 0^-}(e^x-1) = 0 = f(0),$$
$$\lim_{x\to 0^+} f(x) = \lim_{x\to 0^+}\ln(1+x) = 0 = f(0),$$

即函数 $f(x)$ 在点 $x=0$ 既左连续又右连续,所以它在点 $x=0$ 连续.

函数在一点连续的定义,可以很自然地拓广到一个区间上.

若函数 $f(x)$ 在区间 I 上每一点都连续,则称函数 $f(x)$ **在 I 上连续**,或称 $f(x)$ 为 I 上的**连续函数**.

若函数 $f(x)$ 在开区间 (a,b) 内连续,又在端点 a 右连续,在端点 b 左连续,即有

$$\lim_{x\to a^+} f(x) = f(a), \quad \lim_{x\to b^-} f(x) = f(b),$$

则称函数 $f(x)$ 在闭区间 $[a,b]$ 上连续.

3. 函数的间断点

若函数 $f(x)$ 在点 x_0 不满足连续的定义,则称这一点是函数 $f(x)$ 的**不连续点**或**间断点**.

若 x_0 是函数 $f(x)$ 的间断点,按(1.20)式,所有可能出现的情况是:

或者函数 $f(x)$ 在点 x_0 的左、右邻近有定义,而在点 x_0 没有定义;

或者极限 $\lim\limits_{x\to x_0} f(x)$ 不存在;

或者极限 $\lim\limits_{x\to x_0} f(x)$ 存在,但不等于 $f(x_0)$.

例 3 对于函数 $f(x)=\begin{cases} \dfrac{x^2+x-6}{x-2}, & x\neq 2, \\ 3, & x=2, \end{cases}$ 在 $x=2$ 处,因为

$$\lim_{x\to 2} f(x) = \lim_{x\to 2}\frac{x^2+x-6}{x-2} = \lim_{x\to 2}\frac{(x-2)(x+3)}{x-2} = 5,$$

而 $f(2)=3$,所以 $x=2$ 是该函数的间断点.

例 4 $x=0$ 是函数 $f(x)=\begin{cases} x+1, & x\leqslant 0, \\ x-1, & x>0 \end{cases}$ 的间断点.这是因为

$$\lim_{x\to 0^-} f(x) = \lim_{x\to 0^-}(x+1) = 1,$$
$$\lim_{x\to 0^+} f(x) = \lim_{x\to 0^+}(x-1) = -1,$$

即极限 $\lim\limits_{x\to 0} f(x)$ 不存在.

二、初等函数的连续性

可以证明:**初等函数在其有定义的区间内都是连续的.**

根据这一结论,求初等函数在其有定义的区间内某点 x_0 的极限时,只要求出该点的函数值即可.

例如,求 $\lim\limits_{x\to1}\dfrac{4\arctan x}{e^x+\ln(2-x)}$ 时,由于该函数是初等函数,且 $x=1$ 是其有定义的区间内的一点,故由初等函数的连续性有

$$\lim_{x\to1}\frac{4\arctan x}{e^x+\ln(2-x)}=\frac{4\arctan 1}{e^1+\ln 1}=\frac{\pi}{e}.$$

三、闭区间上连续函数的性质

先给出函数 $f(x)$ 在区间上的最大值与最小值的概念.

设函数 $f(x)$ 在区间 I 上有定义. 若 $x_0\in I$,且对该区间内的一切 x,有

$$f(x)\leqslant f(x_0) \quad 或 \quad f(x)\geqslant f(x_0),$$

则称 $f(x_0)$ 是函数 $f(x)$ 在区间 I 上的**最大值**或**最小值**. 最大值与最小值统称为**最值**.

定理 1.5 (最大值、最小值定理) 若函数 $f(x)$ 在闭区间 $[a,b]$ 上连续,则 $f(x)$ 在 $[a,b]$ 上有**最大值**与**最小值**.

从图形上看(图 1-35),定理 1.5 的结论成立是显然的. 在区间 $[a,b]$ 上包括端点的一段连续曲线,必定有最低点 $(x_1,f(x_1))$,也有最高点 $(x_2,f(x_2))$.

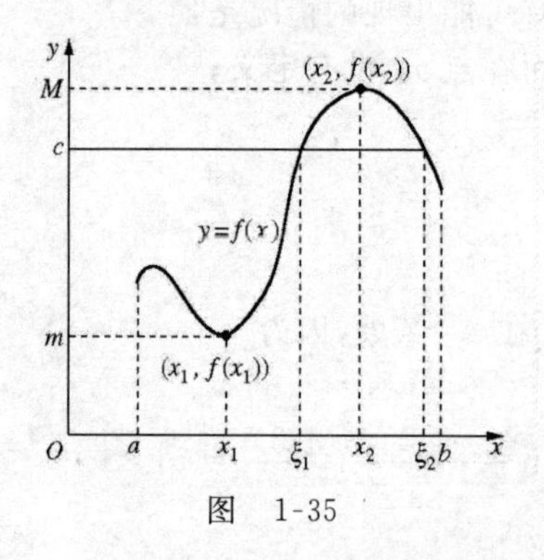

图 1-35

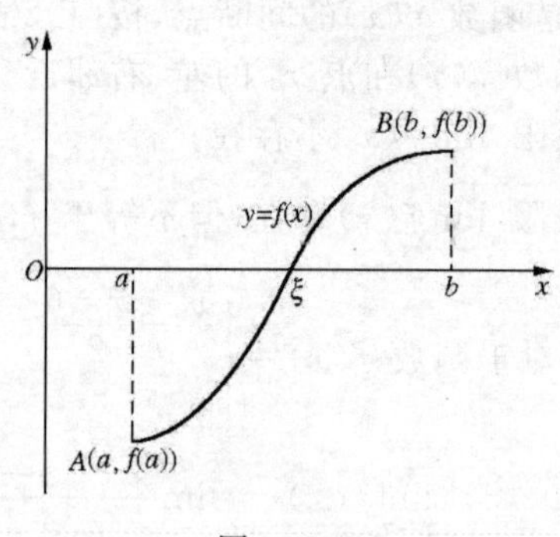

图 1-36

注意 若函数 $f(x)$ 在开区间内连续,则它不一定有最大值与最小值. 例如,$y=\sin x$ 在区间 $\left(0,\dfrac{\pi}{2}\right)$ 内连续,它在该区间内既无最大值也无最小值.

定理 1.6 (介值定理) 设函数 $f(x)$ 在闭区间 $[a,b]$ 上连续,m 和 M 分别为函数 $f(x)$ 在 $[a,b]$ 上的最小值与最大值,则对介于 m 和 M 之间的任一数 c:$m<c<M$,在开区间 (a,b) 内至少存在一点 ξ,使得

$$f(\xi)=c.$$

由图 1-35 看出,连续曲线 $y=f(x)$ 与直线 $y=c$ 交于两点,其横坐标分别为 ξ_1 和 ξ_2. 于是

$$f(\xi_1)=f(\xi_2)=c.$$

定理 1.7 (零点定理) 若函数 $f(x)$在闭区间$[a,b]$上连续,且 $f(a)$与 $f(b)$异号,则在开区间(a,b)内至少存在一点 ξ,使得

$$f(\xi)=0.$$

由图 1-36 我们可以看出这一结论:若点 $A(a,f(a))$与点$B(b,f(b))$分别在 x 轴的上、下两侧,则连接点 A 与点 B 的连续曲线 $y=f(x)$至少与 x 轴有一个交点.若交点为$(\xi,0)$,则显然 $f(\xi)=0$.

零点定理说明,在定理条件下,方程 $f(x)=0$ 在区间(a,b)内至少存在一个根.

例 5 证明:方程 $\sin x+1=x$ 在区间$(0,\pi)$内至少有一个根.

证 考虑函数 $f(x)=\sin x+1-x$ 及闭区间$[0,\pi]$.由于 $f(x)$在$[0,\pi]$上连续,且

$$f(0)=1>0,\quad f(\pi)=1-\pi<0,$$

故由零点定理知,至少存在一点 $\xi\in(0,\pi)$,使得

$$f(\xi)=\sin\xi+1-\xi=0,$$

即

$$\sin\xi+1=\xi.$$

显然,ξ 就是方程 $\sin x+1=x$ 的一个根.

习 题 1.6

A 组

1. 讨论下列函数在指定点的连续性:

(1) $f(x)=\begin{cases}\dfrac{|x-1|}{x-1}, & x\neq 1,\\ 1, & x=1,\end{cases}$ 在点 $x=1$; (2) $f(x)=\begin{cases}e^{x-2}, & x\geqslant 2,\\ \sqrt{3-x}, & x<2,\end{cases}$ 在点 $x=2$.

2. 确定常数 k 的值,使得下列函数在指定点连续:

(1) $f(x)=\begin{cases}\dfrac{\sin(x-1)}{x-1}, & x\neq 1,\\ k, & x=1,\end{cases}$ 在点 $x=1$; (2) $f(x)=\begin{cases}(1+x)^{2/x}, & x<0,\\ k+x, & x\geqslant 0,\end{cases}$ 在点 $x=0$.

3. 确定下列函数的间断点:

(1) $f(x)=\dfrac{x-1}{x^2+2x-3}$; (2) $f(x)=\sin x\cos\dfrac{1}{x}$; (3) $f(x)=\begin{cases}-1, & x<0,\\ 0, & x=0,\\ 1, & x>0.\end{cases}$

4. 设函数 $f(x)=\begin{cases}x\sin\dfrac{1}{x}+a, & x<0,\\ b+1, & x=0,\\ x-1, & x>0,\end{cases}$ 试确定 a,b 的值:

(1) 使得 $f(x)$在点 $x=0$ 的极限存在; (2) 使得 $f(x)$在点 $x=0$ 连续.

5. 确定下列函数的连续区间,并求极限:

(1) $f(x)=\ln(2+x)$,求 $\lim\limits_{x\to 0}f(x)$;　　(2) $f(x)=\sqrt{1+\sin x}$,求 $\lim\limits_{x\to \pi/2}f(x)$.

6. 证明:方程 $e^x-2=x$ 在区间$(0,2)$内至少有一个根.

B　组

1. 设函数 $f(x)=\begin{cases}\dfrac{\ln(1+2x)}{x}, & x>0,\\ a, & x=0,\\ x\sin\dfrac{1}{x}+b, & x<0,\end{cases}$ 试确定 a,b 的值:

(1) 使得极限 $\lim\limits_{x\to 0}f(x)$存在;　　(2) 使得 $f(x)$在点 $x=0$ 连续.

2. 说明函数 $f(x)=\begin{cases}3x, & 0\leqslant x<1,\\ 4-x, & 1\leqslant x\leqslant 3\end{cases}$ 在其定义域内是连续的.

§1.7　曲线的渐近线

若曲线 $y=f(x)$上的点 $P(x,f(x))$沿着曲线无限地远离原点时,点 P 与某条定直线的距离趋于零,则称该直线是曲线 $y=f(x)$的**渐近线**.

1. 曲线的水平渐近线

由定义 1.5 的几何意义知,对于曲线 $y=f(x)$,若

$$\lim_{x\to-\infty}f(x)=b \quad 或 \quad \lim_{x\to+\infty}f(x)=b,$$

则直线 $y=b$ 是曲线 $y=f(x)$的**水平渐近线**.

例如,曲线 $y=e^{1/x}$ 向左、右两侧无限延伸,都以直线 $y=1$ 为水平渐近线(图 1-28). 又如,曲线 $y=\arctan x$ 向左无限延伸,以直线$y=-\dfrac{\pi}{2}$ 为水平渐近线;向右无限延伸,以直线 $y=\dfrac{\pi}{2}$ 为水平渐近线(图 1-7).

2. 曲线的垂直渐近线

由极限 $\lim\limits_{x\to x_0}f(x)=\infty$ 的几何意义知,对于曲线 $y=f(x)$,若

$$\lim_{x\to x_0^-}f(x)=\infty \quad 或 \quad \lim_{x\to x_0^+}f(x)=\infty,$$

则直线 $x=x_0$ 是曲线 $y=f(x)$的**垂直渐近线**.

上述极限中的点 x_0 可能是函数 $f(x)$的**间断点**,也可能是函数 $f(x)$有定义的区间的**端点**(在端点处无定义).

例 1　对曲线 $y=\dfrac{x^2}{2x-3}$,$x=\dfrac{3}{2}$ 是其间断点. 由于

$$\lim_{x\to\frac{3}{2}^-}\frac{x^2}{2x-3}=-\infty, \quad \lim_{x\to\frac{3}{2}^+}\frac{x^2}{2x-3}=+\infty,$$

所以曲线 $y=\dfrac{x^2}{2x-3}$ 沿 y 轴的负、正方向无限延伸，都以直线 $x=\dfrac{3}{2}$ 为垂直渐近线（图 1-37）.

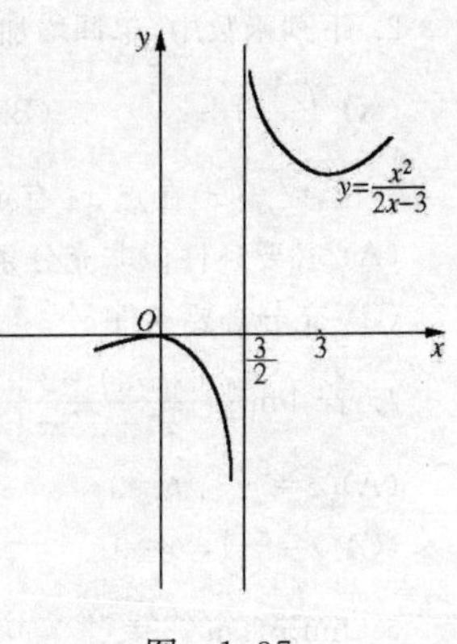

图 1-37

例 2 函数 $y=\ln x$ 在区间 $(0,+\infty)$ 内有定义，在区间端点 $x=0$ 处，由于

$$\lim_{x\to 0^+}\ln x=-\infty,$$

所以曲线 $y=\ln x$ 沿 y 轴的负方向延伸无限，以直线 $x=0$ 为垂直渐近线(图 1-33).

例 3 对于曲线 $y=2+\dfrac{2x+3}{(x-3)^2}$，由于

$$\lim_{x\to\infty}\left[2+\frac{2x+3}{(x-3)^2}\right]=2,\quad \lim_{x\to 3}\left[2+\frac{2x+3}{(x-3)^2}\right]=\infty,$$

所以直线 $y=2$ 为其水平渐近线，而直线 $x=3$ 为其垂直渐近线.

习 题 1.7

A 组

求下列曲线的水平或垂直渐近线：

1. $y=e^x$.　　2. $y=3+\dfrac{1}{x}$.　　3. $y=\ln(x+2)$.

4. $y=\operatorname{arccot}x$.　　5. $y=\dfrac{2}{(x+3)^2}$.　　6. $y=\dfrac{1}{\sqrt{2\pi}}e^{-x^2/2}$.

B 组

1. 求下列曲线的水平或垂直渐近线：

(1) $y=\dfrac{x^2-4}{x^2+x-6}$；　　(2) $y=e^{-1/x}$.

2. 确定下列结论的正确性：

(1) 曲线 $y=|\ln x|$ 向上延伸有垂直渐近线 $x=0$；

(2) 曲线 $y=\ln|x|$ 向上延伸有垂直渐近线 $x=0$.

总 习 题 一

单项选择题：

1. 设函数 $f(x)$ 在 $(-\infty,+\infty)$ 内有定义，则下列函数中必为偶函数的是(　　).

(A) $y=|f(x)|$；　(B) $y=\cos x f(x^2)$；　(C) $y=[f(x)]^2$；　(D) $y=-f(-x)$.

2. 下列函数中,单调增加的是(　　).

(A) $\left(\frac{1}{e}\right)^x$;　(B) $|\ln x|$;　(C) $\arccos x$;　(D) $\arcsin x$.

3. 函数 $f(x)$在点 x_0 有定义是它在该点存在极限的(　　).

(A) 必要条件但非充分条件;　(B) 充分条件但非必要条件;

(C) 充分必要条件;　(D) 无关条件.

4. 若 $\lim\limits_{x\to\infty}\frac{x^4(1+a)+2+bx^3}{x^3+x^2-1}=-2$,则(　　).

(A) $a=-3$, $b=0$;　(B) $a=0$, $b=-2$;

(C) $a=-1$, $b=0$;　(D) $a=-1$, $b=-2$.

5. $\lim\limits_{n\to\infty}n^3\tan\frac{x}{n^3}=$(　　).

(A) 0;　(B) $+\infty$;　(C) x;　(D) 1.

6. 下列等式成立的是(　　).

(A) $\lim\limits_{n\to\infty}\left(1+\frac{1}{n}\right)^{2n}=e$;　(B) $\lim\limits_{n\to\infty}\left(1+\frac{2}{n}\right)^{n}=e$;

(C) $\lim\limits_{n\to\infty}\left(1+\frac{1}{2n}\right)^{n}=e$;　(D) $\lim\limits_{n\to\infty}\left(1+\frac{1}{n}\right)^{n+2}=e$.

7. 函数 $f(x)$在点 x_0 有定义是 $f(x)$在点 x_0 连续的(　　).

(A) 必要条件但非充分条件;　(B) 充分条件但非必要条件;

(C) 充分必要条件;　(D) 无关条件.

8. 函数 $f(x)$在点 x_0 极限存在是 $f(x)$在点 x_0 连续的(　　).

(A) 必要条件但非充分条件;　(B) 充分条件但非必要条件;

(C) 充分必要条件;　(D) 无关条件.

9. 设函数 $f(x)=\begin{cases}\frac{\ln(1+3x)}{x}, & x>0,\\ a, & x=0,\\ 2^x+2, & x<0\end{cases}$ 在点 $x=0$ 连续,则常数 $a=$(　　).

(A) 0;　(B) 1;　(C) 2;　(D) 3.

10. 曲线 $y=\frac{1}{x-1}$(　　).

(A) 没有渐近线;　(B) 仅有水平渐近线;

(C) 仅有垂直渐近线;　(D) 既有水平渐近线,也有垂直渐近线.

第二章　导数与微分

研究导数理论，求函数的导数与微分的方法及其应用的科学称为微分学. 第二章和第三章讲述一元函数微分学的内容. 导数与微分是一元函数微分学的两个基本概念. 本章讲述这两个基本概念以及求函数的导数与微分的方法.

§2.1　导数的概念

一、引出导数概念的实例

在自然科学、工程技术和经济学中，经常要考查因变量随自变量变化的快慢程度. 导数概念就是从这类问题中抽象出来的. 我们从几何学中的切线斜率和经济学中的产品生产成本谈起.

1. 曲线的切线斜率

我们的问题是：已知曲线 L 的方程 $y=f(x)$，要确定过曲线 L 上点 $M_0(x_0,y_0)$ 的切线的斜率.

为此，先定义**曲线的切线**.

设 M_0 是曲线 L 上的一点，M 是曲线上与点 M_0 邻近的一点，作割线 M_0M. 当点 M 沿着曲线 L 趋于点 M_0 时，割线 M_0M 便绕着点 M_0 转动；当点 M 无限趋于点 M_0 时，若割线的极限位置是 M_0T，则称直线 M_0T 为曲线 L 在点 M_0 的切线(图 2-1). 简言之，**割线的极限位置就是切线.**

按上述切线定义，在曲线 $y=f(x)$ 上取邻近于点 $M_0(x_0,y_0)$ 的点 $M(x_0+\Delta x,y_0+\Delta y)$，割线 M_0M 的倾角为 φ(图 2-2)，其斜率是点 M_0 的纵坐标的改变量 Δy 与横坐标的改变量 Δx 之比：

$$\tan\varphi=\frac{\Delta y}{\Delta x}=\frac{f(x_0+\Delta x)-f(x_0)}{\Delta x}.$$

用割线 M_0M 的斜率表示切线 M_0T 的斜率，这是近似值. 显然，$|\Delta x|$ 越小，即点 M 沿曲线越接近点 M_0，其近似程度越好. 现令点 $M(x_0+\Delta x,y_0+\Delta y)$ 沿着曲线移动并无限趋于点 $M_0(x_0,y_0)$，即令 $\Delta x\to 0$，则割线 M_0M 将绕着点 M_0 转动而达到极限位置成为切线 M_0T(图 2-2). 所以，割线 M_0M 的斜率的极限就是曲线 $y=f(x)$ 在点 $M_0(x_0,y_0)$ 的切线 M_0T 的斜率，即

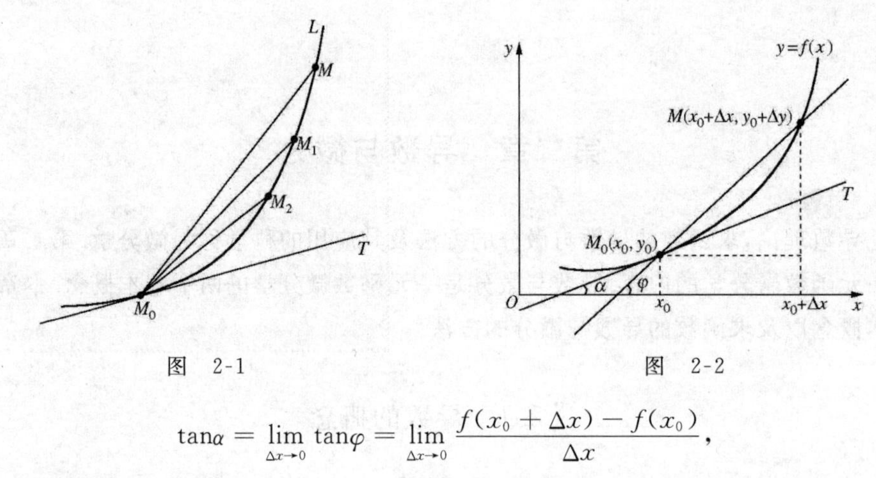

图　2-1　　　　　　　　　　　　图　2-2

$$\tan\alpha = \lim_{\Delta x \to 0} \tan\varphi = \lim_{\Delta x \to 0} \frac{f(x_0 + \Delta x) - f(x_0)}{\Delta x},$$

其中的 α 是切线 M_0T 的倾角.

以上计算过程是：先作割线，求出割线斜率；然后通过取极限，从割线过渡到切线，从而求得切线斜率.

由上述推导我们可知，曲线 $y=f(x)$ 过点 $M_0(x_0, y_0)$ 与点 $M(x_0+\Delta x, y_0+\Delta y)$ 的割线的斜率 $\frac{\Delta y}{\Delta x}$，是曲线上点的纵坐标 y 对横坐标 x 在区间 $[x_0, x_0+\Delta x]$ 上的平均变化率；而曲线在点 M_0 的切线斜率，是曲线上点的纵坐标 y 对横坐标 x 在点 x_0 的变化率. 显然，后者反映了曲线的纵坐标 y 随横坐标 x 变化而变化，且在横坐标为 x_0 时变化的快慢程度.

2. 产品的生产成本

我们的问题是：已知生产某产品的总成本函数 $C=C(Q)$，要确定生产第 Q_0 个单位产品的生产成本[①].

现假设已经生产了 Q_0 个单位产品，这时的总成本是 $C=C(Q_0)$. 在此产出水平上，若产量增至 $Q_0+\Delta Q$（设 $\Delta Q>0$），则相应的总成本增量（改变量）是

$$\Delta C = C(Q_0 + \Delta Q) - C(Q_0),$$

比值

$$\frac{\Delta C}{\Delta Q} = \frac{C(Q_0 + \Delta Q) - C(Q_0)}{\Delta Q}$$

就是产量由 Q_0 增至 $Q_0+\Delta Q$ 这一生产过程中，每增加单位产量总成本的平均增量，即在产量区间 $[Q_0, Q_0+\Delta Q]$ 上总成本的平均变化率. 用这个总成本的平均增量表示生产第 Q_0 个单位产品的生产成本，这是近似值. 显然，ΔQ 越小，即产量 $Q_0+\Delta Q$ 越接近产量 Q_0，其近似程度越好.

现令 $\Delta Q \to 0$，平均增量 $\frac{\Delta C}{\Delta Q}$ 的极限，即极限

① 这里所说的"生产成本"不包括固定成本.

$$\lim_{\Delta Q\to 0}\frac{\Delta C}{\Delta Q}=\lim_{\Delta Q\to 0}\frac{C(Q_0+\Delta Q)-C(Q_0)}{\Delta Q}$$

就是总成本 C 在产量为 Q_0 时的变化率. 这个变化率恰表示生产第 Q_0 个单位产品时总成本的增量,即生产第 Q_0 个单位产品的生产成本.

以上计算过程是: 先在局部范围内求出总成本的平均增量;然后通过取极限,由平均增量过渡到产量为 Q_0 时总成本的增量.

若已知总成本函数 $C=C(Q)$,则产量由 Q_0 增至 $Q_0+\Delta Q$ 时,总成本的平均增量是总成本 C 对产量 Q 的平均变化率;而在产量为 Q_0 时,生产第 Q_0 个单位产品的生产成本是总成本 C 对产量 Q 在产量为 Q_0 时的变化率. 显然,后者反映了总成本 C 随产量 Q 变化而变化,且在产量为 Q_0 时变化的快慢程度.

以上两个实际问题,其一是曲线的切线斜率,其二是产品的生产成本. 这两个问题实际意义虽然不同,一个是几何问题,另一个是经济问题,但从数学上看,解决它们的方法却完全一样,都是计算同一类型的极限: 计算函数的改变量与自变量的改变量之比,当自变量的改变量趋于零时的极限,即对函数 $y=f(x)$,计算极限

$$\lim_{\Delta x\to 0}\frac{\Delta y}{\Delta x}=\lim_{\Delta x\to 0}\frac{f(x_0+\Delta x)-f(x_0)}{\Delta x}.$$

上式中,分母 Δx 是自变量 x 在点 x_0 的改变量,要求 $\Delta x\neq 0$;分子 $\Delta y=f(x_0+\Delta x)-f(x_0)$ 是与 Δx **相对应的**函数 $f(x)$的改变量. 因此,若上述极限存在,这个极限是函数在点 x_0 的变化率,它反映了函数 $f(x)$在点 x_0 变化的快慢程度.

在实际中,凡是考查一个变量随着另一个变量变化的变化率问题,都归结为计算上述类型的极限. 正因为如此,上述极限表述了自然科学、工程技术、经济学中很多不同质的现象在量方面的共性,正是这种共性的抽象而引出函数的导数概念.

二、导数的概念

1. 导数的定义

对函数 $y=f(x)$,若以 $\Delta x(\neq 0)$记自变量 x 在点 x_0 的改变量,而因变量 y **相对应的**改变量记作 Δy,即

$$\Delta y=f(x_0+\Delta x)-f(x_0),$$

则如下定义函数 $y=f(x)$在点 x_0 的导数:

定义 2.1 设函数 $y=f(x)$在点 x_0 的某邻域内有定义. 若极限

$$\lim_{\Delta x\to 0}\frac{\Delta y}{\Delta x}=\lim_{\Delta x\to 0}\frac{f(x_0+\Delta x)-f(x_0)}{\Delta x}$$

存在,则称函数 $f(x)$**在点** x_0 **可导**,并称此极限值为函数 $f(x)$**在点** x_0 **的导数**,记作

$$f'(x_0),\quad y'\Big|_{x=x_0},\quad \frac{\mathrm{d}y}{\mathrm{d}x}\Big|_{x=x_0},\quad \frac{\mathrm{d}f}{\mathrm{d}x}\Big|_{x=x_0},$$

即
$$f'(x_0)=\lim_{\Delta x\to 0}\frac{f(x_0+\Delta x)-f(x_0)}{\Delta x};\tag{2.1}$$
若上述极限不存在,则称函数 $f(x)$ **在点 x_0 不可导**.

若记 $x=x_0+\Delta x$,则(2.1)式又可写作
$$f'(x_0)=\lim_{x\to x_0}\frac{f(x)-f(x_0)}{x-x_0}.\tag{2.2}$$

例 1 求函数 $y=f(x)=\frac{1}{x}$ 在点 $x=3$ 的导数.

解 用(2.1)式. 在 $x=3$ 处,当自变量有改变量 Δx 时,函数相应的改变量为
$$\Delta y=f(3+\Delta x)-f(3)=\frac{1}{3+\Delta x}-\frac{1}{3}=\frac{-\Delta x}{3(3+\Delta x)}.$$
于是,在 $x=3$ 处,$f(x)=\frac{1}{x}$ 的导数为
$$f'(3)=\lim_{\Delta x\to 0}\frac{f(3+\Delta x)-f(3)}{\Delta x}=\lim_{\Delta x\to 0}\frac{-1}{9+3\Delta x}=-\frac{1}{9}.$$

用(2.2)式. 当自变量由 3 改变到 x 时,$\Delta x=x-3$,相应的函数的改变量为
$$\Delta y=f(x)-f(3)=\frac{1}{x}-\frac{1}{3}=\frac{3-x}{3x},$$
于是
$$f'(3)=\lim_{x\to 3}\frac{f(x)-f(3)}{x-3}=\lim_{x\to 3}\frac{-1}{3x}=-\frac{1}{9}.$$

设函数 $y=f(x)$ 在区间 I 内(不包括区间端点)每一点都可导,则对于每一个 $x\in I$,都有 $f(x)$ 的一个导数值 $f'(x)$ 与之对应,这样就得到一个定义在 I 内的函数,称为函数 $f(x)$ 的**导函数**,记作
$$f'(x),\quad y',\quad \frac{\mathrm{d}y}{\mathrm{d}x}\quad 或\quad \frac{\mathrm{d}f}{\mathrm{d}x},$$
即
$$f'(x)=\lim_{\Delta x\to 0}\frac{\Delta y}{\Delta x}=\lim_{\Delta x\to 0}\frac{f(x+\Delta x)-f(x)}{\Delta x}.\tag{2.3}$$
这时,称函数 $f(x)$ **在该区间内可导**,或称 $f(x)$ 是区间 I 内的**可导函数**.

由(2.1)式和(2.3)式可知,函数 $f(x)$ 在点 x_0 的导数 $f'(x_0)$,正是该函数的导函数 $f'(x)$ 在点 x_0 的值,即
$$f'(x_0)=f'(x)\Big|_{x=x_0}.$$

导函数简称为**导数**. 在求导数时,若没有指明是求在某一定点的导数,都是指求导函数.

例 2 求函数 $y=x^3$ 的导数 y',并求 $y'\Big|_{x=2}$,$y'\Big|_{x=0}$.

解 先求函数的导函数.

对任意一点 x,当自变量的改变量为 Δx 时,相应的 y 的改变量为
$$\Delta y=(x+\Delta x)^3-x^3=3x^2\Delta x+3x(\Delta x)^2+(\Delta x)^3.$$
由(2.3)式得导函数为

$$y'=\lim_{\Delta x\to 0}\frac{(x+\Delta x)^3-x^3}{\Delta x}=\lim_{\Delta x\to 0}[3x^2+3x\Delta x+(\Delta x)^2]=3x^2.$$

由导函数再求指定点的导数值：

$$y'\Big|_{x=2}=3x^2\Big|_{x=2}=12,\quad y'\Big|_{x=0}=3x^2\Big|_{x=0}=0.$$

注意到本例中，函数 $y=x^3$ 的导数是 $y'=3x^2$. 若 n 是正整数，对函数 $y=x^n$，类似地推导，有

$$y'=(x^n)'=nx^{n-1}.$$

以后将证明，对任意实数 α，幂函数 $y=x^\alpha$ 有**导数公式**

$$y'=(x^\alpha)'=\alpha x^{\alpha-1}.$$

特别地，当 $\alpha=1$ 时，$y=x$ 的导数为

$$y'=(x)'=1\cdot x^{1-1}=x^0=1.$$

例 3 求常量函数 $y=C$ 的导数.

解 对任意一点 x，若自变量的改变量为 Δx，则总有 $\Delta y=C-C=0$. 于是，由(2.3)式有

$$y'=\lim_{\Delta x\to 0}\frac{\Delta y}{\Delta x}=\lim_{\Delta x\to 0}\frac{0}{\Delta x}=0,$$

即**常数的导数等于零.**

例 4 设函数 $y=\sin x$，求 y'，$y'\Big|_{x=0}$，$y'\Big|_{x=\pi/2}$.

解 设自变量在 x 处有改变量 Δx，则

$$\Delta y=\sin(x+\Delta x)-\sin x=2\sin\frac{\Delta x}{2}\cdot\cos\frac{2x+\Delta x}{2}.$$

于是，由(2.3)式有

$$y'=\lim_{\Delta x\to 0}\frac{\Delta y}{\Delta x}=\lim_{\Delta x\to 0}\frac{\sin\frac{\Delta x}{2}}{\frac{\Delta x}{2}}\cos\left(x+\frac{\Delta x}{2}\right)=\lim_{\Delta x\to 0}\frac{\sin\frac{\Delta x}{2}}{\frac{\Delta x}{2}}\cdot\lim_{\Delta x\to 0}\cos\left(x+\frac{\Delta x}{2}\right)$$

$$=1\cdot\cos x=\cos x.$$

在上述求极限时，用了第一个重要极限和余弦函数的连续性.

由上述推导过程我们得到**正弦函数的导数公式**

$$(\sin x)'=\cos x.$$

将 $x=0$，$x=\frac{\pi}{2}$ 分别代入 $y=\sin x$ 的导函数的表达式中，得

$$y'\Big|_{x=0}=\cos x\Big|_{x=0}=1,\quad y'\Big|_{x=\pi/2}=\cos x\Big|_{x=\pi/2}=0.$$

用同样方法可求得**余弦函数的导数公式**

$$(\cos x)'=-\sin x.$$

例 5　设函数 $y=\log_a x\ (a>0,a\neq 1)$，求 y'.

解　由于 $\Delta y=\log_a(x+\Delta x)-\log_a x=\log_a\left(1+\dfrac{\Delta x}{x}\right)$，由(2.3)式有

$$y'=\lim_{\Delta x\to 0}\frac{\Delta y}{\Delta x}=\lim_{\Delta x\to 0}\frac{1}{x}\cdot\frac{x}{\Delta x}\log_a\left(1+\frac{\Delta x}{x}\right)$$

$$=\frac{1}{x}\lim_{\Delta x\to 0}\log_a\left(1+\frac{\Delta x}{x}\right)^{\frac{x}{\Delta x}}=\frac{1}{x}\log_a \mathrm{e}=\frac{1}{x\ln a},$$

即得到**对数函数的导数公式**

$$(\log_a x)'=\frac{1}{x\ln a}.$$

特别地，有

$$(\ln x)'=\frac{1}{x}.$$

2. 左导数与右导数

既然极限问题有左极限、右极限之分，而函数 $f(x)$ 在点 x_0 的导数是用一个极限式定义的，自然就有左导数和右导数问题.

若以 $f'_-(x_0)$ 和 $f'_+(x_0)$ 分别记函数 $f(x)$ 在点 x_0 的**左导数**和**右导数**，则应如下定义：

$$f'_-(x_0)=\lim_{\Delta x\to 0^-}\frac{\Delta y}{\Delta x}=\lim_{\Delta x\to 0^-}\frac{f(x_0+\Delta x)-f(x_0)}{\Delta x}$$

或

$$f'_-(x_0)=\lim_{x\to x_0^-}\frac{f(x)-f(x_0)}{x-x_0};$$

$$f'_+(x_0)=\lim_{\Delta x\to 0^+}\frac{\Delta y}{\Delta x}=\lim_{\Delta x\to 0^+}\frac{f(x_0+\Delta x)-f(x_0)}{\Delta x}$$

或

$$f'_+(x_0)=\lim_{x\to x_0^+}\frac{f(x)-f(x_0)}{x-x_0}.$$

由函数极限存在的充分必要条件可知，函数在点 x_0 的导数与在该点的左导数和右导数的关系有下述**结论**：

函数 $f(x)$ 在点 x_0 可导且 $f'(x_0)=A$ 的**充分必要条件**是它在点 x_0 的左导数 $f'_-(x_0)$ 和右导数 $f'_+(x_0)$ 皆存在且都等于 A，即

$$f'(x_0)=A\Longleftrightarrow f'_-(x_0)=A=f'_+(x_0).$$

例 6　讨论函数 $f(x)=|x|$ 在点 $x=0$ 是否可导.

解　按绝对值定义，$|x|=\begin{cases}x, & x\geqslant 0,\\ -x, & x<0.\end{cases}$ 这是分段函数，$x=0$ 是其分段点(图 1-31).

先考查函数 $f(x)$ 在点 $x=0$ 的左导数和右导数. 由于 $f(0)=0$，且

$$f'_-(0)=\lim_{x\to 0^-}\frac{f(x)-f(0)}{x}=\lim_{x\to 0^-}\frac{-x-0}{x}=-1,$$

$$f_{+}'(0)=\lim_{x\to 0^{+}}\frac{f(x)-f(0)}{x}=\lim_{x\to 0^{+}}\frac{x-0}{x}=1,$$

即 $f_{-}'(0)\neq f_{+}'(0)$，所以函数 $f(x)=|x|$ 在点 $x=0$ 不可导.

若函数 $f(x)$ 在开区间 (a,b) 内可导，并且在端点 a 的右导数 $f_{+}'(a)$ 存在，在端点 b 的左导数 $f_{-}'(b)$ 存在，则称 $f(x)$ **在闭区间 $[a,b]$ 上可导**.

3. 可导与连续的关系

若函数 $f(x)$ 在点 x_0 可导，由导数定义的表达式(2.2)，即

$$f'(x_0)=\lim_{x\to x_0}\frac{f(x)-f(x_0)}{x-x_0},$$

易看出，在上述极限存在的条件下，由于分母有 $\lim\limits_{x\to x_0}(x-x_0)=0$，分子也必然有

$$\lim_{x\to x_0}[f(x)-f(x_0)]=0 \quad 或 \quad \lim_{x\to x_0}f(x)=f(x_0).$$

我们有下述**结论**：

若函数 $f(x)$ 在点 x_0 **可导**，则它在点 x_0 **必连续**.

需要指出，上述结论反之则不成立，即函数 $f(x)$ 在点 x_0 连续，仅是它在该点可导的必要条件，而不是充分条件.

例如，例 6 中函数 $f(x)=|x|$ 在点 $x=0$ 不可导，但在点 $x=0$ 却是连续的(请参见图 1-31).

4. 导数的几何意义

按前述，由切线的斜率问题引出了导数定义. 现在，由导数定义可知：

函数 $f(x)$ 在点 x_0 的导数 $f'(x_0)$ 在几何上表示曲线 $y=f(x)$ 在点 $(x_0,f(x_0))$ 的**切线斜率**.

若曲线 $y=f(x)$ 在 $x=x_0$ 处的切线倾角为 $\alpha(\alpha\neq\pi/2)$，则 $f'(x_0)=\tan\alpha$. 几何直观告诉我们：

(1) 若 $f'(x_0)>0$，由 $\tan\alpha>0$ 知，倾角 α 为锐角，在 x_0 邻近，曲线是上升的，函数 $f(x)$ 随 x 增加而增加(图 2-3(a))；

(2) 若 $f'(x_0)<0$，由 $\tan\alpha<0$ 知，倾角 α 为钝角，在 x_0 邻近，曲线是下降的，函数 $f(x)$

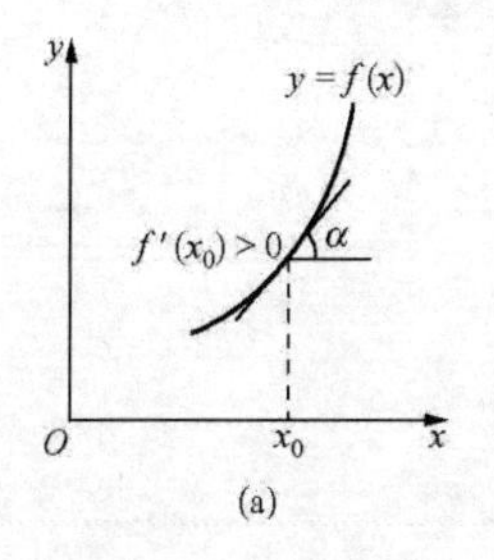

(a)

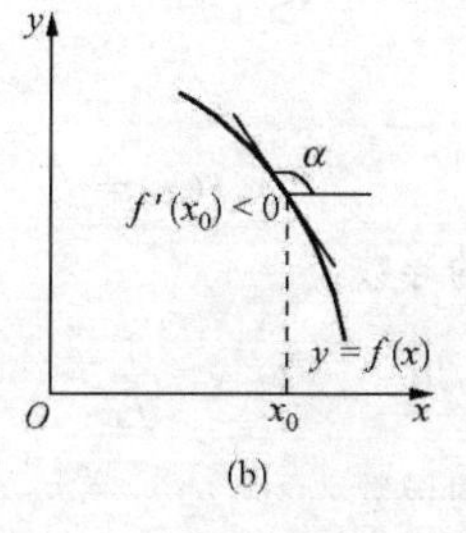

(b)

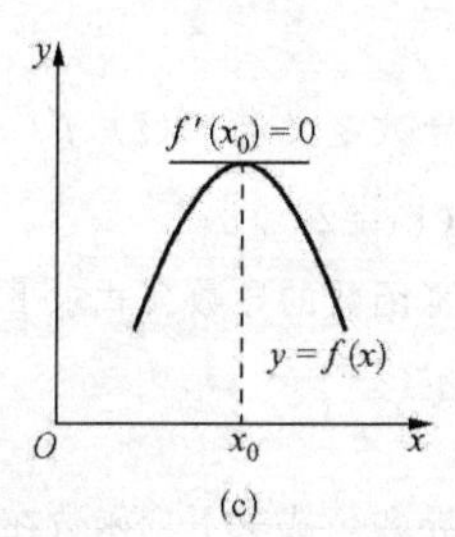

(c)

图 2-3

随 x 增加而减少(图 2-3(b))；

(3) 若 $f'(x_0)=0$，由 $\tan\alpha=0$ 知，切线与 x 轴平行，这样的点 x_0 称为函数 $f(x)$ 的**驻点**或**稳定点**(图 2-3(c)).

根据导数的几何意义及解析几何中直线的点斜式方程，若函数 $f(x)$ 在点 x_0 可导，则曲线 $y=f(x)$ 在点 $(x_0,f(x_0))$ 有不垂直于 x 轴的切线，**切线方程**为

$$y-f(x_0)=f'(x_0)(x-x_0).$$

特别地，当 $f'(x_0)=0$ 时，**切线方程**为 $y=f(x_0)$.

例 7　求曲线 $y=x^3$ 在点(2,8)和点(0,0)的切线方程.

解　由例 2 知，$y'=3x^2$，$y'\big|_{x=2}=12$，$y'\big|_{x=0}=0$. 所以，该曲线在点(2,8)的切线方程为

$$y-8=12(x-2)\quad 或\quad 12x-y-16=0;$$

在点(0,0)的切线方程为

$$y=0.$$

例 8　考查曲线 $y=\sqrt[3]{x}$ 在点(0,0)的切线.

解　由图 2-4 的几何直观可得，这条曲线在原点(0,0)的切线就是 y 轴，切线方程应是 $x=0$，它的倾角 $\alpha=\pi/2$.

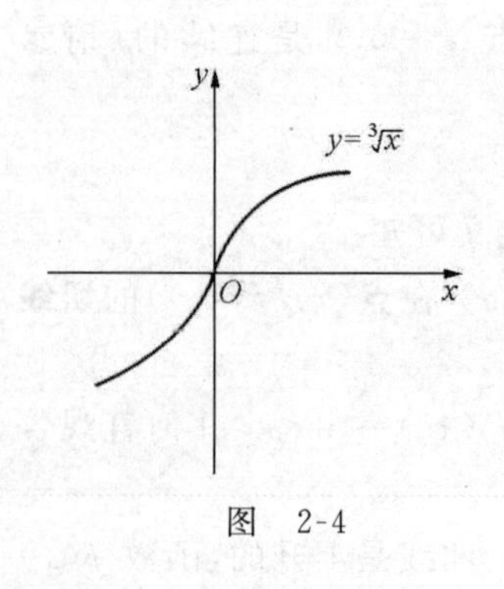

图　2-4

由幂函数的导数公式有

$$y'=(\sqrt[3]{x})'=(x^{1/3})'=\frac{1}{3}x^{-2/3}=\frac{1}{3\sqrt[3]{x^2}}.$$

显然，在 $x=0$ 时，导数 y' 不存在. 但可以认为 $y'\big|_{x=0}=\infty$. 这恰好描述了该曲线在原点(0,0)的切线斜率 $\tan\dfrac{\pi}{2}=\infty$.

一般说来，若函数 $y=f(x)$ 在点 $x=x_0$ 有 $f'(x_0)=\infty$，正说明了曲线 $y=f(x)$ 在点 $(x_0,f(x_0))$ 有垂直于 x 轴的切线，切线方程为 $x=x_0$.

习　题　2.1

A　组

1. 用导数定义求 $f'(2)$，$f'(x)$，已知：

(1) $f(x)=2x+3$；　　(2) $f(x)=\sqrt{x}$.

2. 用幂函数的导数公式求下列函数的导数：

(1) $y=x^{2/3}$；　　(2) $y=\dfrac{1}{\sqrt{x}}$.

3. 用导数公式求下列函数在指定点的导数：

(1) $y=\sin x$，求 $y'\big|_{x=\pi/4}$，$y'\big|_{x=\pi}$；　　(2) $y=\cos x$，求 $y'\big|_{x=0}$，$y'\big|_{x=\pi/2}$；

(3) $y=\log_2 x$,求 $y'\Big|_{x=1}$, $y'\Big|_{x=1/2}$;

(4) $y=\ln x$,求 $y'\Big|_{x=1}$, $y'\Big|_{x=1/2}$.

4. 求下列曲线在指定点的切线方程：

(1) 曲线 $y=x^2$,在点$(-3,9)$;

(2) 曲线 $y=\sin x$,在点$\left(\frac{\pi}{2},1\right)$;

(3) 曲线 $y=\cos x$,在点$(0,1)$;

(4) 曲线 $y=\ln x$,在点$(1,0)$.

B 组

1. 设 $f'(x_0)=A$,用导数定义求下列极限：

(1) $\lim\limits_{\Delta x\to 0}\dfrac{f(x_0+2\Delta x)-f(x_0)}{\Delta x}$;

(2) $\lim\limits_{\Delta x\to 0}\dfrac{f(x_0)-f(x_0+\Delta x)}{\Delta x}$.

2. 讨论下列函数在点 $x=0$ 的连续性与可导性：

(1) $f(x)=\begin{cases} x\sin\dfrac{1}{x}, & x\neq 0, \\ 0, & x=0; \end{cases}$

(2) $f(x)=\begin{cases} \ln(1+x), & -1<x\leqslant 0, \\ \sqrt{1+x}-\sqrt{1-x}, & 0<x<1. \end{cases}$

§2.2 导数公式与运算法则

一、基本初等函数的导数公式

基本初等函数的导数公式是进行导数运算的基础.在§2.1中,已用导数定义得到了常量函数 $y=C$,幂函数 $y=x^n$(n 是正整数),正弦函数 $y=\sin x$,余弦函数 $y=\cos x$ 和对数函数 $y=\log_a x$ 及 $y=\ln x$ 的导数公式.其余基本初等函数的导数公式将在下文中陆续推导出来.

为了使读者记住基本初等函数的导数公式,并能尽快地进行导数运算,我们先将其全部列举出来.

基本初等函数的导数公式：

(1) $(C)'=0$ (C 为任意常数);

(2) $(x^\alpha)'=\alpha x^{\alpha-1}$;

(3) $(a^x)'=a^x\ln a$ $(a>0,a\neq 1)$;

(4) $(\mathrm{e}^x)'=\mathrm{e}^x$;

(5) $(\log_a x)'=\dfrac{1}{x\ln a}$ $(a>0,a\neq 1)$;

(6) $(\ln x)'=\dfrac{1}{x}$;

(7) $(\sin x)'=\cos x$;

(8) $(\cos x)'=-\sin x$;

(9) $(\tan x)'=\sec^2 x=\dfrac{1}{\cos^2 x}$;

(10) $(\cot x)'=-\csc^2 x=-\dfrac{1}{\sin^2 x}$;

(11) $(\sec x)'=\sec x\tan x$;

(12) $(\csc x)'=-\csc x\cot x$;

(13) $(\arcsin x)'=\dfrac{1}{\sqrt{1-x^2}}$;

(14) $(\arccos x)'=-\dfrac{1}{\sqrt{1-x^2}}$;

(15) $(\arctan x)'=\dfrac{1}{1+x^2}$;

(16) $(\mathrm{arccot}\, x)'=-\dfrac{1}{1+x^2}$.

二、导数的运算法则

定理 2.1（四则运算法则）　设函数 $u=u(x)$，$v=v(x)$都是可导函数，则

（1）代数和 $u\pm v$ 可导，且

$$(u\pm v)'=u'\pm v'.$$

（2）乘积 uv 可导，且

$$(uv)'=u'v+uv'.$$

特别地，当 C 是常数时，有

$$(Cv)'=Cv'.$$

（3）若 $v\neq 0$，商 $\dfrac{u}{v}$ 可导，且

$$\left(\frac{u}{v}\right)'=\frac{u'v-uv'}{v^2}.$$

特别地，当 C 是常数时，有

$$\left(\frac{C}{v}\right)'=-\frac{Cv'}{v^2}.$$

乘法法则可推广到有限个函数的情形. 例如，对于三个函数的乘积，有

$$(uvw)'=u'vw+uv'w+uvw'.$$

例 1　设函数 $y=x^4\sin x+2\cos x+\sin\dfrac{\pi}{3}$，求 y'.

解　由代数和及乘法法则可得

$$\begin{aligned}
y'&=\left(x^4\sin x+2\cos x+\sin\frac{\pi}{3}\right)'\\
&=(x^4\sin x)'+(2\cos x)'+\left(\sin\frac{\pi}{3}\right)'\\
&=(x^4)'\sin x+x^4(\sin x)'+2(\cos x)'+0\\
&=4x^3\sin x+x^4\cos x+2(-\sin x)\\
&=4x^3\sin x+x^4\cos x-2\sin x.
\end{aligned}$$

例 2　设函数 $y=2^x\mathrm{e}^x+x^{\sqrt{3}}\log_2 x$，求 y'.

解　由代数和及乘法法则可得

$$\begin{aligned}
y'&=(2^x\mathrm{e}^x)'+(x^{\sqrt{3}}\log_2 x)'\\
&=(2^x)'\mathrm{e}^x+2^x(\mathrm{e}^x)'+(x^{\sqrt{3}})'\log_2 x+x^{\sqrt{3}}(\log_2 x)'\\
&=2^x\ln 2\cdot\mathrm{e}^x+2^x\mathrm{e}^x+\sqrt{3}x^{\sqrt{3}-1}\log_2 x+x^{\sqrt{3}}\frac{1}{x\ln 2}.
\end{aligned}$$

例 3　设函数 $y=\tan x$，求 y'.

解　由于$(\sin x)'=\cos x$，$(\cos x)'=-\sin x$，由商的导数法则可得

$$y'=(\tan x)'=\left(\frac{\sin x}{\cos x}\right)'=\frac{(\sin x)'\cos x-\sin x(\cos x)'}{\cos^2 x}$$
$$=\frac{\cos x\cos x-\sin x(-\sin x)}{\cos^2 x}=\frac{1}{\cos^2 x}=\sec^2 x.$$

同样可得

$$(\cot x)'=\left(\frac{\cos x}{\sin x}\right)'=-\frac{1}{\sin^2 x}=-\csc^2 x.$$

例 4 设函数 $y=\sec x$，求 y'.

解 由商的导数法则可得

$$(\sec x)'=\left(\frac{1}{\cos x}\right)'=-\frac{1\cdot(\cos x)'}{\cos^2 x}=-\frac{-\sin x}{\cos^2 x}=\sec x\tan x.$$

同样可得

$$(\csc x)'=\left(\frac{1}{\sin x}\right)'=-\csc x\cot x.$$

例 5 设函数 $y=\frac{x^3}{x+\ln x}$，求 $y',y'\big|_{x=1}$.

解 由商的导数法则可得

$$y'=\left(\frac{x^3}{x+\ln x}\right)'=\frac{(x^3)'(x+\ln x)-x^3(x+\ln x)'}{(x+\ln x)^2}$$
$$=\frac{3x^2(x+\ln x)-x^3\left(1+\frac{1}{x}\right)}{(x+\ln x)^2}=\frac{2x^3+x^2(3\ln x-1)}{(x+\ln x)^2},$$
$$y'\big|_{x=1}=\frac{2x^3+x^2(3\ln x-1)}{(x+\ln x)^2}\bigg|_{x=1}=1.$$

定理 2.2（复合函数的导数法则） 设函数 $u=\varphi(x)$，$y=f(u)$ 都可导，则复合函数 $y=f(\varphi(x))$ 可导，且

$$\frac{\mathrm{d}y}{\mathrm{d}x}=\frac{\mathrm{d}y}{\mathrm{d}u}\cdot\frac{\mathrm{d}u}{\mathrm{d}x},$$

或记作

$$[f(\varphi(x))]'=f'(u)\varphi'(x)=f'(\varphi(x))\varphi'(x).$$

上式就是复合函数的导数公式：**复合函数的导数等于外层函数对中间变量的导数乘以中间变量对自变量的导数.**

说明 符号 $[f(\varphi(x))]'$ 表示复合函数 $f(\varphi(x))$ 对自变量 x 求导数，而符号 $f'(\varphi(x))$ 表示外层函数 $f(u)$ 对中间变量 $u=\varphi(x)$ 求导数.

例 6 设函数 $y=\mathrm{e}^{\sin x}$，求 y'.

解 将已知函数看成由下列函数构成的复合函数：

$$y=f(u)=\mathrm{e}^u,\quad u=\varphi(x)=\sin x,$$

于是 $$y' = f'(u)\varphi'(x) = (\mathrm{e}^u)'(\sin x)' = \mathrm{e}^u\cos x = \mathrm{e}^{\sin x}\cos x.$$

例 7 设函数 $y=\arcsin\dfrac{1}{x}$，求 y'.

解 将 $y=\arcsin\dfrac{1}{x}$ 看成由下列函数复合而成：$y=\arcsin u$，$u=\dfrac{1}{x}$，于是

$$y' = (\arcsin u)'\left(\frac{1}{x}\right)' = \frac{1}{\sqrt{1-u^2}}\cdot\left(-\frac{1}{x^2}\right)$$

$$= \frac{1}{\sqrt{1-\left(\dfrac{1}{x}\right)^2}}\cdot\left(-\frac{1}{x^2}\right) = -\frac{1}{x\sqrt{x^2-1}}.$$

例 8 设函数 $y=\ln(2x-x^2)$，求 y'.

解 设 $y=\ln u$，$u=2x-x^2$，于是

$$y' = (\ln u)'(2x-x^2)' = \frac{1}{u}(2-2x) = \frac{2-2x}{2x-x^2}.$$

注意 在求复合函数的导数时，因为设出中间变量，外层函数要对中间变量求导数，所以计算式中出现中间变量，最后必须将中间变量以自变量的函数代换回去.

例 9 设 α 为实数，求幂函数 $y=x^\alpha$ 的导数.

解 $y=x^\alpha$ 可写成指数函数形式：$y=\mathrm{e}^{\alpha\ln x}$，于是 $y=\mathrm{e}^u$，$u=\alpha\ln x$，从而

$$y' = (\mathrm{e}^u)'(\alpha\ln x)' = \mathrm{e}^u\alpha\frac{1}{x} = \alpha\mathrm{e}^{\alpha\ln x}\frac{1}{x} = \alpha x^\alpha\frac{1}{x} = \alpha x^{\alpha-1}.$$

这就得到了幂函数的导数公式

$$(x^\alpha)' = \alpha x^{\alpha-1}.$$

复合函数的导数公式可推广到有限个函数复合的情形.例如，若由 $y=f(u)$，$u=\varphi(v)$，$v=\psi(x)$ 复合成函数 $y=f(\varphi(\psi(x)))$，则

$$\frac{\mathrm{d}y}{\mathrm{d}x} = \frac{\mathrm{d}y}{\mathrm{d}u}\cdot\frac{\mathrm{d}u}{\mathrm{d}v}\cdot\frac{\mathrm{d}v}{\mathrm{d}x}$$

或 $$y' = f'(u)\varphi'(v)\psi'(x) = f'(\varphi(\psi(x)))\varphi'(\psi(x))\psi'(x).$$

例 10 设函数 $y=\cos^3\dfrac{x}{2}$，求 y'.

解 设 $y=u^3$，$u=\cos v$，$v=\dfrac{x}{2}$，于是

$$y' = (u^3)'(\cos v)'\left(\frac{x}{2}\right)' = 3u^2\cdot(-\sin v)\cdot\frac{1}{2}$$

$$= -\frac{3}{2}\cos^2\frac{x}{2}\sin\frac{x}{2} = -\frac{3}{4}\sin x\cos\frac{x}{2}.$$

求复合函数的导数，其关键是分析清楚复合函数的构造.最初做题时，可设出中间变量，把复合函数分解.做题较熟练时，可不写出中间变量，按复合函数的构成层次，由外层向内层

逐层求导数.具体写法如下面的例题.

例 11 设函数 $y=\arctan e^{-x}$,求 y'.

解 $y'=(\arctan e^{-x})'=\dfrac{1}{1+(e^{-x})^2}(e^{-x})'=\dfrac{1}{1+e^{-2x}}e^{-x}\cdot(-x)'=-\dfrac{e^{-x}}{1+e^{-2x}}.$

例 12 设函数 $y=\tan^4\ln x$,求 y'.

解 $y'=4\tan^3\ln x\cdot(\tan\ln x)'=4\tan^3\ln x\cdot\sec^2\ln x\cdot(\ln x)'$

$$=4\tan^3\ln x\cdot\sec^2\ln x\cdot\frac{1}{x}=\frac{4}{x}\tan^3\ln x\cdot\sec^2\ln x.$$

现在,已有基本初等函数的导数公式、导数的四则运算法则和复合函数的导数法则,因此在求初等函数的导数时,只要将其按基本初等函数的四则运算和复合形式分解,便可求出导数.

例 13 设函数 $y=\ln(x+\sqrt{1+x^2})$,求 y'.

解 $y'=\dfrac{1}{x+\sqrt{1+x^2}}(x+\sqrt{1+x^2})'=\dfrac{1}{x+\sqrt{1+x^2}}\left[1+\dfrac{1}{2\sqrt{1+x^2}}(1+x^2)'\right]$

$$=\frac{1}{x+\sqrt{1+x^2}}\left(1+\frac{2x}{2\sqrt{1+x^2}}\right)=\frac{1}{x+\sqrt{1+x^2}}\cdot\frac{\sqrt{1+x^2}+x}{\sqrt{1+x^2}}=\frac{1}{\sqrt{1+x^2}}.$$

要熟练掌握求初等函数的导数,应达到一步就写出其导数.

例 14 设函数 $y=\sin^2x\cdot e^{\sqrt{x^2+2x}}$,求 y'.

解 $y'=2\sin x\cos x\cdot e^{\sqrt{x^2+2x}}+\sin^2x\cdot e^{\sqrt{x^2+2x}}\dfrac{1}{2\sqrt{x^2+2x}}(2x+2)$

$$=\sin2x\cdot e^{\sqrt{x^2+2x}}+\frac{x+1}{\sqrt{x^2+2x}}\sin^2x\cdot e^{\sqrt{x^2+2x}}.$$

习 题 2.2

A 组

1. 求下列函数的导数:

(1) $y=\dfrac{x}{m}-\dfrac{m}{x}+2\sqrt{x}-\dfrac{2}{\sqrt{x}}$;

(2) $y=3x^3+3^x+\log_3x+3^3$;

(3) $y=\left(x-\dfrac{1}{x}\right)\left(x^2+\dfrac{1}{x^2}\right)$;

(4) $y=\arcsin x+\arccos x$;

(5) $y=e^x\sin x$;

(6) $y=x\tan x-\cot x$;

(7) $y=e^x(\sin x+\cos x)$;

(8) $y=2x\sec x-(2-x^2)\csc x$;

(9) $y=(x+\cot x)\cos x$;

(10) $y=(a^2+b^2)x^3e^x\arctan x$;

(11) $y=a^xe^x-\dfrac{x}{\ln x}\ (a>0,a\neq1)$;

(12) $y=\dfrac{a+bx}{ax+b}$;

(13) $y=\dfrac{1-\ln x}{1+\ln x}$;

(14) $y=\dfrac{\ln x+x}{x^2}$;

(15) $y=\dfrac{1}{1+\tan x}$;

(16) $y=\dfrac{\sin t}{1+\cos t}$;

(17) $y=\dfrac{x}{\sin x}+\dfrac{\sin x}{x}$;

(18) $y=\dfrac{\sin x-x\cos x}{\cos x+x\sin x}$.

2. 求下列函数在指定点的导数：

(1) $y=x^2e^x$，$y'\Big|_{x=1}$；　　(2) $y=\dfrac{x}{2^x}$，$y'\Big|_{x=1}$.

3. 求下列函数的导数：

(1) $y=\ln(a^2-x^2)$；　(2) $y=\ln\ln x$；　(3) $y=e^{-2x^2}$；

(4) $y=\cos(1-3x)$；　(5) $y=\sin(3x^2-5)$；　(6) $y=\arcsin x^2$；

(7) $y=\sqrt[3]{1+e^{-x}}$；　(8) $y=e^{\sqrt{x^2+1}}$；　(9) $y=\sin^2 x+\sin x^2$；

(10) $y=x\sqrt{x^2-1}$；　(11) $y=e^{-2x}\cos 3x$；　(12) $y=\sqrt{1-x^2}\arccos x$；

(13) $y=\sec^2\dfrac{x}{a^2}+\tan^2\dfrac{x}{b^2}$；　(14) $y=\arctan\dfrac{1-x}{1+x}$；　(15) $y=\dfrac{x^2}{\sqrt{x^2+a^2}}$；

(16) $y=\ln(\sqrt{x^2+4}-x)$；　(17) $y=\ln(e^x+\sqrt{1+e^{2x}})$；　(18) $y=\ln\sqrt{\dfrac{1-\sin x}{1+\sin x}}$.

4. 求下列曲线在指定点的切线方程：

(1) 曲线 $y=x\ln x$，在点 $(1,0)$；　　(2) 曲线 $y=\dfrac{1}{2}\sin 2x$，在点 $x=\pi/6$.

5. 在曲线 $y=x^3+x-2$ 上求一点，使得过该点的切线与直线 $y=4x-1$ 平行.

6. 验证函数 $y=x^2\ln x$ 满足关系式 $xy'-2y=x^2$.

B 组

1. 求下列函数的导数和在指定点的导数：

(1) $f(x)=\ln[\ln^2(\ln 3x)]$，$f'(x)$，$f'(e)$；　　(2) $f(x)=e^{\tan\frac{1}{x}}\sin\dfrac{1}{x}$，$f'(x)$，$f'\left(\dfrac{1}{\pi}\right)$.

2. 设 $f(x)$ 是可导函数，求下列函数的导数：

(1) $y=f(e^x+x^e)$；　　(2) $y=f(e^x)e^{f(x)}$.

3. 证明：

(1) 可导的偶函数的导数是奇函数；　　(2) 可导的奇函数的导数是偶函数.

4. 求函数 $f(x)=\begin{cases} x^2\sin\dfrac{1}{x}, & x\neq 0, \\ 0, & x=0 \end{cases}$ 的导数.

§2.3 隐函数的导数·高阶导数

一、隐函数的导数

1. 隐函数的导数

若因变量 y 用自变量 x 的数学式直接表示出，即等号一端只有 y，而另一端是 x 的解析表达式，则这样的函数称为**显函数**. 例如，

$$y=\ln\sin x,\quad y=\frac{x}{1+x^2}$$

都是显函数.

若两个变量 x 与 y 之间的函数关系用方程 $F(x,y)=0$ 来表示,则称之为**隐函数**.例如,

$$y^2+2y-3x=0,\quad xy+e^{x+y}=0$$

都是隐函数.若隐函数可化为显函数,则可用§2.2中的方法求导数.对于不能化为显函数的隐函数,如何求导数呢?这里,通过例题讲述**直接由隐函数求导数的思路**.

例1 设由方程 $x^2+y+y^2=1$ 确定 y 是 x 的函数,求 $\frac{dy}{dx}$.

分析 按题设,在已给方程中,x 是自变量,y 是 x 的函数,而 y^2 是 y 的函数.若将 y 理解成中间变量,则 y^2 就是 x 的复合函数.这样 y^2 对 x 求导数时,需用复合函数的导数法则.

解 将所给方程两端同时对自变量 x 求导数:

$$(x^2+y+y^2)'_x=(1)'_x,$$

按前述分析,得

$$2x+y'+2yy'=0.$$

将上式理解成是关于 y' 的方程,由此式解出 y',便得到 y 对 x 的导数:

$$y'(1+2y)=-2x,\quad y'=-\frac{2x}{1+2y}.$$

例2 设由方程 $xe^y-e^x+y-1=0$ 确定隐函数 $y=f(x)$,求 $y',y'\big|_{x=0}$.

解 先求导数 y'.将已给方程两端对 x 求导数,注意到方程中的 e^y 是 y 的函数,从而 e^y 是 x 的复合函数,于是

$$1\cdot e^y+xe^yy'-e^x+y'=0.$$

解出 y',可得所求导数:

$$y'(1+xe^y)=e^x-e^y,\quad y'=\frac{e^x-e^y}{1+xe^y}.$$

再求 $y'\big|_{x=0}$.由于在导数 y' 的表达式中含有 y,需先将 $x=0$ 代入原方程中,求出与 $x=0$ 相对应的 y 值:

$$0\cdot e^y-e^0+y-1=0,\quad 得\quad y=2.$$

于是

$$y'\big|_{x=0}=y'\big|_{\substack{x=0\\y=2}}=\frac{e^0-e^2}{1+0\cdot e^2}=1-e^2.$$

例3 求下列函数的导数:

(1) $y=\arcsin x$; (2) $y=\arctan x$; (3) $y=a^x\ (a>0,a\neq1)$.

解 (1) 由于 $y=\arcsin x,x\in(-1,1)$ 是正弦函数 $x=\sin y,y\in\left(-\frac{\pi}{2},\frac{\pi}{2}\right)$ 的反函数,将 $x=\sin y$ 理解为是自变量 x 的隐函数,两端对 x 求导数,得

$$1=\cos y\cdot y',$$

于是

$$y'=\frac{1}{\cos y}=\frac{1}{\sqrt{1-\sin^2y}}=\frac{1}{\sqrt{1-x^2}}.$$

这里，根号前取正号是因为当 $y\in\left(-\frac{\pi}{2},\frac{\pi}{2}\right)$ 时，$\cos y>0$.

同样可得

$$(\arccos x)'=-\frac{1}{\sqrt{1-x^2}}.$$

（2）由于 $y=\arctan x, x\in(-\infty,+\infty)$ 是正切函数 $x=\tan y$，$y\in\left(-\frac{\pi}{2},\frac{\pi}{2}\right)$ 的反函数，将 $x=\tan y$ 理解为是自变量 x 的隐函数，两端对 x 求导数，得

$$1=\sec^2 y\cdot y',$$

于是
$$y'=\frac{1}{\sec^2 y}=\frac{1}{1+\tan^2 y}=\frac{1}{1+x^2}.$$

同样可得

$$(\operatorname{arccot} x)'=-\frac{1}{1+x^2}.$$

（3）由于 $y=a^x, x\in(-\infty,+\infty)$ 是对数函数 $x=\log_a y, y\in(0,+\infty)$ 的反函数，按隐函数将 $x=\log_a y$ 两端对 x 求导数，得

$$1=\frac{1}{y\ln a}y',$$

于是
$$y'=y\ln a=a^x\ln a.$$

至此，我们得到了**全部基本初等函数的导数公式**.

2. 对数求导法

所谓**对数求导法**，就是将所给函数 $y=f(x)$ 两端取对数，得到隐函数 $\ln y=\ln f(x)$，然后按隐函数求导数的思路，求出 y 对 x 的导数. 这种方法对幂指函数和可看作幂的连乘积的函数（或较繁的乘除式子形式的函数）求导数，可简化运算.

例 4　求函数 $y=x^{\sin x}$ 的导数.

解　这是幂指函数，求导数时，既不能用幂函数的导数公式，也不能用指数函数的导数公式. 将已知函数两端取对数，得

$$\ln y=\sin x\cdot\ln x.$$

这是隐函数形式. 按隐函数求导数的思路求 y 对 x 的导数，注意到 $\ln y$ 是 x 的复合函数，可得

$$\frac{1}{y}y'=\cos x\cdot\ln x+\frac{\sin x}{x}.$$

上式两端乘以 y，有

$$y'=y\left(\cos x\cdot\ln x+\frac{\sin x}{x}\right).$$

将已知 y 的表达式代入,得所求导数

$$y' = x^{\sin x}\left(\cos x \cdot \ln x + \frac{\sin x}{x}\right).$$

例 5 求函数 $y=\sqrt{\dfrac{(x-1)^3}{(x-2)^2(3-x)}}$ 的导数.

解 该函数可用导数法则求导数,但太繁.这里用对数求导法.已知函数两端取对数,得

$$\ln y = \frac{3}{2}\ln(x-1) - \ln(x-2) - \frac{1}{2}\ln(3-x).$$

上式两端对 x 求导数,得

$$\frac{1}{y}y' = \frac{3}{2(x-1)} - \frac{1}{x-2} - \frac{-1}{2(3-x)},$$

从而

$$\begin{aligned} y' &= y\left[\frac{3}{2(x-1)} - \frac{1}{x-2} + \frac{1}{2(3-x)}\right] \\ &= \sqrt{\frac{(x-1)^3}{(x-2)^2(3-x)}}\left[\frac{3}{2(x-1)} - \frac{1}{x-2} + \frac{1}{2(3-x)}\right]. \end{aligned}$$

二、高阶导数

一般说来,函数 $y=f(x)$ 的导数 $y'=f'(x)$ 仍是 x 的函数.若导函数 $f'(x)$ 还可以对 x 求导数,则称 $f'(x)$ 的导数为函数 $y=f(x)$ 的**二阶导数**,记作

$$y'',\quad f''(x),\quad \frac{\mathrm{d}^2 y}{\mathrm{d}x^2} \quad 或 \quad \frac{\mathrm{d}^2 f}{\mathrm{d}x^2}.$$

这时,也称函数 $f(x)$ **二阶可导**.按导数的定义,函数 $f(x)$ 的二阶导数应表示为

$$f''(x) = \lim_{\Delta x \to 0}\frac{f'(x+\Delta x) - f'(x)}{\Delta x}.$$

函数 $y=f(x)$ 在某点 x_0 的二阶导数记作

$$y''\Big|_{x=x_0},\quad f''(x_0),\quad \frac{\mathrm{d}^2 y}{\mathrm{d}x^2}\Big|_{x=x_0} \quad 或 \quad \frac{\mathrm{d}^2 f}{\mathrm{d}x^2}\Big|_{x=x_0}.$$

同样,函数 $y=f(x)$ 的二阶导数 $f''(x)$ 的导数称为函数 $f(x)$ 的**三阶导数**,记作

$$y''',\quad f'''(x),\quad \frac{\mathrm{d}^3 y}{\mathrm{d}x^3} \quad 或 \quad \frac{\mathrm{d}^3 f}{\mathrm{d}x^3}.$$

一般地,$n-1$ 阶导数 $f^{(n-1)}(x)$ 的导数称为函数 $y=f(x)$ 的 n **阶导数**,记作

$$y^{(n)},\quad f^{(n)}(x),\quad \frac{\mathrm{d}^n y}{\mathrm{d}x^n} \quad 或 \quad \frac{\mathrm{d}^n f}{\mathrm{d}x^n}.$$

二阶和二阶以上的导数统称为**高阶导数**.相对于高阶导数而言,自然地,函数 $f(x)$ 的导数 $f'(x)$ 就相应地称为**一阶导数**.

根据高阶导数的定义可知,求函数的高阶导数不需要新的方法,只要对函数一次一次地求导数就行了.

例 6　设函数 $y=\mathrm{e}^{-x^2}$,求 y'',$y''\big|_{x=0}$.

解　先求一阶导数:

$$y'=\mathrm{e}^{-x^2}\cdot(-2x)=-2x\mathrm{e}^{-x^2};$$

再求二阶导数:

$$y''=-2\mathrm{e}^{-x^2}-2x\mathrm{e}^{-x^2}\cdot(-2x)=2\mathrm{e}^{-x^2}(2x^2-1).$$

于是

$$y''\Big|_{x=0}=2\mathrm{e}^{-x^2}(2x^2-1)\Big|_{x=0}=-2.$$

例 7　设函数 $y=6x^3+3x^2-2x+5$,求 y''',$y^{(4)}$,$y^{(5)}$.

解　$y'=6\cdot3x^2+6x-2$,

$y''=6\cdot3\cdot2x+6$,

$y'''=6\times3\times2\times1=6\times3!=36$,

$y^{(4)}=0$,　$y^{(5)}=0$.

由本例知,对于 n 次多项式 $y=a_0x^n+a_1x^{n-1}+\cdots+a_{n-1}x+a_n$,有

$$y^{(n)}=a_0n!,\quad y^{(n+1)}=0.$$

例 8　求下列函数的 n 阶导数:

(1) $y=\sin x$;　　　　(2) $y=a^x$ $(a>0,a\neq1)$.

解　(1) $y'=\cos x=\sin\left(x+\frac{\pi}{2}\right)$,

$$y''=\cos\left(x+\frac{\pi}{2}\right)\cdot\left(x+\frac{\pi}{2}\right)'=\cos\left(x+\frac{\pi}{2}\right)=\sin\left(x+\frac{2\pi}{2}\right),$$

$$y'''=\cos\left(x+\frac{2\pi}{2}\right)\cdot\left(x+\frac{2\pi}{2}\right)'=\cos\left(x+\frac{2\pi}{2}\right)=\sin\left(x+\frac{3\pi}{2}\right),$$

依此类推,可得

$$y^{(n)}=\sin\left(x+\frac{n\pi}{2}\right).$$

(2) $y'=a^x\ln a$,

$y''=a^x\ln a\cdot\ln a=a^x(\ln a)^2$,

$y'''=a^x\ln a\cdot(\ln a)^2=a^x(\ln a)^3$,

于是可知

$$y^{(n)}=a^x(\ln a)^n.$$

习 题 2.3

A 组

1. 求由下列方程确定的隐函数的导数 $\frac{dy}{dx}$:

(1) $x^2+2xy-y^2=2x$; (2) $x+y=\ln xy$;

(3) $y-xe^y=1$; (4) $\arctan\frac{y}{x}=\ln\sqrt{x^2+y^2}$.

2. 求由隐函数所确定的曲线在指定点的切线方程:

(1) $x^2+xy+y^2=4$,在点$(-2,2)$; (2) $e^x+xe^y-y^2=0$,在点$(0,1)$.

3. 用对数求导法求下列函数的导数:

(1) $y=x^{\tan x}$; (2) $y=x^{e^x}$;

(3) $y=\frac{\sqrt{x-2}}{(x+1)^3(4-x)^2}$; (4) $y=\sqrt{\frac{e^{3x}}{x^3}}\arcsin x$.

4. 求下列函数的二阶导数:

(1) $y=e^{\sqrt{x}}$; (2) $y=xe^{-x^2}$;

(3) $y=e^x\cos x$; (4) $y=\ln(x+\sqrt{x^2-1})$;

(5) $y=\frac{x-1}{(x+1)^2}$; (6) $y=\frac{x^2}{\sqrt{1+x^2}}$.

5. 求下列函数的 n 阶导数:

(1) $y=e^{ax}$; (2) $y=\ln(1+x)$.

B 组

1. 设由方程 $\ln y=xy+\cos x$ 确定 y 是 x 的函数,求 $\frac{dy}{dx}$, $\left.\frac{dy}{dx}\right|_{x=0}$.

2. 求下列函数的导数:

(1) $y=f(x)^{g(x)}$,其中 $f(x)$,$g(x)$可导,且 $f(x)>0$;

(2) $y=(\sin x)^{\cos x}+2^x$.

3. 设函数 $f(x)$二阶可导,求下列函数的二阶导数:

(1) $y=f(\ln x)$; (2) $y=f(e^x)$;

(3) $y=f(x^2)$; (4) $y=f(e^x+x)$.

4. 验证函数 $y=e^x\sin x$ 满足关系式 $y''-2y'+2y=0$.

5. 求下列函数的 n 阶导数:

(1) $y=(x-a)^{n+1}$; (2) $y=x\ln x$.

§2.4　函数的微分

一、微分的概念

1. 微分概念的引入

对于函数 $y=f(x)$，当自变量 x 在点 x_0 有改变量 Δx 时，因变量 y 的改变量是

$$\Delta y = f(x_0+\Delta x)-f(x_0).$$

在实际应用中，有些问题要计算 $|\Delta x|$ 很微小时 Δy 的值. 一般而言，当函数 $y=f(x)$ 较复杂时，Δy 也是 Δx 的一个较复杂的函数，计算 Δy 往往较困难. 这里，将要给出一个近似计算 Δy 的方法，并要达到两个要求：一是计算简便；二是近似程度好，即精度高.

先看一个具体问题.

设有一个边长为 x 的正方形，它的面积 $A=x^2$ 是 x 的函数. 若边长由 x_0 改变(增加)了 Δx，则相应的正方形面积的改变(增加)量为

$$\Delta A = (x_0+\Delta x)^2 - x_0^2 = 2x_0\Delta x+(\Delta x)^2.$$

显然，ΔA 由两部分组成：

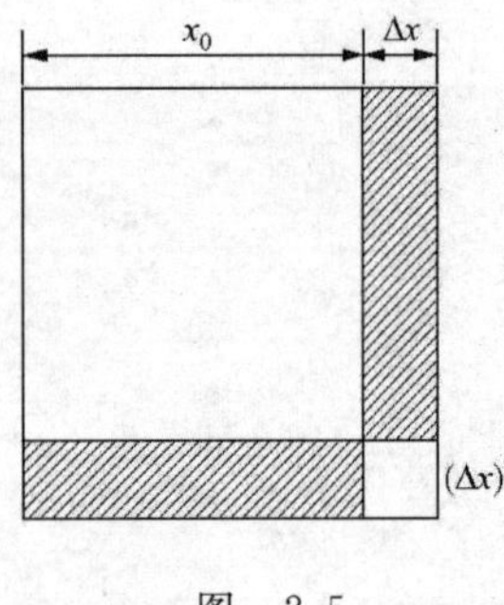

图　2-5

第一部分是 $2x_0\Delta x$，其中 $2x_0$ 是常数，$2x_0\Delta x$ 可看作 Δx 的线性函数，即图 2-5 中阴影部分的面积.

第二部分是 $(\Delta x)^2$，它是图 2-5 中以 Δx 为边长的小正方形的面积. 当 $\Delta x\to 0$ 时，$(\Delta x)^2$ 是比 Δx 高阶的无穷小，即

$$(\Delta x)^2 = o(\Delta x).$$

由此可见，当给边长 x_0 一个微小的改变量 Δx 时，由此所引起正方形面积的改变量 ΔA，可以近似地用第一部分——Δx 的线性函数 $2x_0\Delta x$ 来代替，这时所产生的误差 $(\Delta x)^2$ 比 Δx 更微小. 从理论上讲，当 Δx 是无穷小时，所产生的误差 $(\Delta x)^2$ 是比 Δx 高阶的无穷小.

在上述问题中，注意到对函数 $A=x^2$，有

$$\frac{\mathrm{d}A}{\mathrm{d}x} = \frac{\mathrm{d}x^2}{\mathrm{d}x} = 2x, \quad \left.\frac{\mathrm{d}A}{\mathrm{d}x}\right|_{x=x_0} = 2x_0.$$

这表明，用来近似代替面积改变量 ΔA 的 $2x_0\Delta x$，实际上是函数 $A=x^2$ 在点 x_0 的导数 $2x_0$ 与自变量 x 在点 x_0 的改变量 Δx 的乘积. **这种近似代替具有一般性.**

2. 微分的定义

定义 2.2　设函数 $y=f(x)$ 在点 x 的某邻域内有定义. 若函数 $f(x)$ 在点 x 的改变量 $\Delta y=f(x+\Delta x)-f(x)$ 可以表示为

$$\Delta y = A\Delta x + o(\Delta x),$$

其中 A 与 Δx 无关，$o(\Delta x)$ 是比 Δx 高阶的无穷小，则称函数 $f(x)$ **在点 x 可微**，并称 $A\Delta x$ 为

函数 $f(x)$**在点 x 的微分**,记作 $\mathrm{d}y$ 或 $\mathrm{d}f(x)$,即

$$\mathrm{d}y = A\Delta x.$$

由该定义知,函数 $y=f(x)$在点 x 的微分 $\mathrm{d}y$ 与函数在该点的改变量 Δy 仅相差一个比 Δx 高阶的无穷小. 由于微分 $\mathrm{d}y$ 是 Δx 的线性函数,所以也称微分 $\mathrm{d}y$ 是改变量 Δy 的**线性主部**.

可以证明,函数 $y=f(x)$在点 x 可导与可微的关系有下述**结论**:

函数 $y=f(x)$在点 x 可微的**充分必要条件**是函数 $f(x)$在该点可导,且

$$f'(x) = A.$$

该结论表明,一元函数 $f(x)$的可导性与可微性是等价的,且函数 $y=f(x)$在点 x 的微分可用 $\mathrm{d}y=f'(x)\Delta x$ 表示.

由于当 $y=x$ 时,有 $\mathrm{d}y=\mathrm{d}x=\Delta x$,通常把自变量 x 的改变量 Δx 称为**自变量的微分**,记作 $\mathrm{d}x$,即 $\mathrm{d}x=\Delta x$. 于是

$$\mathrm{d}y = f'(x)\mathrm{d}x,$$

即函数的**微分等于函数的导数与自变量微分的乘积**. 上式中的 $\mathrm{d}x$ 和 $\mathrm{d}y$ 都有确定的意义: $\mathrm{d}x$ 是自变量 x 的微分,$\mathrm{d}y$ 是因变量 y 的微分. 这样,上式可改写为

$$f'(x) = \frac{\mathrm{d}y}{\mathrm{d}x},$$

即函数的导数等于函数的微分与自变量的微分之商,称为**微商**. 由此引出导数与微商是相同的概念. 在此之前,必须把 $\dfrac{\mathrm{d}y}{\mathrm{d}x}$ 看作导数的整体记号,现在就可以看作分式了.

若函数 $y=f(x)$在区间 I 上的每一点都可微,则称 $f(x)$为区间 I 上的**可微函数**. 若 $x_0\in I$,则函数 $y=f(x)$在点 x_0 的微分记作 $\mathrm{d}y\Big|_{x=x_0}$,即

$$\mathrm{d}y\Big|_{x=x_0} = f'(x_0)\mathrm{d}x.$$

从以上讨论我们看到,若函数 $y=f(x)$在点 x_0 可导,为了近似计算函数在该点的改变量 Δy,用微分 $f'(x_0)\Delta x$(它是 Δx 的线性函数)近似代替,容易计算,而且所产生的误差仅是 $o(\Delta x)$. 在实用上,当$|\Delta x|$很小时,近似程度就很好.

例 1　半径为 10 cm 的金属球加热后,半径伸长为:

(1) 10.1 cm;　　　(2) 10.01 cm.

求圆球体积增加多少,并求圆球体积(函数)的微分.

解　该题是求函数的改变量的问题. 设圆球的半径为 r,圆球的体积为 V,则

$$V = \frac{4}{3}\pi r^3, \quad V' = 4\pi r^2.$$

$$\Delta V = \frac{4}{3}\pi(r+\Delta r)^3 - \frac{4}{3}\pi r^3,$$

$$\mathrm{d}V = V'\Delta r = 4\pi r^2\Delta r.$$

(1) 当 $r=10$ cm，$\Delta r=0.1$ cm 时，圆球体积增加量为

$$\Delta V=\frac{4}{3}\pi\times 10.1^3-\frac{4}{3}\pi\times 10^3=\frac{4}{3}\pi(1030.301-1000)$$
$$=40.4013\pi\ (\text{单位：cm}^3),$$

圆球体积的微分为

$$dV=4\pi\times 10^2\times 0.1=40\pi\ (\text{单位：cm}^3).$$

(2) 当 $r=10$ cm，$\Delta r=0.01$ cm 时，圆球体积增加量为

$$\Delta V=\frac{4}{3}\pi\times 10.01^3-\frac{4}{3}\pi\times 10^3=4.004\pi\ (\text{单位：cm}^3);$$

圆球体积的微分为

$$dV=4\pi\times 10^2\times 0.01=4\pi\ (\text{单位：cm}^3).$$

由以上计算并作比较可知，对函数 $V=\frac{4}{3}\pi r^3$，当 $r=10$ cm 给定时，$|\Delta r|$ 愈小，用函数的微分 dV 近似代替函数的改变量 ΔV，其近似程度愈好.

二、微分的计算

由函数 $y=f(x)$ 的微分 $dy=f'(x)dx$ 可知，只要能计算出函数的导数，便可写出函数的微分. 正因为微分与导数之间有这样的关系，通常把计算函数的导数与计算函数的微分，都称为函数的微分运算，其方法称为微分法.

由基本初等函数的导数公式与导数的运算法则可相应地得到基本初等函数的微分公式与微分的运算法则.

1. 基本初等函数的微分公式

(1) $d(C)=0$ (C 为任意常数)；

(2) $d(x^\alpha)=\alpha x^{\alpha-1}dx$；

(3) $d(a^x)=a^x\ln a dx$ ($a>0,a\neq 1$)；

(4) $d(e^x)=e^x dx$；

(5) $d(\log_a x)=\frac{1}{x\ln a}dx$ ($a>0,a\neq 1$)；

(6) $d(\ln x)=\frac{1}{x}dx$；

(7) $d(\sin x)=\cos x dx$；

(8) $d(\cos x)=-\sin x dx$；

(9) $d(\tan x)=\sec^2 x dx$；

(10) $d(\cot x)=-\csc^2 x dx$；

(11) $d(\sec x)=\sec x\tan x dx$；

(12) $d(\csc x)=-\csc x\cot x dx$；

(13) $d(\arcsin x)=\frac{1}{\sqrt{1-x^2}}dx$；

(14) $d(\arccos x)=-\frac{1}{\sqrt{1-x^2}}dx$；

(15) $d(\arctan x)=\frac{1}{\sqrt{1+x^2}}dx$；

(16) $d(\text{arccot}\, x)=-\frac{1}{\sqrt{1+x^2}}dx$.

2. 微分运算法则

微分四则运算法则：

(1) $d(u\pm v)=du\pm dv$；

(2) $d(uv)=vdu+udv$；

(3) $\mathrm{d}(Cv)=C\mathrm{d}v$（$C$ 为任意常数）； (4) $\mathrm{d}\left(\dfrac{u}{v}\right)=\dfrac{v\mathrm{d}u-u\mathrm{d}v}{v^2}$.

复合函数的微分法则：

$$\mathrm{d}[f(\varphi(x))]=f'(\varphi(x))\varphi'(x)\mathrm{d}x.$$

由复合函数的微分法则,可以得到微分的一个重要**性质**：

设函数 $y=f(u)$ 对 u 可导,当 u 是**自变量**时或当 u 是某自变量的**可导函数** $u=\varphi(x)$ 时,都有

$$\mathrm{d}y=f'(u)\mathrm{d}u.$$

事实上,当 u 是自变量时,由于 $f(u)$ 可导,则

$$\mathrm{d}y=f'(u)\mathrm{d}u. \tag{2.4}$$

当 $u=\varphi(x)$ 且对 x 可导时,由 $y=f(u)$,$u=\varphi(x)$ 构成复合函数 $y=f(\varphi(x))$,由复合函数的微分法则有

$$\mathrm{d}y=f'(\varphi(x))\varphi'(x)\mathrm{d}x.$$

因为 $u=\varphi(x)$,且 $\mathrm{d}u=\varphi'(x)\mathrm{d}x$,所以上式可写作

$$\mathrm{d}y=f'(u)\mathrm{d}u. \tag{2.5}$$

以上推导说明,尽管(2.4)式与(2.5)式变量 u 的意义不同,但在形式上,两式完全相同.通常把这个性质称为**微分形式的不变性**.

例 2 求下列函数的微分：

(1) $y=x^4+\sin^2x$； (2) $y=\mathrm{e}^{x/2}(1+x^2)$； (3) $y=\dfrac{\ln x}{\sqrt{x}}$.

解 用微分运算法则计算.

(1) $\mathrm{d}y=\mathrm{d}x^4+\mathrm{d}\sin^2x=4x^3\mathrm{d}x+2\sin x\mathrm{d}\sin x$
$=4x^3\mathrm{d}x+2\sin x\cos x\mathrm{d}x=(4x^3+\sin 2x)\mathrm{d}x$.

(2) $\mathrm{d}y=\mathrm{e}^{x/2}\mathrm{d}(1+x^2)+(1+x^2)\mathrm{d}\mathrm{e}^{x/2}=\mathrm{e}^{x/2}\cdot 2x\mathrm{d}x+(1+x^2)\mathrm{e}^{x/2}\mathrm{d}\,\dfrac{x}{2}$
$=2x\mathrm{e}^{x/2}\mathrm{d}x+(1+x^2)\mathrm{e}^{x/2}\cdot\dfrac{1}{2}\mathrm{d}x=\dfrac{1}{2}(x^2+4x+1)\mathrm{e}^{x/2}\mathrm{d}x$.

(3) $\mathrm{d}y=\dfrac{\sqrt{x}\mathrm{d}\ln x-\ln x\mathrm{d}\sqrt{x}}{(\sqrt{x})^2}=\dfrac{\sqrt{x}\dfrac{1}{x}\mathrm{d}x-\ln x\dfrac{1}{2\sqrt{x}}\mathrm{d}x}{x}=\dfrac{2-\ln x}{2x\sqrt{x}}\mathrm{d}x$.

例 3 求由方程 $x^2+y^2-3xy=0$ 所确定的隐函数的微分 $\mathrm{d}y$.

解 先求导数,再求微分：

$$2x+2yy'-3(y+xy')=0,$$

$$y'=\frac{3y-2x}{2y-3x},\quad \mathrm{d}y=y'\mathrm{d}x=\frac{3y-2x}{2y-3x}\mathrm{d}x.$$

也可用微分法则来求.将方程两端求微分,得

$$2x\mathrm{d}x+2y\mathrm{d}y-3(x\mathrm{d}y+y\mathrm{d}x)=0,$$
$$(2x-3y)\mathrm{d}x+(2y-3x)\mathrm{d}y=0,$$

于是
$$\mathrm{d}y=\frac{3y-2x}{2y-3x}\mathrm{d}x.$$

习　题　2.4

A　组

1. 求下列函数的微分：

(1) $y=\arctan\frac{1}{x}$；　(2) $y=\ln(1-x)+\sqrt{1-x}$；　(3) $y=\mathrm{e}^x\sin 2x$；　(4) $y=\frac{\sin x}{1-x^2}$.

2. 求由下列方程所确定的隐函数的微分 $\mathrm{d}y$：

(1) $\mathrm{e}^{xy}=1$；　(2) $y=\cos(x+y)$.

3. 选取适当函数填入括号内，使下列等式成立：

(1) $a\mathrm{d}x=\mathrm{d}(\quad)$；　(2) $bx\mathrm{d}x=\mathrm{d}(\quad)$；　(3) $\frac{1}{2\sqrt{x}}\mathrm{d}x=\mathrm{d}(\quad)$；　(4) $\frac{1}{x}\mathrm{d}x=\mathrm{d}(\quad)$；

(5) $\frac{1}{1+x^2}\mathrm{d}x=\mathrm{d}(\quad)$；　(6) $\frac{1}{\sqrt{1-x^2}}\mathrm{d}x=\mathrm{d}(\quad)$；　(7) $\sin 2x\mathrm{d}x=\mathrm{d}(\quad)$；

(8) $\cos ax\mathrm{d}x=\mathrm{d}(\quad)$；　(9) $\mathrm{e}^{-3x}\,\mathrm{d}x=\mathrm{d}(\quad)$；　(10) $\sec x\tan x\mathrm{d}x=\mathrm{d}(\quad)$.

B　组

已知函数 $u=u(x)$，$v=v(x)$ 可微，求下列函数的微分：

1. $y=\mathrm{e}^{uv}$；　2. $y=\arctan\frac{u}{v}$.

总 习 题 二

单项选择题：

1. 设 $f(0)=0$，$t\neq 0$，且 $f(x)$ 在点 $x=0$ 可导，则 $\lim\limits_{x\to 0}\frac{f(tx)}{x}=(\quad)$.

(A) 0；　(B) $f'(0)$；　(C) $tf'(0)$；　(D) $\frac{f'(0)}{t}$.

2. 函数 $f(x)=|x-1|$ 在点 $x=1$ (　　).

(A) 不连续；　(B) 连续但不可导；　(C) 连续且 $f'(1)=-1$；　(D) 连续且 $f'(1)=1$.

3. 函数 $f(x)$ 在点 x_0 连续是它在该点可导的(　　).

(A) 必要条件但非充分条件；　(B) 充分条件但非必要条件；

(C) 充分必要条件；　(D) 无关条件.

4. 导数为 $-\frac{1}{x}$ 的函数为(　　).

(A) $\ln(-x)$；　(B) $\ln x$；　(C) $\ln\frac{3}{x}$；　(D) $\ln\frac{1}{x^2}$.

5. 设函数 $y=\ln|x|$,则 $y'=($ $)$.

(A) $\frac{1}{x}$; (B) $-\frac{1}{x}$; (C) $\frac{1}{|x|}$; (D) $-\frac{1}{|x|}$.

6. 设函数 $y=\ln|f(x)|$,则 $y'=($ $)$.

(A) $\frac{1}{f(x)}$; (B) $-\frac{1}{f(x)}$; (C) $\frac{f'(x)}{f(x)}$; (D) $-\frac{f'(x)}{f(x)}$.

7. 设 $f(-x)=-f(x)$,且 $f'(-x_0)=-k\neq 0$,则 $f'(x_0)=($ $)$.

(A) k; (B) $-k$; (C) $\frac{1}{k}$; (D) $-\frac{1}{k}$.

8. 设 $f(x)$为可导的偶函数,则曲线 $y=f(x)$在其上任一点(x,y)和点$(-x,y)$的切线斜率( ).

(A) 彼此相等; (B) 互为相反数; (C) 互为倒数; (D) 互为负倒数.

9. 设函数 $f(x)=x\ln x$,且 $f'(x_0)=2$,则 $f(x_0)=($ $)$.

(A) 1; (B) 2/e; (C) e/2; (D) e.

10. 已知 $\frac{\mathrm{d}}{\mathrm{d}x}\left[f\left(\frac{1}{x^2}\right)\right]=\frac{1}{x}$,则 $f'\left(\frac{1}{2}\right)=($ $)$.

(A) $1/\sqrt{2}$; (B) -1; (C) 2; (D) -4.

11. 已知函数 $y=f(x)$在任意点 x 的微分 $\mathrm{d}y=\frac{\Delta x}{\sqrt{1-x^2}}$,且 $f(0)=0$,则 $f(x)=($ $)$.

(A) $\ln(1+x^2)$; (B) $\frac{x}{1+x^2}$; (C) $\arctan x$; (D) $\arcsin x$.

12. 设函数 $y=f(\mathrm{e}^x)$,且 $f(x)$可导,则 $\mathrm{d}y=($ $)$.

(A) $f'(\mathrm{e}^x)\mathrm{d}x$; (B) $f'(\mathrm{e}^x)\mathrm{e}^x\mathrm{d}x$; (C) $f'(\mathrm{e}^x)\mathrm{e}^x\mathrm{d}\mathrm{e}^x$; (D) $[f(\mathrm{e}^x)]'\mathrm{d}\mathrm{e}^x$.

第三章　微分中值定理・导数的应用

本章继续讲授一元函数微分学的内容. 由于在应用导数解决各种问题时,微分中值定理起着重要作用,是导数应用的基础,所以本章先介绍微分中值定理,然后讲述利用导数求未定式极限及导数在几何和经济方面的应用.

§3.1　微分中值定理

一、罗尔定理

定理 3.1 (罗尔定理)　若函数 $f(x)$ 满足

(1) 在闭区间 $[a,b]$ 上连续;

(2) 在开区间 (a,b) 内可导;

(3) $f(a)=f(b)$,

则在区间 (a,b) 内**至少存在一点** ξ,使得

$$f'(\xi)=0.$$

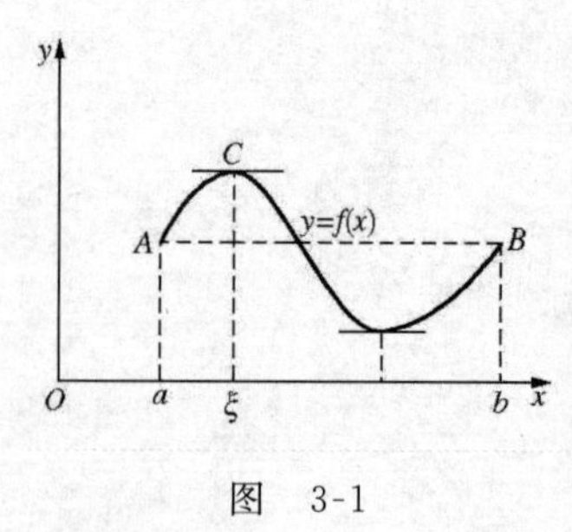

图　3-1

由图 3-1 可知**罗尔定理的几何意义**: 在两端高度相同的一段连续曲线弧 $\overset{\frown}{AB}$ 上,若除端点外,它在每一点都可作不垂直于 x 轴的切线,则在其中至少有一条切线平行于 x 轴,切点为 $C(\xi,f(\xi))$.

注意　定理中的条件是充分的,但非必要的. 这意味着,定理中的三个条件缺少其中任何一个,定理的结论将可能不成立;但定理中的条件不全具备,定理的结论也可能成立.

例 1　验证函数 $f(x)=\ln\sin x$ 在闭区间 $\left[\frac{\pi}{6},\frac{5\pi}{6}\right]$ 上满足罗尔定理的条件,并求出 ξ 的值,使 $f'(\xi)=0$.

解　函数 $f(x)=\ln\sin x$ 是初等函数,在有定义的区间 $\left[\frac{\pi}{6},\frac{5\pi}{6}\right]$ 上连续;其导数

$$f'(x)=\cot x$$

在开区间 $\left(\frac{\pi}{6},\frac{5\pi}{6}\right)$ 内有意义,即 $f(x)$ 在 $\left(\frac{\pi}{6},\frac{5\pi}{6}\right)$ 内可导;又

$$f\left(\frac{\pi}{6}\right)=\ln\frac{1}{2}=f\left(\frac{5\pi}{6}\right).$$

故 $f(x)$在$\left[\frac{\pi}{6},\frac{5\pi}{6}\right]$上满足罗尔定理的条件.

由 $f'(x)=\cot x=0$ 得 $x=\frac{\pi}{2}$,即在区间$\left(\frac{\pi}{6},\frac{5\pi}{6}\right)$内存在一点 $\xi=\frac{\pi}{2}$,使得 $f'(\xi)=0$.

二、拉格朗日中值定理

定理 3.2 (拉格朗日中值定理) 若函数 $f(x)$满足

(1) 在闭区间$[a,b]$上连续;

(2) 在开区间(a,b)内可导,

则在开区间(a,b)内至少存在一点 ξ,使得

$$f'(\xi)=\frac{f(b)-f(a)}{b-a}.$$

观察定理 3.1 和定理 3.2 的条件和结论易知,罗尔定理正是拉格朗日中值定理的特殊情形.

由图 3-2 看,$\frac{f(b)-f(a)}{b-a}$ 正是过曲线 $y=f(x)$的两个端点 $A(a,f(a))$和 $B(b,f(b))$的弦的斜率.

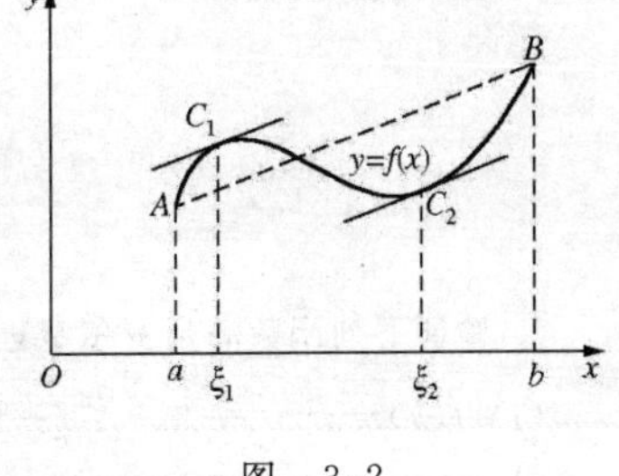

图 3-2

拉格朗日中值定理的几何意义:若曲线 $y=f(x)$在区间$[a,b]$上连续,在区间(a,b)内的每一点都有不垂直于 x 轴的切线,则在曲线上至少存在一点 $C_1(\xi_1,f(\xi_1))$,使得过点 C_1 的切线平行于过曲线两个端点 A 和 B 的弦(图 3-2).

证 定理结论的表达式可改写为

$$f'(\xi)-\frac{f(b)-f(a)}{b-a}=0,$$

由此作辅助函数

$$F(x)=f(x)-\frac{f(b)-f(a)}{b-a}x.$$

易看出函数 $F(x)$在闭区间$[a,b]$上连续,在开区间(a,b)内可导,且

$$F(a)=f(a)-\frac{f(b)-f(a)}{b-a}a=\frac{f(a)b-f(b)a}{b-a},$$

$$F(b)=f(b)-\frac{f(b)-f(a)}{b-a}b=\frac{f(a)b-f(b)a}{b-a},$$

即 $F(a)=F(b)$.

由于函数 $F(x)$在区间$[a,b]$上满足罗尔定理的条件,因而至少存在一点 $\xi\in(a,b)$,使得

$$F'(\xi)=f'(\xi)-\frac{f(b)-f(a)}{b-a}=0.$$

这就是我们要证明的结论.

拉格朗日中值定理有两个**推论**：

推论1　若函数 $f(x)$在区间 I 内可导，且 $f'(x)\equiv 0$，则函数$f(x)$在区间 I 内恒等于一个常数.

我们已经知道，常数的导数是零，这里说的是导数恒为零的函数一定是常量函数.

推论2　若函数 $f(x)$和 $g(x)$在区间 I 内的导数处处相等，即 $f'(x)\equiv g'(x)$，则 $f(x)$与 $g(x)$在区间 I 内仅相差一个常数，即存在常数 C，使得

$$f(x)-g(x)=C \quad 或 \quad f(x)=g(x)+C.$$

例2　验证函数 $f(x)=x^3-3x$ 在闭区间$[0,2]$上满足拉格朗日中值定理的条件，并求出 ξ 的值.

解　易知函数 $f(x)$在闭区间$[0,2]$上连续，在开区间$(0,2)$内可导，即 $f(x)$在$[0,2]$上满足拉格朗日中值定理的条件. 由于

$$f'(x)=3x^2-3,$$

由
$$f'(\xi)=\frac{f(2)-f(0)}{2-0}, \quad 即 \quad 3\xi^2-3=\frac{2-0}{2},$$

可解得 $\xi=\frac{2}{\sqrt{3}}$，且$\frac{2}{\sqrt{3}}\in(0,2)$.

习　题　3.1

A　组

1. 验证下列函数满足罗尔定理的条件，并求出定理中的 ξ：

(1) $f(x)=x^2-x-5$, $x\in[-2,3]$；　　(2) $f(x)=x\sqrt{3-x}$, $x\in[0,3]$.

2. 验证下列函数满足拉格朗日中值定理的条件，并求出定理中的 ξ：

(1) $f(x)=\ln x$, $x\in[1,\mathrm{e}]$；　　(2) $f(x)=1-x^2$, $x\in[0,3]$.

B　组

1. 设函数 $f(x)=(x-1)(x-2)(x-3)(x-4)$，用罗尔定理说明方程 $f'(x)=0$ 有几个实根，并说出根所在的范围.

2. 证明恒等式：$\arctan x=\arcsin\frac{x}{\sqrt{1+x^2}}$.

§3.2　洛必达法则

洛必达法则是求未定式极限的一般方法. 这里，我们讲述求以下四种类型未定式极限的方法：$\frac{0}{0}$ 型，$\frac{\infty}{\infty}$ 型，$0\cdot\infty$ 型和 $\infty-\infty$ 型.

一、$\frac{0}{0}$ 型与 $\frac{\infty}{\infty}$ 型未定式

若 $\lim f(x)=0, \lim g(x)=0$,则 $\lim \frac{f(x)}{g(x)}$ 是 $\frac{0}{0}$ 型未定式;若 $\lim f(x)=\infty$, $\lim g(x)=\infty$, 则 $\lim \frac{f(x)}{g(x)}$ 是 $\frac{\infty}{\infty}$ 型未定式.

定理 3.3 (洛必达法则) 若函数 $f(x)$和 $g(x)$满足

(1) $\lim\limits_{x \to x_0} f(x)=0$, $\lim\limits_{x \to x_0} g(x)=0$;

(2) 在点 x_0 的某空心邻域内可导,且 $g'(x) \neq 0$;

(3) $\lim\limits_{x \to x_0} \frac{f'(x)}{g'(x)}=A$(有限数)或 ∞,

则
$$\lim_{x \to x_0} \frac{f(x)}{g(x)} = \lim_{x \to x_0} \frac{f'(x)}{g'(x)} = A\ (\text{或}\ \infty).$$

说明 (1) 定理 3.3 中的条件(1),若改为
$$\lim_{x \to x_0} f(x) = \infty, \quad \lim_{x \to x_0} g(x) = \infty,$$
则定理仍成立.

(2) 定理 3.3 中的 $x \to x_0$,若改为 $x \to \infty$,则定理仍成立.

(3) 若 $\lim \frac{f'(x)}{g'(x)}$ 又是 $\frac{0}{0}$ 型或 $\frac{\infty}{\infty}$ 型未定式,这时可对 $\lim \frac{f'(x)}{g'(x)}$ 再用一次洛必达法则,即若 $\lim \frac{f'(x)}{g'(x)}=\lim \frac{f''(x)}{g''(x)}=A$ 或 ∞,则 $\lim \frac{f(x)}{g(x)}=A$ 或 ∞,依此类推.

例 1 求 $\lim\limits_{x \to a} \frac{e^x-e^a}{x-a}$.

解 因 $\lim\limits_{x \to a}(x-a)=0$, $\lim\limits_{x \to a}(e^x-e^a)=0$,故这是 $\frac{0}{0}$ 型未定式. 用洛必达法则得
$$\text{原式} = \lim_{x \to a} \frac{(e^x - e^a)'}{(x-a)'} = \lim_{x \to a} \frac{e^x}{1} = e^a.$$

例 2 求 $\lim\limits_{x \to 0} \frac{\ln(1+x)}{x^2}$.

解 这是 $\frac{0}{0}$ 型未定式,于是
$$\text{原式} \xlongequal{\text{用法则}} \lim_{x \to 0} \frac{\frac{1}{1+x}}{2x} = \infty.$$

例 3 求 $\lim\limits_{x \to 0^+} \frac{\ln\cot x}{\ln x}$.

解　这是 $\frac{\infty}{\infty}$ 型未定式,于是

$$\text{原式}\xlongequal{\text{用法则}}\lim_{x\to 0^+}\frac{\tan x\cdot(-\csc^2 x)}{\frac{1}{x}}\xlongequal{\text{化简}}-\lim_{x\to 0^+}\frac{x}{\cos x\sin x}$$

$$=-\lim_{x\to 0^+}\frac{1}{\cos x}\cdot\lim_{x\to 0^+}\frac{x}{\sin x}=-1\times 1=-1.$$

例 4　求 $\lim\limits_{x\to\frac{\pi}{2}^+}\dfrac{\ln\left(x-\frac{\pi}{2}\right)}{\tan x}$.

解　这是 $\frac{\infty}{\infty}$ 型未定式,于是

$$\text{原式}\xlongequal{\text{用法则}}\lim_{x\to\frac{\pi}{2}^+}\frac{\frac{1}{x-\frac{\pi}{2}}}{\sec^2 x}\xlongequal{\text{化简}}\lim_{x\to\frac{\pi}{2}^+}\frac{\cos^2 x}{x-\frac{\pi}{2}}\quad\left(\frac{0}{0}\text{型}\right)$$

$$\xlongequal{\text{用法则}}\lim_{x\to\frac{\pi}{2}^+}\frac{2\cos x(-\sin x)}{1}=0.$$

例 5　求 $\lim\limits_{x\to 0}\dfrac{x^2\sin\frac{1}{x}}{\sin x}$.

解　这是 $\frac{0}{0}$ 型未定式,用洛必达法则得

$$\text{原式}=\lim_{x\to 0}\frac{2x\sin\frac{1}{x}-\cos\frac{1}{x}}{\cos x}.$$

由于当 $x\to 0$ 时,$2x\sin\frac{1}{x}\to 0$,而 $\cos\frac{1}{x}$ 振荡无极限,所以上式右端的分子振荡无极限,从而洛必达法则失效.改用下述方法求极限:

$$\text{原式}=\lim_{x\to 0}\left(\frac{x}{\sin x}\cdot x\sin\frac{1}{x}\right)=\lim_{x\to 0}\frac{x}{\sin x}\cdot\lim_{x\to 0}x\sin\frac{1}{x}=1\times 0=0.$$

我们要明确,只有 $\frac{0}{0}$ 型和 $\frac{\infty}{\infty}$ 型未定式才能用洛必达法则.而每用一次法则之后,要注意化简并分析所得式子:如果可求得极限 A 或 ∞,便得到结论;否则,若所得式子是 $\frac{0}{0}$ 型或 $\frac{\infty}{\infty}$ 型未定式,可继续使用洛必达法则,若不是,即 $\lim\frac{f'(x)}{g'(x)}$ 既不是未定式,又求不出极限 A 或 ∞,这时不能断定 $\lim\frac{f(x)}{g(x)}$ 存在与否,需改用其他方法求极限(如例 5 的情形).

二、$0\cdot\infty$ 型与 $\infty-\infty$ 型未定式

若 $\lim f(x)=0$，$\lim g(x)=\infty$，则 $\lim f(x)g(x)$ 是 $0\cdot\infty$ 型未定式；若 $\lim f(x)=\infty$，$\lim g(x)=\infty$，则 $\lim[f(x)-g(x)]$ 是 $\infty-\infty$ 型未定式. 对这两种未定式，经简单恒等变形化成分式便是 $\dfrac{0}{0}$ 型或 $\dfrac{\infty}{\infty}$ 型未定式，然后再用洛必达法则求极限.

例 6 求 $\lim\limits_{x\to\infty}x(\mathrm{e}^{1/x}-1)$.

解 注意到当 $x\to\infty$ 时，$\mathrm{e}^{1/x}\to1$，这是 $0\cdot\infty$ 型未定式. 按如下变形化成分式，便是 $\dfrac{0}{0}$ 型未定式：

$$原式=\lim_{x\to\infty}\frac{\mathrm{e}^{1/x}-1}{1/x}\xlongequal{用法则}\lim_{x\to\infty}\frac{\mathrm{e}^{1/x}(-1/x^2)}{-1/x^2}=1.$$

例 7 求 $\lim\limits_{x\to1}\left(\dfrac{1}{x-1}-\dfrac{1}{\ln x}\right)$.

解 这是 $\infty-\infty$ 型未定式，化成分式便是 $\dfrac{0}{0}$ 型未定式：

$$原式=\lim_{x\to1}\frac{\ln x-x+1}{(x-1)\ln x}\left(\frac{0}{0}型\right)\xlongequal{用法则}\lim_{x\to1}\frac{\dfrac{1}{x}-1}{\ln x+\dfrac{x-1}{x}}$$

$$\xlongequal{化简}\lim_{x\to1}\frac{1-x}{x\ln x+x-1}\left(\frac{0}{0}型\right)\xlongequal{用法则}\lim_{x\to1}\frac{-1}{\ln x+2}=-\frac{1}{2}.$$

习 题 3.2

A 组

1. 求下列极限：

(1) $\lim\limits_{x\to1}\dfrac{x^n-1}{x-1}$； (2) $\lim\limits_{x\to0}\dfrac{a^x-b^x}{x}$； (3) $\lim\limits_{x\to0}\dfrac{\ln(1-3x)}{\sin x}$；

(4) $\lim\limits_{x\to0^+}\dfrac{\ln\sin x}{\ln x}$； (5) $\lim\limits_{x\to+\infty}\dfrac{x^n}{\ln x}$ $(n>0)$； (6) $\lim\limits_{x\to\pi/2}\dfrac{\tan x}{\tan 3x}$；

(7) $\lim\limits_{x\to0}\dfrac{\mathrm{e}^x-\mathrm{e}^{-x}-2x}{x-\sin x}$； (8) $\lim\limits_{x\to+\infty}\dfrac{2^x}{x^3}$.

2. 求下列极限：

(1) $\lim\limits_{x\to+\infty}x\left(\dfrac{\pi}{2}-\arctan x\right)$； (2) $\lim\limits_{x\to0}x^2\mathrm{e}^{1/x^2}$；

(3) $\lim\limits_{x\to0}\left(\dfrac{1}{x}-\dfrac{1}{\mathrm{e}^x-1}\right)$； (4) $\lim\limits_{x\to\pi/2}(\sec x-\tan x)$.

B 组

1. 设函数 $f(x)$ 二阶连续可导，且 $f(0)=0$，$f'(0)=1$，$f''(0)=2$，试求 $\lim\limits_{x\to0}\dfrac{f(x)-x}{x^2}$.（一阶连续可导是

指 $f'(x)$连续，二阶连续可导是指 $f''(x)$连续.）

2. 求下列极限：

(1) $\lim\limits_{x\to+\infty}\dfrac{e^x-e^{-x}}{e^x+e^{-x}}$；　　(2) $\lim\limits_{x\to+\infty}\dfrac{\sqrt{1+x^2}}{x}$.

§3.3　函数的单调性与极值

一、函数单调性的判别法

在§1.1中，我们已给出函数在一个区间 I 上单调增加和单调减少的概念. 在§2.1中，由导数的几何意义已经看到：若 $f'(x_0)>0$，则函数 $f(x)$在 x_0 邻近单调增加；若 $f'(x_0)<0$，则函数 $f(x)$在 x_0 邻近单调减少. 这个事实还可推广到一个区间上.

定理 3.4（判别单调性的充分条件）　在函数 $f(x)$可导的区间 I 内，

(1) 若 $f'(x)>0$，则函数 $f(x)$**单调增加**；

(2) 若 $f'(x)<0$，则函数 $f(x)$**单调减少**.

在此，我们要指出：在区间 I 内，$f'(x)>0$（<0），是函数$f(x)$ 在 I 内单调增加（减少）的充分条件，而不是必要条件. 例如，函数 $y=x^3$ 在区间$(-\infty,+\infty)$内是单调增加的，而

$$y'=3x^2\begin{cases}=0, & x=0,\\ >0, & x\neq 0.\end{cases}$$

此例说明，函数 $f(x)$在某区间内单调增加（减少）时，在个别点 x_0，可以有 $f'(x_0)=0$. 对此，我们有一般性的结论：

在函数 $f(x)$的可导区间 I 内，若 $f'(x)\geqslant 0$ 或 $f'(x)\leqslant 0$，而等号仅在个别点处成立，则函数 $f(x)$在 I 内**单调增加或单调减少**.

例 1　讨论函数 $f(x)=\dfrac{1}{3}x^3-x^2+\dfrac{1}{3}$ 的单调区间.

解　首先，确定函数的定义域是$(-\infty,+\infty)$.

其次，求导数并确定函数的驻点. 由于

$$f'(x)=x^2-2x=x(x-2).$$

由 $f'(x)=0$ 得驻点 $x_1=0$，$x_2=2$.

最后，判定函数的增减区间. 驻点 $x_1=0$，$x_2=2$ 将函数的定义域分成三个部分区间：$(-\infty,0)$，$(0,2)$和$(2,+\infty)$. 考查导数 $f'(x)$在各个部分区间内的符号. 由 $f'(x)$的表达式知：

在区间$(-\infty,0)$内，$f'(x)>0$，函数 $f(x)$单调增加；

在区间$(0,2)$内，$f'(x)<0$，函数 $f(x)$单调减少；

在区间$(2,+\infty)$内，$f'(x)>0$，函数 $f(x)$单调增加.

例 2　讨论函数 $f(x)=\sqrt[3]{x^2}$ 的单调区间.

解　函数的定义域是$(-\infty,+\infty)$. 由于

$$f'(x)=\frac{2}{3\sqrt[3]{x}},$$

故该函数没有驻点，但当 $x=0$ 时，导数 $f'(x)$ 不存在.

$x=0$ 将函数的定义域分成两个部分区间：$(-\infty,0)$ 和 $(0,+\infty)$. 考查导数 $f'(x)$ 在各个部分区间内的符号并判断单调性：

在区间 $(-\infty,0)$ 内，$f'(x)<0$，函数 $f(x)$ 单调减少；

在区间 $(0,+\infty)$ 内，$f'(x)>0$，函数 $f(x)$ 单调增加.

二、函数的极值

1. 极值的定义

观察图 3-3，在点 x_0 邻近，若比较函数值的大小，显然 $f(x_0)$ 最大，即在点 x_0 的某邻域内，当 $x\neq x_0$ 时，总有 $f(x_0)>f(x)$. 这时，称 $f(x_0)$ 为函数 $f(x)$ 的极大值，称 x_0 为其极大值点. 类似地，$f(x_1)$ 是函数 $f(x)$ 的极小值，x_1 是其极小值点.

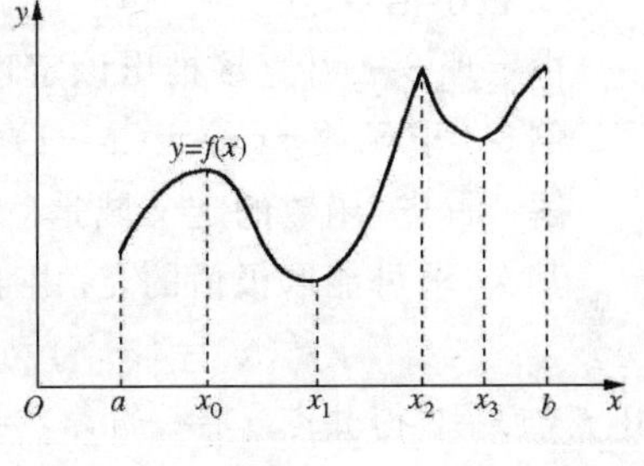

图 3-3

一般有如下定义：

定义 3.1 设函数 $f(x)$ 在点 x_0 的某邻域内有定义，x 是该邻域内的任一点，但 $x\neq x_0$.

(1) 若 $f(x)<f(x_0)$，则称 x_0 为函数 $f(x)$ 的**极大值点**，称 $f(x_0)$ 为函数 $f(x)$ 的**极大值**；

(2) 若 $f(x)>f(x_0)$，则称 x_0 为函数 $f(x)$ 的**极小值点**，称 $f(x_0)$ 为函数 $f(x)$ 的**极小值**.

函数的极大值点与极小值点统称为函数的**极值点**；函数的极大值与极小值统称为函数的**极值**.

2. 极值的判别法

根据定义 3.1，我们再来观察图 3-3，函数 $f(x)$ 在 x_0 处取极大值，在 x_1 处取极小值. 按曲线 $y=f(x)$ 的形状看，曲线在 x_0 处和在 x_1 处可作切线，而且切线一定平行于 x 轴，因此应有 $f'(x_0)=0$，$f'(x_1)=0$. 由此，有下面的定理：

定理 3.5（极值存在的必要条件） 若函数 $f(x)$ 在点 x_0 **可导，且有极值**，则 $f'(x_0)=0$.

必须指出，这里所说的极值存在的必要条件是，在 $f'(x_0)$ 存在的前提下，若 x_0 是极值点，则必有 $f'(x_0)=0$. **就这个问题我们要说明两点：**

(1) 在 $f'(x_0)$ 存在时，$f'(x_0)=0$ 不是极值存在的充分条件，即驻点不一定是极值点. 例如，对于函数 $f(x)=x^3$，有 $f'(0)=0$，但 $x=0$ 不是该函数的极值点.

(2) 在导数不存在的点，函数可能取极值，也可能不取极值. 例如，$f(x)=|x|$ 在 $x=0$ 处导数不存在，但在 $x=0$ 处函数有极小值 $f(0)=0$（请参见图 1-31）；又如，$f(x)=x^{1/3}$ 在

$x=0$ 处导数不存在，在 $x=0$ 处函数没有极值（请参见图 2-4）.

定理 3.5 及两点说明告诉我们，为了找出函数的极值点，首先要找出函数的驻点和导数不存在的点（函数在该点要连续）. 由于这些点又不一定是极值点，下一步就要在这些点中判定哪些确实是极值点以及是极大值点还是极小值点.

对此，有下面的定理：

定理 3.6（极值存在的第一充分条件） 设函数 $f(x)$ 在点 x_0 的某邻域 $(x_0-\delta,x_0+\delta)$ 内连续且可导（$f'(x_0)$ 可以不存在）.

(1) 若当 $x\in(x_0-\delta,x_0)$ 时，$f'(x)>0$，当 $x\in(x_0,x_0+\delta)$ 时，$f'(x)<0$，则 x_0 是函数 $f(x)$ 的**极大值点**；

(2) 若当 $x\in(x_0-\delta,x_0)$ 时，$f'(x)<0$，当 $x\in(x_0,x_0+\delta)$ 时，$f'(x)>0$，则 x_0 是函数 $f(x)$ 的**极小值点**.

由定理 3.4 可直接推出该定理.

例 3 求函数 $f(x)=(x-1)(x+1)^3$ 的极值.

解 首先，函数的定义域是 $(-\infty,+\infty)$.

其次，求可能取极值的点. 由于

$$f'(x)=(x+1)^3+3(x-1)(x+1)^2=2(x+1)^2(2x-1),$$

由 $f'(x)=0$ 得驻点 $x_1=-1, x_2=1/2$. 没有导数不存在的点.

最后，用定理 3.6 判定. 驻点 $x_1=-1, x_2=1/2$ 将函数的定义域分成三个部分区间：$(-\infty,-1)$，$\left(-1,\frac{1}{2}\right)$ 和 $\left(\frac{1}{2},+\infty\right)$. 列表判定极值[①]：

x	$(-\infty,-1)$	-1	$\left(-1,\frac{1}{2}\right)$	$\frac{1}{2}$	$\left(\frac{1}{2},+\infty\right)$
$f'(x)$	$-$	0	$-$	0	$+$
$f(x)$	↘	非极值	↘	极小值	↗

由上表知，函数在 $x=\frac{1}{2}$ 处取极小值 $f\left(\frac{1}{2}\right)=-\frac{27}{16}$.

例 4 求函数 $f(x)=(x-1)\sqrt[3]{x^2}$ 的极值.

解 首先，函数的定义域是 $(-\infty,+\infty)$.

其次，求可能取极值的点. 由于

$$f(x)=(x-1)\sqrt[3]{x^2}=x^{5/3}-x^{2/3},$$

$$f'(x)=\frac{5}{3}x^{2/3}-\frac{2}{3}x^{-1/3}=\frac{5x-2}{3\sqrt[3]{x}},$$

令 $f'(x)=0$，求得驻点 $x=2/5$. 又当 $x=0$ 时，函数 $f(x)$ 的导数不存在.

---

① 表中符号"↘"表示函数单调减少；符号"↗"表示函数单调增加.

最后,列表判定极值:

x	$(-\infty,0)$	0	$\left(0,\frac{2}{5}\right)$	$\frac{2}{5}$	$\left(\frac{2}{5},+\infty\right)$
$f'(x)$	$+$	不存在	$-$	0	$+$
$f(x)$	↗	极大值	↘	极小值	↗

由上表可知,$f(0)=0$ 是极大值,$f\left(\frac{2}{5}\right)=-\frac{3}{5}\sqrt[3]{\frac{4}{25}}$ 是极小值.

用函数 $f(x)$的二阶导数可判定函数的驻点是否为极值点,即有如下定理:

定理 3.7 (极值存在的第二充分条件) 设函数 $f(x)$在点 x_0 有 $f'(x_0)=0$ 且二阶可导.

(1) 若 $f''(x_0)<0$,则 x_0 是函数 $f(x)$的**极大值点**;

(2) 若 $f''(x_0)>0$,则 x_0 是函数 $f(x)$的**极小值点**.

说明 定理 3.6 和定理 3.7 虽然都是判定极值点的充分条件,但在应用时又有区别.定理 3.6 对驻点和导数不存在的点均适用;而定理 3.7 对下述三种情况不适用:

(1) 导数不存在的点.

(2) $f'(x_0)=0,f''(x_0)$不存在时.

(3) $f'(x_0)=0,f''(x_0)=0$ 时,这时 x_0 可能是极值点,如函数 $f(x)=x^4$,有 $f'(0)=f''(0)=0,x=0$ 是极小值点;也可能不是极值点,见例 6.

例 5 求函数 $f(x)=2x^2-\ln x$ 的极值.

解 函数的定义域是$(0,+\infty)$.

求驻点:由于

$$f'(x)=4x-\frac{1}{x}=\frac{4x^2-1}{x},$$

由 $f'(x)=0$ 得 $x_1=\frac{1}{2},x_2=-\frac{1}{2}$.因 $x_2=-\frac{1}{2}$不在函数的定义域内,应舍去.

用定理 3.7 判定:求二阶导数得

$$f''(x)=\frac{8x^2-4x^2+1}{x^2}=4+\frac{1}{x^2}.$$

因为 $f''\left(\frac{1}{2}\right)=8>0$,所以 $x=\frac{1}{2}$是极小值点,极小值是

$$f\left(\frac{1}{2}\right)=\frac{1}{2}-\ln\frac{1}{2}=\frac{1}{2}+\ln 2.$$

例 6 求函数 $f(x)=(x^2-1)^3+1$ 的极值.

解 函数的定义域是$(-\infty,+\infty)$.令

$$f'(x)=3(x^2-1)^2\cdot 2x=6x(x^2-1)^2=0,$$

得驻点 $x_1=-1,x_2=0$ 和 $x_3=1$.

求二阶导数得

$$f''(x)=6(x^2-1)(5x^2-1).$$

因 $f''(0)=6>0$,故 $f(0)=0$ 是极小值.

因 $f''(-1)=f''(1)=0$,故用二阶导数判定驻点 $x_1=-1$ 和 $x_3=1$ 是否为极值点失效.对此,需用一阶导数来判定.

在 $x_1=-1$ 的左右邻近,当 $x<-1$ 时,$f'(x)<0$,当 $x>-1$ 时,$f'(x)<0$,故 $x_1=-1$ 不是函数的极值点.

因 $f(x)=(x^2-1)^3+1$ 是偶函数,故由 $x=-1$ 不是极值点便可断定 $x_3=1$ 也不是极值点.

综上知,函数 $f(x)$ 只有极小值 $f(0)=0$.

三、最大值与最小值问题

由定理 1.5 知道,若函数 $f(x)$ 在闭区间 $[a,b]$ 上连续,则 $f(x)$ 在 $[a,b]$ 上必有最大值与最小值.最值可在区间内部取得,也可在区间端点取得.于是,求函数 $f(x)$ 在闭区间 $[a,b]$ 上的最值的**程序**是:

首先,求出函数在开区间 (a,b) 内所有可能极值点的函数值;

其次,求出区间端点的函数值 $f(a)$ 和 $f(b)$;

最后,将这些函数值进行比较,其中最大(小)者为最大(小)值.

求函数的最值时,常常遇到下述情况:

(1) 若函数 $f(x)$ 在连续区间 I 内仅有一个极值,是极大(小)值时,它就是函数 $f(x)$ 在该区间上的最大(小)值(图 3-4).解极值应用问题时,此种情形较多.

(2) 若函数 $f(x)$ 在闭区间 $[a,b]$ 上是单调增加(减少)的,则最值在区间端点取得.

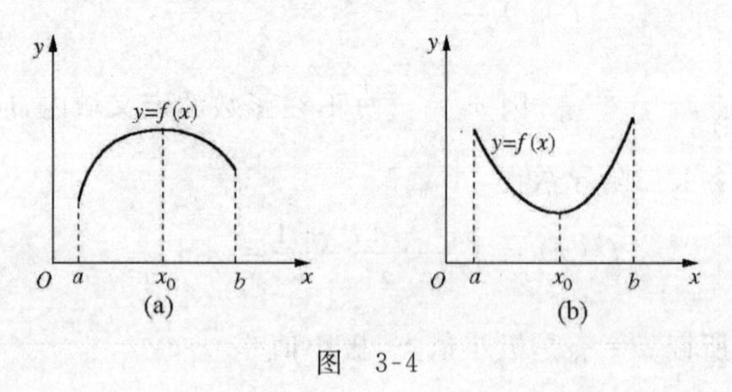

图　3-4

例 7　求函数 $f(x)=\dfrac{x^2}{1+x}$ 在区间 $\left[-\dfrac{1}{2},1\right]$ 上的最大值与最小值.

解　先求可能极值点的函数值.由于

$$f'(x)=\frac{2x(1+x)-x^2}{(1+x)^2}=\frac{x(2+x)}{(1+x)^2},$$

由 $f'(x)=0$ 得 $x=0, x=-2$. 因 -2 不在区间 $\left[-\frac{1}{2},1\right]$ 内，应舍去. 而 $f(0)=0$.

再求区间端点的函数值：

$$f\left(-\frac{1}{2}\right)=\frac{1}{2}, \quad f(1)=\frac{1}{2}.$$

最后进行比较：$f(0)=0$ 是最小值，$f\left(-\frac{1}{2}\right)=f(1)=\frac{1}{2}$ 是最大值.

函数的最大值与最小值问题，在实践中有广泛的应用. 在给定条件的情况下，要求效益最佳的问题，就是最大值问题；而在效益一定的情况下，要求所给条件最少的问题，就是最小值问题.

在解决实际问题时，首先要把问题的要求作为目标，建立目标函数，并确定函数的定义域；然后用极值知识求目标函数的最大值或最小值；最后应按问题的要求给出结论.

例 8 设有边长为 a 的一块正方形铁皮，将其四角各截去一个大小相同的小正方形(图 3-5(a))，然后将四边折起做一个无盖的方盒(图 3-5(b)). 问：截掉的小正方形边长为多大时，所得方盒的容积最大？最大容积为多少？

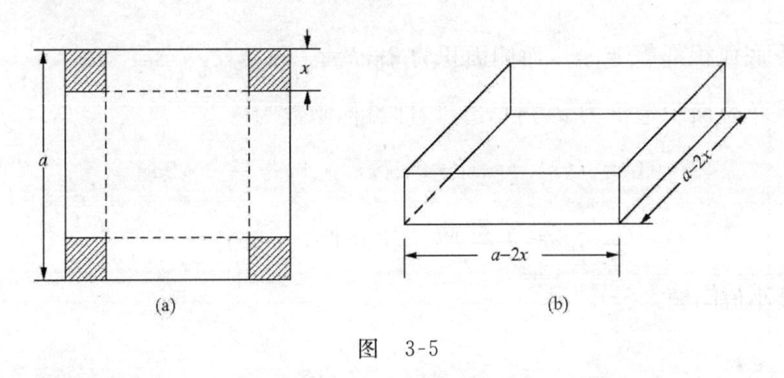

图 3-5

解 (1) 分析问题，建立目标函数.

按题目的要求在铁皮大小给定的条件下，要使方盒的容积最大是我们的目标. 而方盒的容积依赖于截掉的小正方形的边长. 这样，目标函数就是方盒的容积与截掉的小正方形边长之间的函数关系.

设小正方形的边长为 x，则方盒底的边长为 $a-2x$. 若以 V 表示方盒的容积，则 V 与 x 的函数关系是

$$V=x(a-2x)^2, \quad x\in\left(0,\frac{a}{2}\right).$$

(2) 解最大值问题，即确定 x 的取值，以使 V 取最大值.

由于

$$\begin{aligned} V' &= (a-2x)^2-4x(a-2x) \\ &= (a-2x)(a-6x), \end{aligned}$$

令 $V'=0$,得驻点 $x=\frac{a}{6}$ 和 $x=\frac{a}{2}$,其中 $x=\frac{a}{2}$ 舍去,因为它不在区间 $\left(0,\frac{a}{2}\right)$ 内.

因为当 $x\in\left(0,\frac{a}{6}\right)$ 时,$V'>0$,当 $x\in\left(\frac{a}{6},\frac{a}{2}\right)$ 时,$V'<0$,所以 $x=\frac{a}{6}$ 是极大值点[①]. 由于在区间内部只有一个极值点且是极大值点,这也就是取最大值的点.

(3) 结论:当小正方形边长为 $x=\frac{a}{6}$ 时,方盒容积最大,其值为 $V=\frac{2a^3}{27}$.

例 9 要设计一个容积为 $V=20\pi\ \mathrm{m}^3$ 的有盖圆柱体贮油桶,已知上盖单位面积造价是侧面的一半,而侧面单位面积造价又是底面的一半,问:贮油桶半径 r 取何值时总造价最低?

解 (1) 分析问题,建立目标函数.

总造价最低为目标,设总造价为 C. 总造价是由容积一定的贮油桶的表面积决定的. 这实际上是一个几何应用问题:容积一定,要求表面积最小.

用 r 表示贮油桶半径,则桶高 h 为

$$h=\frac{V}{\pi r^2}=\frac{20\pi}{\pi r^2}=\frac{20}{r^2}.$$

上盖和下底面积都等于 πr^2,而侧面积为 $2\pi rh=\frac{40\pi}{r}$.

若设上盖单位面积造价为 a,则总造价,即目标函数为

$$\begin{aligned}C=f(r)&=\pi r^2\cdot a+\pi r^2\cdot 4a+\frac{40\pi}{r}\cdot 2a\\&=5\pi ar^2+\frac{80\pi a}{r},\quad r\in(0,+\infty).\end{aligned}$$

(2) 解最小值问题.

由于

$$f'(r)=10\pi ar-\frac{80\pi a}{r^2}=\frac{10\pi a}{r^2}(r^3-8),$$

令 $f'(r)=0$,得驻点 $r=2$. 又

$$f''(r)=10\pi a+\frac{160\pi a}{r^3},$$

$$f''(2)=10\pi a+\frac{160\pi a}{8}>0,$$

所以 $C=f(r)$ 在点 $r=2$ 取极小值.

由于在函数的定义域 $(0,+\infty)$ 内只有一个极值点且是极小值点,从而在 $r=2$ 时,C 取最小值.

(3) 结论:当贮油桶半径 $r=2$ m 时,圆柱体贮油桶的总造价最低.

---

① 此处用了定理 3.6 判定极值,也可用定理 3.7 进行判定,见例 9.

习　题　3.3

A　组

1. 求下列函数的单调区间：

(1) $y=x^3-3x^2+5$；　　(2) $y=x-\ln(1+x)$；

(3) $y=x-e^x$；　　(4) $y=\dfrac{x^2}{1+x}$.

2. 验证下列结论：

(1) 函数 $f(x)=\dfrac{x^2-1}{x}$ 是单调增加的；

(2) 函数 $f(x)=\arctan x-x$ 是单调减少的.

3. 求下列函数的极值：

(1) $f(x)=x^3-9x^2-27$；　　(2) $f(x)=x-\dfrac{3}{2}x^{2/3}$；

(3) $f(x)=2x-\ln(16x^2)$；　　(4) $f(x)=x^3(x-5)^2$.

4. 求下列函数的单调区间和极值：

(1) $f(x)=\dfrac{1}{5}x^5-\dfrac{1}{3}x^3$；　　(2) $f(x)=\dfrac{3}{8}x^{8/3}-\dfrac{3}{2}x^{2/3}$.

5. 求下列函数的最大值与最小值：

(1) $f(x)=(x^2-3)(x^2-4x+1)$，$x\in[-2,4]$；

(2) $f(x)=1-\dfrac{2}{3}(x-2)^{2/3}$，$x\in[0,3]$.

6. 欲做一个容积为 300 m^3 的无盖圆柱形蓄水池，已知池底单位面积造价为周围单位面积造价的两倍，问：蓄水池的尺寸怎样设计才能使总造价最低？

7. 欲用长 $l=6$ m 的木料加工一日字形的窗框，问：它的边长和边宽分别为多少时，才能使窗框的面积最大？最大面积为多少？

8. 一旅行者从公路沿线的 A 地出发赴 B 地，而 B 地位于离公路 8 km 处，A 地和 B 地相距 17 km（图 3-6）. 若旅行者沿公路行进的速度为 5 km/h，而在田间无路的情况下行进的速度为 3 km/h，问：他从何处下公路才能以最短的时间到达 B 地？

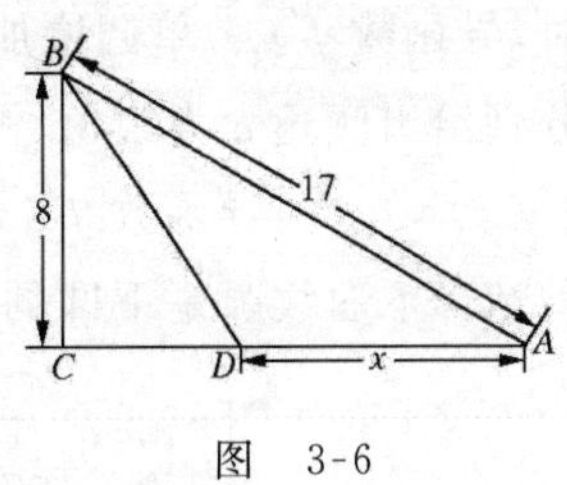

图　3-6

9. 欲用围墙围成面积为 216 m^2 的一块矩形土地，并在正中间用一堵墙将其隔成两块，问：这块土地的长和宽选取多大的尺寸，才能使用料最省？

B　组

1. 求使函数 $f(x)=x^3+3kx^2-kx-1$ 没有极值的实数 k 的取值范围.

2. 设函数 $f(x)=ax^3+bx^2+cx+5$ 在 $x=-2$ 时取极大值，在 $x=4$ 时取极小值，而极大值与极小值的差为 27，试确定 a,b,c 的值.

§3.4　曲线的凹向与拐点·函数作图

一、曲线的凹向与拐点

1. 凹向与拐点的定义

一条曲线不仅有上升和下降的问题，还有弯曲方向的问题. 讨论曲线的凹向就是讨论曲线的弯曲方向问题.

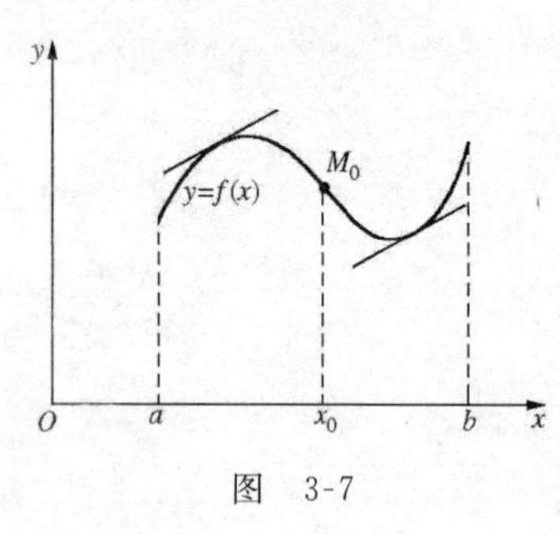

图　3-7

图 3-7 画出了区间(a,b)上的一段曲线弧，曲线上的点$M_0(x_0,f(x_0))$把曲线弧分为两段：在区间(a,x_0)内，曲线向下弯曲，称曲线下凹(或上凸)；在区间(x_0,b)内，曲线向上弯曲，称曲线上凹(或下凸). 我们进一步观察曲线的凹向与其切线的关系：曲线下凹时，过曲线上任一点作切线，切线在上面，而曲线在下面；而曲线上凹时，曲线与其切线的相对位置刚好相反. 由于在曲线上点$M_0(x_0,f(x_0))$的两侧，曲线的凹向不同，这样的点称为曲线的拐点，即拐点是扭转曲线弯曲方向的点.

定义 3.2　在区间 I 内，若曲线弧位于其上任一点切线的上方，则称曲线在该区间内是**上凹**(或**下凸**)的；若曲线弧位于其上任一点切线的下方，则称曲线在该区间内是**下凹**(或**上凸**)的. 曲线上，凹向不同的分界点称为曲线的**拐点**.

2. 凹向与拐点的判别法

设在区间 I 内有曲线弧 $y=f(x)$，α 表示曲线切线的倾角. 由定理 3.4 知，当 $f''(x)>0$ 时，导函数 $f'(x)$单调增加，从而切线斜率 $\tan\alpha$ 随 x 增加而由小变大. 图 3-8 中(a)，(b)，(c)分别给出倾角 α 为锐角、钝角和既可为锐角又可为钝角的情形. 这时，曲线弧是上凹的. 而当 $f''(x)<0$ 时，导函数 $f'(x)$单调减少，切线斜率 $\tan\alpha$ 随 x 增加而由大变小. 由图 3-9 知，这种情形下曲线弧是下凹的.

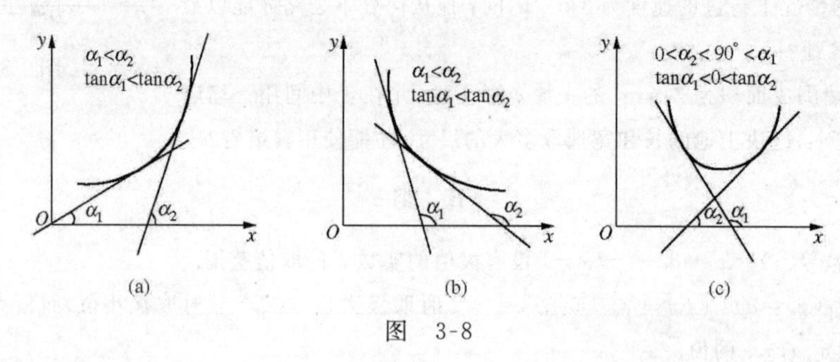

图　3-8

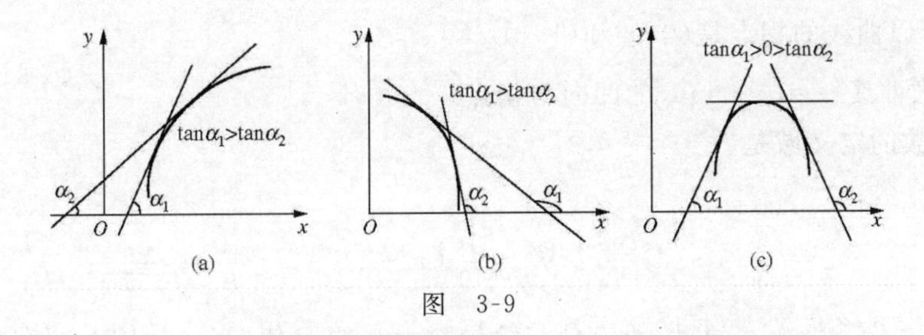

图 3-9

根据上述几何分析，有如下判定曲线凹向的定理：

定理 3.8 (判别凹向的充分条件) 在函数 $f(x)$二阶可导的区间 I 内，

(1) 若 $f''(x)>0$，则曲线 $y=f(x)$在 I 内**上凹**；

(2) 若 $f''(x)<0$，则曲线 $y=f(x)$在 I 内**下凹**.

既然拐点是曲线 $y=f(x)$上凹与下凹的分界点，若点$(x_0,f(x_0))$是曲线的拐点，且 $f''(x_0)$存在，依照定理 3.8，一定有 $f''(x_0)=0$.

另外，若曲线 $y=f(x)$在点 x_0 连续，当 $f''(x_0)$不存在($f'(x_0)$可以存在也可以不存在)时，点$(x_0,f(x_0))$也可能是曲线的拐点.

由定义 3.2 及定理 3.8 知，为了找出曲线 $y=f(x)$的拐点，并判别曲线的凹向，需先在函数 $f(x)$的连续区间内找出使$f''(x_0)=0$ 和 $f''(x_0)$不存在的点 x_0，然后在这样的点左右邻近判别二阶导数 $f''(x)$的符号：若异号，则在该点有拐点；否则，在该点就没有拐点. 与此同时，曲线的凹向区间也就确定了.

例 1 讨论曲线 $y=2x^3-x^4$ 的凹向与拐点.

解 函数的定义域是$(-\infty,+\infty)$.

求二阶导数：

$$y'=6x^2-4x^3,\quad y''=12x-12x^2=12x(1-x).$$

令 $y''=0$，解得 $x_1=0$，$x_2=1$.

用定理 3.8 判定：

$x_1=0$，$x_2=1$ 将定义域$(-\infty,+\infty)$分成三个部分区间：$(-\infty,0)$，$(0,1)$，$(1,+\infty)$. 列表①判定：

x	$(-\infty,0)$	0	$(0,1)$	1	$(1,+\infty)$
y''	$-$	0	$+$	0	$-$
y	$\cap$	拐点	$\cup$	拐点	$\cap$

由上表知，曲线在区间$(-\infty,0)$，$(1,+\infty)$内下凹，在区间 $(0,1)$内上凹. 因为 $y\Big|_{x=0}=0$，

① 表中符号"∩"表示曲线下凹，符号"∪"表示曲线上凹.

$y\Big|_{x=1}=1$，所以曲线的拐点是$(0,0)$和$(1,1)$.

例 2　求曲线 $y=(x-4)^{5/3}$ 的凹向与拐点.

解　函数的定义域是$(-\infty,+\infty)$.

求二阶导数：

$$y'=\frac{5}{3}(x-4)^{2/3},\quad y''=\frac{10}{9}(x-4)^{-1/3}=\frac{10}{9}\frac{1}{\sqrt[3]{x-4}}.$$

显然，没有使二阶导数为 0 的 x 值；当 $x=4$ 时，y'存在，而 y'' 不存在.

$x=4$ 将定义域$(-\infty,+\infty)$分成两个部分区间：$(-\infty,4)$，$(4,+\infty)$. 列表判定：

x	$(-\infty,4)$	4	$(4,+\infty)$
y''	$-$	不存在	$+$
y	$\cap$	拐点	$\cup$

曲线的凹向上表已给出. 由于 $y\Big|_{x=4}=0$，故点$(4,0)$是曲线的拐点(图 3-10).

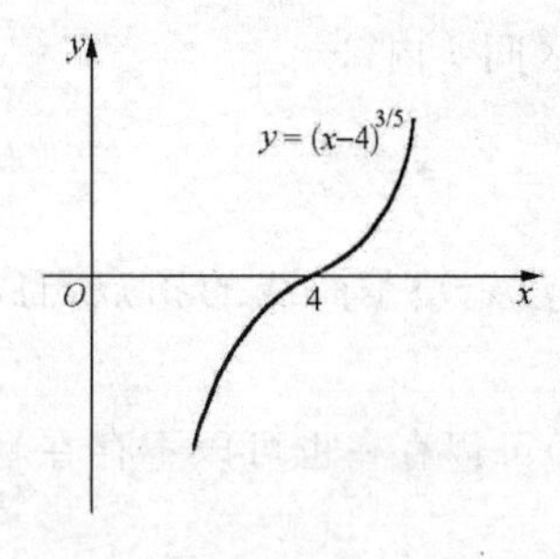

图　3-10

二、函数作图

描点作图是作函数图形的基本方法. 现在掌握了微分学的基本知识，如果先利用微分法讨论函数和曲线的性态，再描点作图，就能使作出的图形较为准确.

作函数的图形，一般**程序**如下：

(1) 确定函数的定义域、间断点，以明确图形的范围；

(2) 讨论函数的奇偶性、周期性，以判别图形的对称性、周期性；

(3) 考查函数曲线的渐近线，以把握曲线伸向无穷远的趋势；

(4) 确定函数的单调区间、极值点，确定函数曲线的凹向及拐点，以掌握图形的大致形状；

(5) 为了描点的需要，有时还要选出函数曲线上若干个点，特别是曲线与坐标轴的交点；

(6) 根据以上讨论，描点作出函数的图形.

例 3　作函数 $y=\dfrac{2x-1}{(x-1)^2}$ 的图形.

解　(1) 函数的定义域是$(-\infty,1)\cup(1,+\infty)$，$x=1$ 是间断点.

(2) 求渐近线：

$$\lim_{x\to\infty}\frac{2x-1}{(x-1)^2}=0,\quad \text{直线 } y=0 \text{ 为水平渐近线},$$

$$\lim_{x\to 1}\frac{2x-1}{(x-1)^2}=\infty,\quad \text{直线 } x=1 \text{ 为垂直渐近线}.$$

(3) 考查函数的单调性、极值，函数曲线的凹向及拐点：

$$y' = \frac{-2x}{(x-1)^3},\quad 令\ y' = 0，得\ x = 0，$$

$$y'' = \frac{4x+2}{(x-1)^4},\quad 令\ y'' = 0，得\ x = -\frac{1}{2}.$$

列表判定：

x	$\left(-\infty,-\frac{1}{2}\right)$	$-\frac{1}{2}$	$\left(-\frac{1}{2},0\right)$	0	(0,1)	1	$(1,+\infty)$
y'	−	−	−	0	+		−
y''	−	0	+	+	+		+
y	↘∩	$-\frac{8}{9}$ 拐点	↘∪	−1 极小值	↗∪	间断	↘∪

(4) 选点：

当 $x=1/2$ 时，$y=0$；

当 $x=2$ 时，$y=3$；

当 $x=3$ 时，$y=5/4$.

(5) 描点作图，见图 3-11.

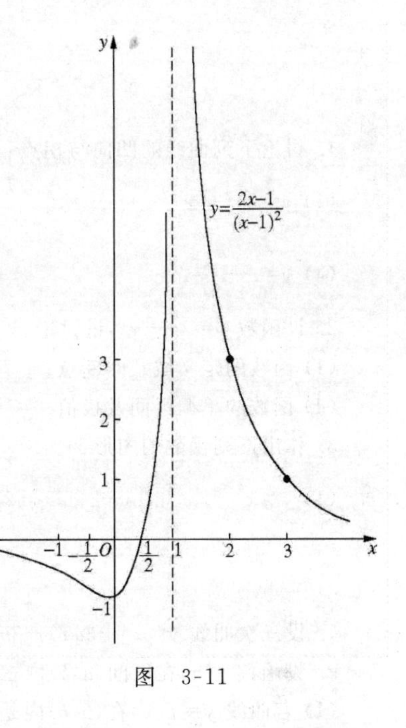

图　3-11

例 4　作函数 $y=\mathrm{e}^{-x^2}$ 的图形.

解　(1) 函数的定义域是$(-\infty,+\infty)$.

(2) 该函数为偶函数，图形关于 y 轴对称.

(3) 求渐近线：

$$\lim_{x\to\infty}\mathrm{e}^{-x^2} = 0,\quad 直线\ y = 0\ 为水平渐近线.$$

(4) 考查函数的单调性、极值，函数曲线的凹向及拐点：

$$y' = -2x\mathrm{e}^{-x^2},\quad y'' = 2\mathrm{e}^{-x^2}(2x^2-1).$$

由 $y'=0$ 得 $x_1=0$；由 $y''=0$ 得 $x_2=-\frac{\sqrt{2}}{2}$，$x_3=\frac{\sqrt{2}}{2}$. 列表

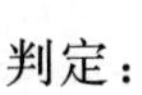

判定：

x	$\left(-\infty,-\frac{\sqrt{2}}{2}\right)$	$-\frac{\sqrt{2}}{2}$	$\left(-\frac{\sqrt{2}}{2},0\right)$	0	$\left(0,\frac{\sqrt{2}}{2}\right)$	$\frac{\sqrt{2}}{2}$	$\left(\frac{\sqrt{2}}{2},+\infty\right)$
y'	+	+	+	0	−	−	−
y''	+	0	−	−	−	0	+
y	↗∪	拐点	↗∩	极大值	↘∩	拐点	↘∪

由上表知，$y\Big|_{x=0}=1$ 是极大值. 因 $y\Big|_{x=\pm\frac{\sqrt{2}}{2}}=\mathrm{e}^{-1/2}$，故拐点是

$$\left(\frac{\sqrt{2}}{2},\mathrm{e}^{-1/2}\right)\quad 和\quad \left(-\frac{\sqrt{2}}{2},\mathrm{e}^{-1/2}\right).$$

(5) 描点作图，如图 3-12 所示.

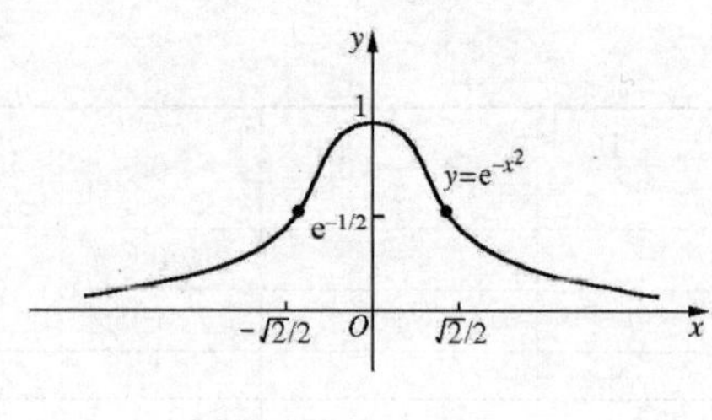

图　3-12

习　题　3.4

A　组

1. 讨论下列曲线的凹向与拐点：

(1) $y=2x^2-x^3$；　(2) $y=\ln(1+x^2)$；　(3) $y=\frac{1}{\sqrt{2\pi}}\mathrm{e}^{-x^2/2}$；

(4) $y=x+\frac{1}{x}$；　(5) $y=\frac{2x}{\ln x}$；　(6) $y=(x-4)^{5/3}$.

2. 设函数 $y=3x-x^3$，试讨论：

(1) 函数的定义域及间断点；　(2) 函数的奇偶性及周期性；　(3) 函数曲线的水平及垂直渐近线；

(4) 函数的单调区间及极值；　(5) 函数曲线的凹向与拐点；　(6) 描点作出函数的图形.

3. 作出下列函数的图形：

(1) $y=x^3-6x^2+9x-2$；　(2) $y=\frac{4(x+1)}{x^2}-2$；　(3) $y=\mathrm{e}^{1/x}$；　(4) $y=\frac{x}{1+x^2}$.

B　组

1. 设三次曲线 $y=x^3+3ax^2+3bx+c$ 在 $x=-1$ 处有极大值，(0,3)是它的拐点，试确定 a,b,c 的值.

2. 设函数 $f(x)$在区间(a,b)内二阶可导，证明：

(1) 若曲线 $y=f(x)$在(a,b)内是上凹的，则曲线 $y=\mathrm{e}^{f(x)}$ 在(a,b)内也是上凹的；

(2) 若 $f(x)$在(a,b)内恒正且曲线 $y=f(x)$是下凹的，则曲线 $y=\ln f(x)$在(a,b)内也是下凹的.

§3.5　边际·弹性·增长率

一、导数的经济解释——边际

由导数定义知，函数的导数是函数的变化率. 它实质上描述了由该函数所表示的那个事

物或现象的变化情况.

在经济分析中,通常用"边际"这个概念来描述一个变量 y 关于另一个变量 x 的变化情况."边际"表示在 x 的某一个值的"边缘上"y 的变化情况,即 x 从一个给定值发生微小变化时 y 的变化情况.显然,这是 y 的变化率,也就是变量 y 对变量 x 的导数.

对经济学中的函数而言,因变量对自变量的导数统称为"边际".例如,对于总成本函数 $C=C(Q)$,总成本 C 对产量 Q 的导数称为**边际成本函数**,记作 MC,即

$$MC=\frac{\mathrm{d}C}{\mathrm{d}Q}.$$

在§2.1中,我们由产品的生产成本问题引出了导数定义.由此可知,在产量为 Q_0 时的边际成本 $C'(Q_0)$,在经济学中表示生产第 Q_0 个单位产品的**生产成本**.

例1 已知总成本函数

$$C=C(Q)=Q^3-12Q^2+60Q+800,$$

求边际成本函数及产量为3时的边际成本,并做出经济解释.

解 边际成本函数为

$$MC=\frac{\mathrm{d}C}{\mathrm{d}Q}=3Q^2-24Q+60.$$

当 $Q=3$ 时,边际成本为

$$MC=3\times3^2-24\times3+60=15.$$

这表明,生产第3个单位产品,总成本将增加15个单位,即生产第3个单位产品的生产成本为15.

同样,对于总收益函数 $R=R(Q)$,R 对 Q 的导数称为 R 关于销量 Q 的**边际收益**,记作 MR,即

$$MR=\frac{\mathrm{d}R}{\mathrm{d}Q}.$$

自然,边际收益 $R'(Q_0)$ 就是销售第 Q_0 个单位产品的销售收益.

二、函数的弹性及其经济意义

1. 函数弹性的概念

对于函数 $y=f(x)$,当自变量从 x 起改变了 Δx 时,其自变量的**相对改变量**是 $\dfrac{\Delta x}{x}$,函数 $f(x)$ **对应的相对改变量**则是 $\dfrac{f(x+\Delta x)-f(x)}{f(x)}$.函数的弹性是为了考查相对变化而引入的.

定义 3.3 设函数 $y=f(x)$ 在点 x 可导,则极限

$$\lim_{\Delta x\to0}\frac{\dfrac{f(x+\Delta x)-f(x)}{f(x)}}{\dfrac{\Delta x}{x}}=\lim_{\Delta x\to0}\frac{x}{f(x)}\,\frac{f(x+\Delta x)-f(x)}{\Delta x}=x\,\frac{f'(x)}{f(x)}$$

称为函数 $f(x)$**在点 x 的弹性**，记作 $\frac{Ey}{Ex}$ 或 $\frac{Ef(x)}{Ex}$，即

$$\frac{Ey}{Ex}=x\frac{f'(x)}{f(x)}=\frac{x}{f(x)}\cdot\frac{\mathrm{d}f(x)}{\mathrm{d}x}.$$

由于函数的弹性 $\frac{Ey}{Ex}$ 是就自变量 x 与因变量 y 的相对变化而定义的，它表示函数 $y=f(x)$在点 x 的相对变化率，因此它与任何度量单位无关.

例 2　求函数 $f(x)=ax^{\alpha}$ 的弹性.

解　由于 $f'(x)=a\alpha x^{\alpha-1}$，所以

$$\frac{E(ax^{\alpha})}{Ex}=x\frac{a\alpha x^{\alpha-1}}{ax^{\alpha}}=\alpha.$$

2. 弹性的经济意义

1）需求价格弹性

我们以需求函数的弹性来说明弹性的经济意义. 设需求函数为

$$Q=\varphi(P).$$

按函数弹性的定义，需求函数的弹性应定义为

$$\frac{P}{Q}\cdot\frac{\mathrm{d}Q}{\mathrm{d}P}=P\frac{\varphi'(P)}{\varphi(P)}.\tag{3.1}$$

由于上式是描述需求量 Q 对价格 P 的相对变化率，通常称上式为**需求函数在点 P 的需求价格弹性**，简称为**需求价格弹性**，记作 E_{d}.

一般情况下，因 $P>0$，$\varphi(P)>0$，而 $\varphi'(P)<0$（因假设 $\varphi(P)$是单调减少函数，见图 1-21)，所以 E_{d} 是负数：

$$E_{\mathrm{d}}=P\frac{\varphi'(P)}{\varphi(P)}<0.$$

需求函数在点 P 的需求价格弹性的经济意义是：**在价格为 P 时，如果价格提高或降低 1%，需求量由 Q 起，减少或增加的百分数(近似地)是**$|E_{\mathrm{d}}|$. 因此，需求价格弹性反映了价格变动时需求量变动对价格变动的灵敏程度.

在经济分析中，应用商品的需求价格弹性，可以指明当价格变动时，销售总收益的变动情况.

设 $Q=\varphi(P)$是需求函数，将总收益 R 表示为 P 的函数：

$$R=R(P)=PQ=P\varphi(P).$$

R 对 P 的导数是 R 关于价格 P 的边际收益：

$$\frac{\mathrm{d}R}{\mathrm{d}P}=\frac{\mathrm{d}}{\mathrm{d}P}[P\varphi(P)]=\varphi(P)+P\varphi'(P)=\varphi(P)\left[1+P\frac{\varphi'(P)}{\varphi(P)}\right],$$

即

$$\frac{\mathrm{d}R}{\mathrm{d}P}=\varphi(P)(1+E_{\mathrm{d}}).\tag{3.2}$$

上式给出了关于价格的边际收益与需求价格弹性之间的关系.

(1) 当 $E_{\mathrm{d}}>-1$ 或 $|E_{\mathrm{d}}|<1$ 时,称需求是**低弹性**的. 这种情况下,价格提高(或降低)1%,而需求量减少(或增加)低于1%. 由(3.2)式知,当 $E_{\mathrm{d}}>-1$ 时,$\frac{\mathrm{d}R}{\mathrm{d}P}>0$,从而总收益函数 $R=R(P)$ 是单调增加函数. 这时,总收益随价格的提高而增加. 换句话说,当需求是低弹性时,由于需求量下降的幅度小于价格提高的幅度,因而提高价格可使总收益增加.

(2) 当 $E_{\mathrm{d}}<-1$ 或 $|E_{\mathrm{d}}|>1$ 时,称需求是**弹性**的. 这时,价格提高(或降低)1%,而需求量减少(或增加)大于1%. 由(3.2)式知,当 $E_{\mathrm{d}}<-1$ 时,$\frac{\mathrm{d}R}{\mathrm{d}P}<0$,$R=R(P)$ 是单调减少函数. 在这种情况下,提高价格,总收益将随之减少. 这是因为,需求是弹性的,需求量下降的幅度大于价格提高的幅度.

(3) 若 $E_{\mathrm{d}}=-1$ 或 $|E_{\mathrm{d}}|=1$ 时,称需求是**单位弹性**的,即价格提高(或降低)1%,而需求量恰减少(或增加)1%. 由(3.2)式知,当 $E_{\mathrm{d}}=-1$ 时,$\frac{\mathrm{d}R}{\mathrm{d}P}=0$. 这时,总收益达到最大.

以上分析说明,测定商品的需求价格弹性,对进行市场分析,确定或调节商品的价格有参考价值.

例3 设某商品的需求函数为

$$Q=400-100P,$$

求 $P=0.8,2,3$ 时的需求价格弹性,并做出经济解释.

解 由 $\frac{\mathrm{d}Q}{\mathrm{d}P}=-100$ 得

$$E_{\mathrm{d}}=\frac{P}{Q}\frac{\mathrm{d}Q}{\mathrm{d}P}=-\frac{100P}{400-100P}=-\frac{P}{4-P}.$$

当 $P=0.8$ 时,$E_{\mathrm{d}}=-0.25$,需求是低弹性的. 当 $P=0.8$ 时,$Q=320$. 这说明,在价格 $P=0.8$ 时,若价格提高或降低1%,需求量 Q 将由320起减少或增加0.25%. 这时,若提高价格,总收益将随之增加.

当 $P=2$ 时,$E_{\mathrm{d}}=-1$,需求是单位弹性的. 当 $P=2$ 时,$Q=200$. 这说明,在价格 $P=2$ 时,若价格提高或降低1%,需求量 Q 将由200起减少或增加1%. 这时,即 $P=2$ 时,总收益取最大值.

当 $P=3$ 时,$E_{\mathrm{d}}=-3$,需求是弹性的. 当 $P=3$ 时,$Q=100$. 这说明,在价格 $P=3$ 时,若价格提高或降低1%,需求量 Q 将由100起减少或增加3%. 这时,若提高价格,总收益将随之减少.

2) 其他函数的弹性

若 $Q=f(P)$ 为供给函数,则**供给价格弹性**定义为

$$E_{\mathrm{s}}=\frac{P}{Q}\cdot\frac{\mathrm{d}Q}{\mathrm{d}P}=P\frac{f'(P)}{f(P)}.$$

一般情况,因为假设供给函数 $Q=f(P)$ 是单调增加的,$f'(P)>0,P>0,f(P)>0$,所以供给价格弹性 E_s 取正值.供给价格弹性简称为**供给弹性**.

例 4　已知某种商品的供给函数为

$$Q=f(P)=-30+5P,$$

求价格 $P=8$ 时的供给价格弹性 E_s,并说明其经济意义.

解　由于 $\frac{\mathrm{d}Q}{\mathrm{d}P}=f'(P)=5$,所以

$$E_s=P\frac{f'(P)}{f(P)}=P\frac{5}{-30+5P}=\frac{P}{P-6}.$$

于是,当 $P=8$ 时,$E_s=4$. 当 $P=8$ 时,$Q=10$. 这说明,在价格 $P=8$ 时,若价格提高或降低 1%,则供给量将由 10 起增加或减少 4%.

经济领域中的任何函数都可类似地定义弹性.

三、增长率

这里,讨论以时间 t 为自变量的函数 $y=f(t)$.

定义 3.4　设函数 $y=f(t)$ 在点 t 可导,则极限

$$\lim_{\Delta t\to 0}\frac{\frac{f(t+\Delta t)-f(t)}{f(t)}}{\Delta t}=\frac{f'(t)}{f(t)}=\frac{1}{y}\cdot\frac{\mathrm{d}y}{\mathrm{d}t}$$

称为函数 $f(t)$ **在时间点 t 的瞬时增长率**,简称为**增长率**.

显然,函数 $y=f(t)$ 的增长率是时间 t(自变量)的函数,而对于函数

$$y=A_0\mathrm{e}^{rt},$$

由于

$$\frac{1}{y}\cdot\frac{\mathrm{d}y}{\mathrm{d}t}=\frac{A_0r\mathrm{e}^{rt}}{A_0\mathrm{e}^{rt}}=r,$$

因此它在任意时刻 t 都是以常数增长率 r 增长的.

这样,在§1.5 中的关系式(1.15),即

$$A_t=A_0\mathrm{e}^{rt},$$

就不仅可作为连续复利公式,在经济学中还有广泛应用.例如,企业的资金、投资、国民收入、劳动力等这些变量都是时间 t 的函数,若这些变量在一个较长的时间内以常数增长率 r 增长,则都可用上述公式来描述.

若函数 $y=A_0\mathrm{e}^{rt}$ 中的 r 取负值时也认为是增长率,这是负增长,这时称 r 为**衰减率**. 在§1.5 中的贴现问题就是负增长情形.

例 5　某国现有劳动力 5000 万,预计在今后 20 年内劳动力每年增长 2%. 问:按预计,20 年后将有多少劳动力?

解　设以 L_t 表示 t 年末的劳动力,依题意有公式 $L_t=L_0\mathrm{e}^{rt}$,其中

$$L_0=5000,\quad r=0.02,\quad t=20.$$

于是,20 年后将有劳动力为

$$L_{20} = 5000e^{0.02\times 20} \approx 5000 \times 1.49183 = 7459.15\text{(单位：万)}.$$

习 题 3.5

1. 已知生产某种产品的总成本函数为 $C(Q)=Q^3+Q^2+1000$,试求边际成本函数 MC,并求 $MC\Big|_{Q=10}$.

2. 已知某产品的总收益函数为 $R=10Q-0.04Q^2$,求边际收益函数 MR 及销量 $Q=100$ 时的边际收益.

3. 求下列函数的弹性:

(1) $y=ax+b$;　　(2) $y=Ae^{ax}$.

4. 设某产品的需求函数为 $Q=100e^{-2P}$,试求:

(1) 需求价格弹性 E_d;　　(2) 当 $P=\frac{1}{2}$,2 时的需求价格弹性,并做出经济解释.

5. 设某商品的需求函数为 $Q=50-5P$,试求:

(1) 当需求量 $Q=20$ 时的总收益、平均收益及边际收益;

(2) 需求价格弹性 E_d 及当 $P=2,5,6$ 时的需求价格弹性;

(3) 当需求量 Q 为多少时,总收益最大及最大收益?

6. 设某商品的供给函数为 $Q=-2+2P$,求价格 $P=5$ 时的供给价格弹性 E_s,并说明其经济意义.

7. 世界人口数在 1930 年约为 20 亿,在 1960 年约为 30 亿. 设人口数以常数增长率增长,问: 2010 年时的人口数约为多少?

8. 若世界上可耕种的土地由于气候条件以每年 1.2% 的速度被侵蚀,问: 现在数量为 A 的可耕种的土地,多少年后将剩下一半?

§3.6 极值的经济应用

利用微分法求解经济领域中的极值问题是微分学在经济决策和计量方面的重要应用. 本节讨论利润最大、收益最大、平均成本最低、存货总费用最小等问题.

一、利润最大问题

前面已讲述,在假设产量与销量一致的情况下,总利润函数定义为总收益函数 $R(Q)$ 与总成本函数 $C(Q)$ 之差(见(1.9)式),即

$$\pi = \pi(Q) = R(Q) - C(Q).$$

若企业主以**利润最大为目标**而控制产量,则应**选择产量 Q 的值**,使目标函数 $\pi=\pi(Q)$ 取最大值.

假若产量为 Q_0 时可达此目的,根据极值存在的必要条件(定理 3.5)和充分条件(定理 3.7),应有

$$\left.\frac{\mathrm{d}\pi}{\mathrm{d}Q}\right|_{Q=Q_0} = R'(Q_0) - C'(Q_0) = 0,$$

$$\left.\frac{\mathrm{d}^2\pi}{\mathrm{d}Q^2}\right|_{Q=Q_0} = R''(Q_0) - C''(Q_0) < 0.$$

上两式可写作:当 $Q=Q_0$ 时,

$$MR = MC, \tag{3.3}$$

$$\frac{\mathrm{d}(MR)}{\mathrm{d}Q} < \frac{\mathrm{d}(MC)}{\mathrm{d}Q}. \tag{3.4}$$

(3.3)式表明,边际收益等于边际成本,它是厂商实现利润最大化的均衡条件.(3.4)式表明,边际收益的变化率小于边际成本的变化率.综合(3.3)式和(3.4)式,关于利润最大化有下述**结论**:

产量水平能使**边际收益等于边际成本**,且边际收益曲线的斜率小于边际成本曲线的斜率时,厂商才能获得最大利润.

例 1 已知某商品的需求函数和总成本函数分别为

$$Q = 1000 - 100P, \quad C = 1000 + 3Q,$$

求利润最大时的产出水平、商品的价格和利润.

解 由需求函数得价格函数

$$P = 10 - \frac{Q}{100},$$

所以总收益函数(见(1.5)式)为

$$R = PQ = \left(10 - \frac{Q}{100}\right)Q = 10Q - \frac{Q^2}{100},$$

从而利润函数(见(1.9)式)为

$$\pi = R - C = 10Q - \frac{Q^2}{100} - 1000 - 3Q$$

$$= -\frac{Q^2}{100} + 7Q - 1000, \quad Q \in [0, 1000].$$

令 $\frac{\mathrm{d}\pi}{\mathrm{d}Q} = -\frac{Q}{50} + 7 = 0$,得 $Q=350$. 又

$$\frac{\mathrm{d}^2\pi}{\mathrm{d}Q^2} = -\frac{1}{50} < 0 \quad (Q\text{为任何值时}),$$

故利润最大时的产出水平是 $Q=350$. 这时,商品的价格为

$$P\Big|_{Q=350} = \left(10 - \frac{Q}{100}\right)\Big|_{Q=350} = 6.5,$$

最大利润为

$$\pi\Big|_{Q=350}=\left(-\frac{Q^2}{100}+7Q-1000\right)\Big|_{Q=350}=225.$$

例 2 某旅行社组织风景区旅游团，若每团人数不超过 30 人，飞机票每张收费 900 元；若每团人数多于 30 人，则给予优惠，每多 1 人，机票每张减少 10 元，直至每张机票降为 450 元. 每团乘飞机时，旅行社需付给航空公司包机费 15000 元.

(1) 写出飞机票的价格函数；

(2) 每团人数为多少时，旅行社可获得最大利润？最大利润是多少？

解 依题意，对旅行社而言，机票收入是收益，付给航空公司的包机费是成本. 设 x 表示每团人数，P 表示飞机票的价格.

(1) 因为 $\dfrac{900-450}{10}=45$，所以每团人数最多为 $30+45=75$ 人. 故飞机票的价格函数为

$$P=\begin{cases}900, & 1\leqslant x\leqslant 30,\\ 900-10(x-30), & 30<x\leqslant 75\end{cases}\quad (x\text{ 取正整数}).$$

(2) 旅行社的利润函数为

$$\begin{aligned}\pi=\pi(x)&=xP-15000\\&=\begin{cases}900x-15000, & 1\leqslant x\leqslant 30,\\ 900x-10(x-30)x-15000, & 30<x\leqslant 75.\end{cases}\end{aligned}$$

因 $\pi'(x)=\begin{cases}900,\\ 1200-20x,\end{cases}$ 故由 $\pi'(x)=0$ 得 $x=60$. 又 $\pi''(60)=-20<0$，所以 $x=60$ 时，利润达极大值，也是最大值，即每团 60 人时，旅行社可获最大利润，最大利润是

$$\pi(60)=21000\ (\text{单位：元}).$$

二、收益最大问题

若企业主的**目标是获得最大收益**，这时应以总收益函数 $R=PQ$ 作为目标函数而**决策产量 Q 或决策产品的价格**.

若产品以固定价格 P 销售，则销售量越多，总收益越多，没有最大值问题. 现设需求函数 $Q=\varphi(P)$ 是单调减少的，则总收益函数(见(1.5)式)为

$$R=R(Q)=\varphi^{-1}(Q)Q.$$

我们考虑这种情况下的最大值问题.

例 3 一厂商的需求函数为 $Q=60-5P$，试求收益最大时的价格 P 与需求量 Q.

解 由需求函数得价格函数 $P=12-\dfrac{1}{5}Q$. 将总收益 R 表示为需求量 Q 的函数：

$$R=PQ=\left(12-\frac{1}{5}Q\right)Q=12Q-\frac{1}{5}Q^2.$$

由 $\dfrac{\mathrm{d}R}{\mathrm{d}Q}=12-\dfrac{2}{5}Q=0$ 得 $Q=30$. 又

$$\frac{\mathrm{d}^2 R}{\mathrm{d}Q^2} = -\frac{2}{5} < 0,$$

所以当 $Q=30, P=12-\frac{1}{5}\times 30=6$ 时,收益最大.

三、平均成本最低问题

设厂商的总成本函数为 $C=C(Q)$. 若厂商以**平均成本最低为目标**,而**控制产量水平**,这是求平均成本函数 $AC=\frac{C(Q)}{Q}$ 的最小值问题.

例 4　设某企业的总成本函数为

$$C = C(Q) = 6Q^2 + 18Q + 54.$$

(1) 求平均成本最低时的产出水平及最低平均成本;

(2) 求平均成本最低时的边际成本,并与最低平均成本作比较.

解　(1) 由总成本函数得平均成本函数

$$AC = \frac{C(Q)}{Q} = 6Q + 18 + \frac{54}{Q}.$$

由 $\frac{\mathrm{d}(AC)}{\mathrm{d}Q}=6-\frac{54}{Q^2}=0$ 可解得 $Q=3$ ($Q=-3$ 舍去). 又

$$\frac{\mathrm{d}^2(AC)}{\mathrm{d}Q^2} = \frac{108}{Q^3}, \quad \left.\frac{\mathrm{d}^2(AC)}{\mathrm{d}Q^2}\right|_{Q=3} > 0,$$

所以当产出水平 $Q=3$ 时,平均成本最低,最低平均成本为

$$AC\Big|_{Q=3} = 6\times 3 + 18 + \frac{54}{3} = 54.$$

(2) 由总成本函数得边际成本函数

$$MC = 12Q + 18.$$

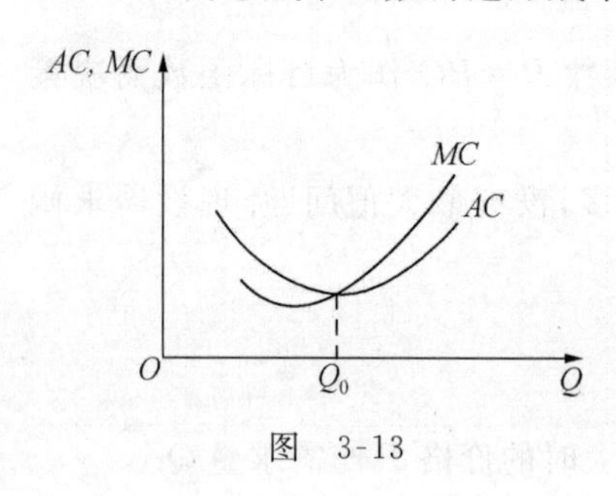

图　3-13

平均成本最低时的产出水平为 $Q=3$,这时的边际成本为

$$MC\Big|_{Q=3} = 12\times 3 + 18 = 54.$$

由以上计算知,**平均成本最低时的边际成本与最低平均成本相等,都为** 54. 这一结果不是偶然的,在产出水平 Q_0 能使平均成本最低时,必然有平均成本等于边际成本(图 3-13).

四、存货总费用最小问题

存贮在社会的各个系统中都是一个重要问题. 这里,只讲述最简单的库存模型,即"成批到货,一致需求,不许缺货"的库存模型.

所谓“成批到货”，就是工厂生产的每批产品，先整批存入仓库；“一致需求”，就是市场对这种产品的需求在单位时间内数量相同，因而产品由仓库均匀提取投放市场；“不许缺货”，就是当前一批产品由仓库提取完后，下一批产品立即进入仓库.

在这种假设下，仓库的库存水平变动情况如图 3-14 所示. 规定仓库的平均库存量为每批产量的一半.

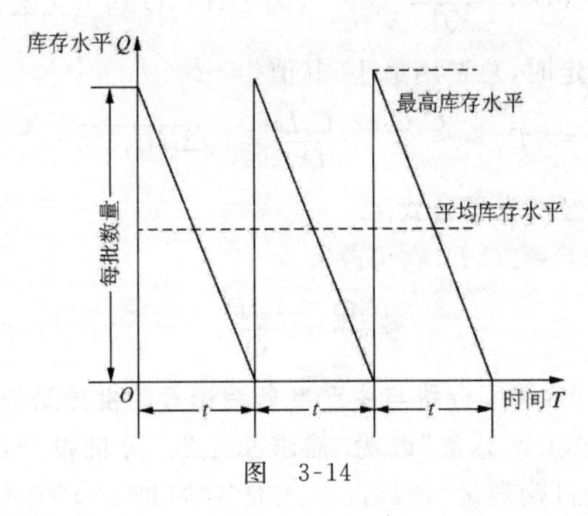

图 3-14

现假设在一个计划期内，

(1) 工厂生产总量为 D；

(2) 分批投产，每批的生产数量即批量为 Q；

(3) 每批生产准备费为 C_1；

(4) 每件产品的库存费为 C_2，且按批量的一半，即 $\frac{Q}{2}$ 收取库存费；

(5) 存货总费用是库存费与生产准备费之和，记作 E.

我们的问题是：如何**决策批量** Q，以使**存货总费用** E **取最小值**？

先建立目标函数——总费用函数. 依题设，在一个计划期内，有

$$库存费=每件产品的库存费\times批量的一半=C_2\frac{Q}{2},$$

$$生产准备费=每批生产准备费\times生产批数=C_1\frac{D}{Q}.$$

于是，总费用函数为

$$E=E(Q)=\frac{Q}{2}C_2+\frac{D}{Q}C_1,\quad Q\in(0,D].$$

实际上，上式中的 Q 只能取区间 $(0,D]$ 中 D 的整数因子. 根据极值存在的必要条件，有

$$E'(Q)=\frac{C_2}{2}-\frac{C_1D}{Q^2}=0,$$

即

$$C_2Q^2=2C_1D, \tag{3.5}$$

可解得

$$Q_0=\sqrt{\frac{2C_1D}{C_2}}\quad(\text{只取正值}).\tag{3.6}$$

根据极值存在的充分条件：

$$E''(Q)=\frac{2C_1D}{Q^3}>0\quad(\text{因 } D,C_1,Q \text{ 均为正数}),$$

所以当批量由(3.6)式确定时，总费用最小，其值为

$$E_0=\frac{C_2Q_0}{2}+\frac{C_1D}{Q_0}=\sqrt{2DC_1C_2}.$$

表达式(3.6)式称为**经济批量公式**.

注意到(3.5)式：$C_2Q^2=2C_1D$，它可改写为

$$\frac{C_2Q}{2}=\frac{C_1D}{Q}.$$

该式表明，在一个计划期内，**使库存费与生产准备费相等的批量是经济批量**.

在上述问题中，若把"生产总量"改为"需求总量"，"分批投产，每批生产数量(即批量Q)"改为"分批订购，每批订购数量"，"每批生产准备费(即C_1)"改为"每次订购费"，则该问题就是：在一个计划期内，如何**决策每批订购数量，使订购费用与库存费用之和最小**？

例5 某商店每月可销售某种商品24000件，每件商品每月的库存费为4.8元. 商店分批进货，每批订购费为3600元. 市场对该商品一致需求，不许缺货. 试决策最优进货批量，并计算每月最小的订购费与库存费之和.

解 由题设知 $D=24000$ 件，$C_1=3600$ 元，$C_2=4.8$ 元.

每月总费用 E 与每批订购件数 Q 的关系为

$$E=\frac{Q}{2}\times4.8+\frac{24000}{Q}\times3600.$$

由(3.6)式知，最优进货批量为

$$Q_0=\sqrt{\frac{2\times3600\times24000}{4.8}}=6000\ (\text{单位：件}),$$

于是每月最小的订购费与库存费用即最小总费用为

$$E_0=\frac{6000}{2}\times4.8+\frac{24000}{6000}\times3600=14400+14400=28800\ (\text{单位：元}).$$

习 题 3.6

A 组

1. 设总收益函数与总成本函数分别为

$$R=R(Q)=33Q-4Q^2,\quad C=C(Q)=Q^3-9Q^2+36Q+6,$$

求利润最大时的产量、价格和利润.

2. 设某产品的需求函数为 $Q=125-P$,生产该产品的固定成本为 100,且每多生产一个产品,成本增加 3.

(1) 求产量 $Q=10$ 时的总成本、平均成本和边际成本;

(2) 产量 Q 为多少时利润最大? 求出最大利润.

3. 设某企业的总成本函数为 $C=0.3Q^2+9Q+30$.

(1) 求平均成本最低时的产出水平及最低平均成本;

(2) 求平均成本最低时的边际成本,并与最低平均成本作比较.

4. 设某商品的需求函数为 $Q=75-P^2$,试确定商品的价格 P 和需求量 Q,使总收益最大.

5. 某厂每年生产甲产品 100 万件,分批生产并全部存入仓库,均匀投放市场,市场不许缺货.若每次开工的生产准备费为 1000 元,每件产品的年库存费为 0.05 元,问:应分几批生产,可使年生产准备费及库存费之和最小?

B　组

1. 若某商品每件定价 350 元,则一个月的销售量为 200 件.据市场调查估计,假若每件每降低 10 元,则一个月可多销出 20 件.在此情形下,每件售价定为多少元可获最大销售额? 最大销售额是多少?

2. 某厂生产某种产品,固定成本为 20000 元,每生产一台产品,成本增加 100 元.已知总收益 R 是年产量 Q 的函数:

$$R=\begin{cases}400Q-\dfrac{1}{2}Q^2, & 0\leqslant Q\leqslant 400,\\ 80000, & Q>400.\end{cases}$$

问:每年生产多少台产品总利润最大? 最大利润是多少?

3. 有一批玩具进货每件 3 元,若售价定为 4 元,估计可卖出 400 件;而单价销售每降低 0.05 元,则可多卖出 40 件.问:应进货多少件,每件售价多少元可获最大利润? 最大利润是多少?

4. 设某厂商的总收益函数和总成本函数分别为

$$R(Q)=20Q-Q^2,\quad C(Q)=\frac{1}{3}Q^3-6Q^2+29Q+15.$$

(1) 求收益最大时的产量、价格、总收益和总利润;

(2) 求利润最大时的产量、价格、总收益和总利润.

5. 设某企业的需求函数和平均成本函数分别为

$$P=30-0.75Q,\quad AC=\frac{30}{Q}+9+0.3Q.$$

(1) 求相应的产出水平,使得

(i) 收益最大;　(ii) 平均成本最低;　(iii) 利润最大.

(2) 在下列情况下,试求获得最大利润的产出水平:

(i) 政府所征收的一次总付税款为 10 单位货币;

(ii) 政府对企业每单位产品征收的税款为 8.4 单位货币;

(iii) 政府给予企业每单位产品的补贴为 4.2 单位货币.

总习题三

单项选择题：

1. 设函数 $f(x)$在区间(a,b)内可导，x_1 和 x_2 是(a,b)内的任意两点，且 $x_1<x_2$，则至少存在一点 ξ，使得(　　)成立.

(A) $f(b)-f(a)=f'(\xi)(b-a)$，$\xi\in(a,b)$；

(B) $f(b)-f(x_1)=f'(\xi)(b-x_1)$，$\xi\in(x_1,b)$；

(C) $f(x_2)-f(x_1)=f'(\xi)(x_2-x_1)$，$\xi\in(x_1,x_2)$；

(D) $f(x_2)-f(a)=f'(\xi)(x_2-a)$，$\xi\in(a,x_2)$.

2. 设函数 $f(x)$在区间$[a,b]$$(a>0)$上二阶可导，且 $xf''(x)-f'(x)>0$，则函数 $\dfrac{f'(x)}{x}$ 在$[a,b]$上是(　　).

(A) 单调增加的；　　(B) 单调减少的；

(C) 先增加后减少的；　　(D) 先减少后增加的.

3. 设函数 $f(x)$在点 x_0 可导，则 $f'(x_0)=0$ 是 $f(x)$在点 x_0 取得极值的(　　).

(A) 必要条件但非充分条件；　　(B) 充分条件但非必要条件；

(C) 充分必要条件；　　(D) 无关条件.

4. 设函数 $f(x)$在点 x_0 二阶可导，且 $f'(x_0)=0$，$f''(x_0)=0$，则 $f(x)$在 $x=x_0$ 处(　　).

(A) 一定有极大值；　　(B) 一定有极小值；

(C) 不一定有极值；　　(D) 一定没有极值.

5. 设函数 $f(x)$在区间 I 内总有 $f'(x)>0$，$f''(x)<0$，则曲线 $y=f(x)$在 I 内(　　).

(A) 单调上升且上凹；　　(B) 单调上升且下凹；

(C) 单调下降且上凹；　　(D) 单调下降且下凹.

6. 若 $\lim\limits_{x\to a}\dfrac{f(x)-f(a)}{(x-a)^2}=-1$，则在 $x=a$ 处(　　).

(A) $f'(a)$不存在；　　(B) $f'(a)$存在且 $f'(a)\neq0$；

(C) $f(x)$取极小值；　　(D) $f(x)$取极大值.

第四章　不定积分

研究积分的性质、运算及其应用的科学称为积分学.一元函数积分学包括两部分内容：不定积分与定积分，其中的不定积分是作为微分法的逆运算引入的.本章讲述不定积分的概念、性质和求不定积分的基本方法.

§4.1　不定积分的概念与性质

一、不定积分的概念

1. 原函数

1）原函数的定义

微分法是研究如何从已知函数求出其导函数，那么与之相反的问题是：求一个未知的函数，使其导函数恰好是某一个已知的函数.

例如，若已知函数 $F(x)=\sin x$，要求它的导函数，则是

$$F'(x)=(\sin x)'=\cos x,$$

即 $\cos x$ 是 $\sin x$ 的导函数.这个问题是已知函数 $F(x)$，要求它的导函数 $F'(x)$.

现在的问题是：已知函数 $\cos x$，要求一个函数，使其导函数恰是 $\cos x$.这个问题是已知导函数 $F'(x)$，要还原函数 $F(x)$.显然，这是微分法的逆问题.

由于 $(\sin x)'=\cos x$，我们可以说，要求的这个函数是 $\sin x$，因为它的导函数恰好是已知的函数 $\cos x$.这时，称 $\sin x$ 是函数 $\cos x$ 的一个原函数.

定义 4.1　在某区间 I 上，若有

$$F'(x)=f(x)\quad 或\quad \mathrm{d}F(x)=f(x)\mathrm{d}x,$$

则称函数 $F(x)$ 是函数 $f(x)$ 在该区间上的**一个原函数**.

例如，因为 $\left(\frac{1}{3}x^3\right)'=x^2$ 对区间 $(-\infty,+\infty)$ 上的任意 x 都成立，所以 $\frac{1}{3}x^3$ 是函数 x^2 在区间 $(-\infty,+\infty)$ 上的一个原函数.

又如，因为 $(\arcsin x)'=\frac{1}{\sqrt{1-x^2}}$ 对区间 $(-1,1)$ 上的任意 x 都成立，所以 $\arcsin x$ 是函数 $\frac{1}{\sqrt{1-x^2}}$ 在区间 $(-1,1)$ 上的一个原函数.

设 C 是任意常数，因为 $\left(\frac{1}{3}x^3+C\right)'=x^2$，所以 $\frac{1}{3}x^3+C$ 也是 x^2 的原函数，其中 C 每取

定一个实数,就得到 x^2 的一个原函数,从而 x^2 有无穷多个原函数.

2) 原函数的性质

原函数具有如下**性质**:

若函数 $F(x)$是函数 $f(x)$的一个原函数,即 $F'(x)=f(x)$,则

(1) 对任意常数 C,函数族 $F(x)+C$ 也是函数 $f(x)$的原函数;

(2) 若 $G(x)$也是 $f(x)$的一个原函数,即 $G'(x)=f(x)$,由拉格朗日中值定理的推论 2 有

$$G(x) = F(x) + C,$$

即函数 $f(x)$的任意两个原函数之间仅相差一个常数.

上述事实表明,若一个函数有原函数存在,则它必有无穷多个原函数;**若函数 $F(x)$是其中的一个,则这无穷多个原函数都可写成 $F(x)+C$ 的形式**.由此,若要把已知函数的所有原函数求出来,只需求出其中的任意一个,由它加上各个不同的常数便得到所有的原函数.

关于原函数存在问题,这里先给出结论,下一章将给出证明:

若函数 $f(x)$在区间 I 上**连续**,则它在该区间上**存在原函数**.

由于初等函数在其有定义的区间上是连续的,所以每个初等函数在其有定义的区间上都有原函数.

2. 不定积分

定义 4.2　函数 $f(x)$的所有原函数称为 $f(x)$的**不定积分**,记作

$$\int f(x)\mathrm{d}x,$$

其中符号 $\int$ 称为**积分号**,$f(x)$称为**被积函数**,$f(x)\mathrm{d}x$ 称为**被积表达式**,x 称为**积分变量**.

由该定义可知,若 $F(x)$ 是 $f(x)$的一个原函数,则

$$\int f(x)\mathrm{d}x = F(x) + C,$$

这里 C 可取一切实数值,称它为**积分常数**.

例如,根据前面所述,有

$$\int \cos x \mathrm{d}x = \sin x + C,$$

$$\int \frac{1}{\sqrt{1-x^2}}\mathrm{d}x = \arcsin x + C,$$

$$\int x^2 \mathrm{d}x = \frac{1}{3}x^3 + C.$$

最后一式可推广为

$$\int x^\alpha \mathrm{d}x = \frac{1}{\alpha+1}x^{\alpha+1} + C \quad (\alpha \neq -1).$$

例 1 求 $\int a^x \mathrm{d}x\ (a>0, a\neq 1)$.

解 被积函数为 $f(x)=a^x$. 因为 $(a^x)'=a^x\ln a$, 故 $\left(\dfrac{a^x}{\ln a}\right)'=\dfrac{1}{\ln a}a^x\ln a=a^x$. 于是

$$\int a^x\,\mathrm{d}x=\frac{1}{\ln a}a^x+C.$$

例 2 求 $\int \dfrac{1}{x}\mathrm{d}x$.

解 被积函数为 $f(x)=\dfrac{1}{x}$, 当 $x=0$ 时无意义；

当 $x>0$ 时, 因为 $(\ln x)'=\dfrac{1}{x}$, 所以

$$\int\frac{1}{x}\mathrm{d}x=\ln x+C;$$

当 $x<0$ 时, 因为

$$[\ln(-x)]'=\frac{1}{-x}\cdot(-x)'=\frac{1}{-x}\cdot(-1)=\frac{1}{x},$$

所以

$$\int\frac{1}{x}\mathrm{d}x=\ln(-x)+C.$$

将上面两式合并在一起写, 当 $x\neq 0$ 时, 就有

$$\int\frac{1}{x}\,\mathrm{d}x=\ln|x|+C.$$

例 3 设某一曲线在 x 处的切线斜率为 $k=3x^2$, 又曲线过点 $(-1,2)$, 求这条曲线的方程.

解 设所求的曲线方程是 $y=F(x)$.

由导数的几何意义知, 已知条件 $k=3x^2$ 就是 $F'(x)=3x^2$, 而

$$\int 3x^2\,\mathrm{d}x=x^3+C,$$

于是

$$y=F(x)=x^3+C.$$

$y=x^3$ 是一条三次曲线, 而 $y=x^3+C$ 是一族三次曲线. 我们要求的曲线是这一族三次曲线中过点 $(-1,2)$ 的那一条. 将 $x=-1, y=2$ 代入 $y=x^3+C$ 中可确定积分常数 C: $2=(-1)^3+C$, 即 $C=3$. 由此, 所求的曲线方程是

$$y=x^3+3.$$

二、不定积分的性质

性质 1 求不定积分与求导数或微分互为逆运算：

(1) $\dfrac{\mathrm{d}}{\mathrm{d}x}\left[\int f(x)\mathrm{d}x\right]=f(x)$ 或 $\mathrm{d}\left[\int f(x)\mathrm{d}x\right]=f(x)\mathrm{d}x$；

(2) $\int F'(x)\mathrm{d}x=F(x)+C$ 或 $\int \mathrm{d}F(x)=F(x)+C$.

由不定积分的定义立即可得这些等式. 需要注意的是，一个函数先进行微分运算，再进行积分运算，得到的不是这一个函数，而是一族函数，必须加上一个任意常数 C.

性质 2 被积函数中不为零的常数因子 k 可移到积分符号外：

$$\int kf(x)\mathrm{d}x = k\int f(x)\mathrm{d}x \quad (k \neq 0).$$

证 只需证明等式右端的导数是左端的被积函数即可. 由导数运算法则和性质 1 有

$$\left(k\int f(x)\mathrm{d}x\right)' = k\left(\int f(x)\mathrm{d}x\right)' = kf(x).$$

这说明，$k\int f(x)\mathrm{d}x$ 是被积函数 $kf(x)$ 的原函数. 故所证等式成立.

性质 3 函数代数和的不定积分等于函数的不定积分的代数和：

$$\int [f(x) \pm g(x)]\mathrm{d}x = \int f(x)\mathrm{d}x \pm \int g(x)\mathrm{d}x.$$

该性质与性质 2 证法相同.

三、基本积分公式

由于求不定积分是求导数的逆运算，由基本初等函数的导数公式便可得到相应的基本积分公式. 以下列出基本积分公式：

(1) $\int 0\,\mathrm{d}x=C$；

(2) $\int x^\alpha\,\mathrm{d}x=\dfrac{1}{\alpha+1}x^{\alpha+1}+C\ (\alpha\neq-1)$；

(3) $\int \dfrac{1}{x}\,\mathrm{d}x=\ln|x|+C$；

(4) $\int a^x\,\mathrm{d}x=\dfrac{a^x}{\ln a}+C\ (a>0,a\neq1)$；

(5) $\int \mathrm{e}^x\,\mathrm{d}x=\mathrm{e}^x+C$；

(6) $\int \sin x\mathrm{d}x=-\cos x+C$；

(7) $\int \cos x\mathrm{d}x=\sin x+C$；

(8) $\int \sec^2 x\mathrm{d}x=\int\dfrac{1}{\cos^2 x}\mathrm{d}x=\tan x+C$；

(9) $\int \csc^2 x\mathrm{d}x=\int\dfrac{1}{\sin^2 x}\mathrm{d}x=-\cot x+C$；

(10) $\int \sec x\tan x\mathrm{d}x=\sec x+C$；

(11) $\int \csc x\cot x\mathrm{d}x=-\csc x+C$；

(12) $\int \dfrac{1}{\sqrt{1-x^2}}\mathrm{d}x=\arcsin x+C=-\arccos x+C$；

(13) $\int \dfrac{1}{1+x^2}\mathrm{d}x=\arctan x+C=-\mathrm{arccot}\,x+C$.

这些公式，读者必须熟记，它们是求不定积分的基础.

直接用基本积分公式和不定积分的运算性质，有时需先将被积函数进行恒等变形，便可求得一些函数的不定积分.

例 4 求 $\int\left(2x^5-\sqrt{x}+\frac{1}{x}+4\right)\mathrm{d}x$.

解 由不定积分的性质和基本积分公式得

$$\begin{aligned}\text{原式}&=2\int x^5\,\mathrm{d}x-\int x^{1/2}\,\mathrm{d}x+\int\frac{1}{x}\mathrm{d}x+4\int\mathrm{d}x\\&=2\times\frac{1}{5+1}x^{5+1}-\frac{1}{1/2+1}x^{1/2+1}+\ln|x|+4x+C\\&=\frac{1}{3}x^6-\frac{2}{3}x^{3/2}+\ln|x|+4x+C.\end{aligned}$$

例 5 求 $\int\frac{3x^2}{1+x^2}\,\mathrm{d}x$.

解 先将被积函数进行代数恒等变形：$x^2=x^2+1-1$，并将被积函数分项，再用基本积分公式，得

$$\begin{aligned}\text{原式}&=3\int\frac{(x^2+1)-1}{1+x^2}\mathrm{d}x=3\left(\int\mathrm{d}x-\int\frac{1}{1+x^2}\mathrm{d}x\right)\\&=3(x-\arctan x)+C.\end{aligned}$$

例 6 求 $\int\frac{1}{x^2(1+x^2)}\mathrm{d}x$.

解 先将被积函数进行代数恒等变形：$1=1+x^2-x^2$，并将被积函数分项，再用基本积分公式，得

$$\begin{aligned}\text{原式}&=\int\frac{(1+x^2)-x^2}{x^2(1+x^2)}\mathrm{d}x=\int\frac{1}{x^2}\mathrm{d}x-\int\frac{1}{1+x^2}\mathrm{d}x\\&=\frac{1}{-2+1}x^{-2+1}-\arctan x+C=-\frac{1}{x}-\arctan x+C.\end{aligned}$$

例 7 求 $\int\cot^2x\,\mathrm{d}x$.

解 先将被积函数进行三角恒等变形：$\cot^2x=\csc^2x-1$，再用基本积分公式，得

$$\text{原式}=\int(\csc^2x-1)\,\mathrm{d}x=\int\csc^2x\,\mathrm{d}x-\int\mathrm{d}x=-\cot x-x+C.$$

例 8 求 $\int\sin^2\frac{x}{2}\mathrm{d}x$.

解 用三角函数的降幂公式 $\sin^2\frac{x}{2}=\frac{1}{2}(1-\cos x)$，得

$$\begin{aligned}\text{原式}&=\frac{1}{2}\int(1-\cos x)\,\mathrm{d}x=\frac{1}{2}\int\mathrm{d}x-\frac{1}{2}\int\cos x\,\mathrm{d}x\\&=\frac{1}{2}x-\frac{1}{2}\sin x+C.\end{aligned}$$

例 9 求 $\int \frac{\cos 2x}{\cos x-\sin x}dx$.

解 注意到 $\cos 2x=\cos^2 x-\sin^2 x=(\cos x+\sin x)(\cos x-\sin x)$,有

$$\text{原式}=\int \frac{\cos^2 x-\sin^2 x}{\cos x-\sin x}dx=\int(\cos x+\sin x)dx$$

$$=\int \cos x dx+\int \sin x dx=\sin x-\cos x+C.$$

习 题 4.1

A 组

1. 填空题:

(1) 设函数 $f(x)=2^x+x^2$,则 $\int f'(x)dx=$________,$\int f(x)dx=$________;

(2) 设不定积分 $\int f(x)dx=x\ln x-x+C$,则 $f(x)=$________,$\int xf'(x)dx=$________;

(3) 设 $\sin x$ 是函数 $f(x)$的一个原函数,则 $\int f(x)dx=$________,$\int f'(x)dx=$________;

(4) 设函数 $f(x)=\arcsin x$,则 $\int \sqrt{1-x^2}f'(x)dx=$________.

2. 求下列不定积分:

(1) $\int \sqrt{x\sqrt{x\sqrt{x}}}dx$;　(2) $\int\left(3-\frac{2}{x}+4e^x-\sin x\right)dx$;　(3) $\int \frac{(x-1)^2}{\sqrt{x}}dx$;

(4) $\int(2^x-3^x)^2dx$;　(5) $\int \frac{x^4}{1+x^2}dx$;　(6) $\int \frac{2+x^2}{x^2(1+x^2)}dx$;

(7) $\int \cos^2\frac{x}{2}dx$;　(8) $\int \tan^2 x dx$;　(9) $\int \sec x(\sec x-\tan x)dx$;　(10) $\int \frac{\cos 2x}{\cos^2 x\sin^2 x}dx$.

3. 已知曲线在任一点的切线斜率为 $2x$,且曲线过点$(-1,4)$,求曲线方程.

B 组

1. 求下列不定积分:

(1) $\int \frac{1}{1-\sin x}dx$;　(2) $\int \frac{1}{1+\cos x}dx$.

2. 设 $f(x)$的导数是 x 的二次函数,$f(x)$在 $x=-1,x=5$ 处有极值,且 $f(0)=2,f(-2)=0$,求 $f(x)$.

§4.2 换元积分法

求不定积分有两个主要方法:换元积分法和分部积分法.本节讲述换元积分法.换元积分法分为第一换元积分法和第二换元积分法.

一、第一换元积分法

引例 求 $\int(\arctan x)^2\dfrac{1}{1+x^2}\mathrm{d}x$.

分析 被积函数 $(\arctan x)^2\dfrac{1}{1+x^2}$ 可看成两个因子的乘积：$(\arctan x)^2$ 与 $\dfrac{1}{1+x^2}$ 的乘积，其中因子 $(\arctan x)^2$ 可看成 $\arctan x$ 的函数，即

$$(\arctan x)^2=f(\arctan x),$$

而因子 $\dfrac{1}{1+x^2}$ 恰是 $\arctan x$ 的导数，即

$$\frac{1}{1+x^2}=(\arctan x)',$$

于是 $(\arctan x)^2\dfrac{1}{1+x^2}$ 可看成如下形式：

$$f(\arctan x)(\arctan x)'.$$

计算过程：

$$\begin{aligned}\int(\arctan x)^2\frac{1}{1+x^2}\mathrm{d}x&=\int(\arctan x)^2\mathrm{d}\arctan x\\&\xlongequal[\text{令 }\arctan x=u]{\text{换元}}\int u^2\mathrm{d}u\\&\xlongequal{\text{用积分公式}}\frac{1}{3}u^3+C\\&\xlongequal[u=\arctan x]{\text{还原}}\frac{1}{3}(\arctan x)^3+C.\end{aligned}$$

这种求不定积分的方法就是第一换元积分法. 本例可用该法的关键是被积函数具有形式 $f(\arctan x)(\arctan x)'$. 若将函数 $\arctan x$ 换成一般函数形式 $\varphi(x)$，则被积函数应具有形式 $f(\varphi(x))\varphi'(x)$.

一般情况，被积函数若具有形式 $f(\varphi(x))\varphi'(x)$，则可用第一换元积分法.

第一换元积分法 设函数 $u=\varphi(x)$ 可导. 若

$$\int f(u)\mathrm{d}u=F(u)+C,$$

则

$$\int f(\varphi(x))\varphi'(x)\mathrm{d}x=\int f(\varphi(x))\mathrm{d}\varphi(x)=F(\varphi(x))+C. \tag{4.1}$$

显然，第一换元积分法的实质正是复合函数导数公式的逆用. 也就是说，将**积分公式中的自变量 x 换以可微函数 $\varphi(x)$**，所得结果仍然成立.

例如，引例就是将幂函数的积分公式中的 x 换以 x 的函数 $\arctan x$. 若再将 $\arctan x$ 换成 x 的一般函数 $\varphi(x)$，就是下述情况，请对照理解：

$$\int x^2 \quad dx = \frac{1}{3}x^3 + C$$

$$\downarrow \quad \downarrow \quad \downarrow$$

$$\int (\arctan x)^2 \frac{1}{1+x^2} dx = \int (\arctan x)^2 d\arctan x = \frac{1}{3}(\arctan x)^3 + C$$

$$\downarrow \quad \downarrow \quad \downarrow \quad \downarrow \quad \downarrow$$

$$\int [\varphi(x)]^2 \varphi'(x) dx = \int [\varphi(x)]^2 d\varphi(x) = \frac{1}{3}[\varphi(x)]^3 + C$$

$$\int f(\varphi(x))\varphi'(x) dx = \int f(\varphi(x)) d\varphi(x) = F(\varphi(x)) + C$$

其中$[F(\varphi(x))]' = f(\varphi(x))\varphi'(x)$.

又如,将积分公式

$$\int \frac{1}{\sqrt{1-x^2}} dx = \arcsin x + C$$

中的 x 换成 x 的函数 e^x,便是

$$\int \frac{e^x}{\sqrt{1-e^{2x}}} dx = \int \frac{1}{\sqrt{1-(e^x)^2}} de^x = \arcsin e^x + C.$$

若将 e^x 换成 x 的一般函数 $\varphi(x)$,便是

$$\int \frac{\varphi'(x)}{\sqrt{1-\varphi^2(x)}} dx = \int \frac{1}{\sqrt{1-\varphi^2(x)}} d\varphi(x) = \arcsin\varphi(x) + C.$$

以下各例请读者对照积分公式理解.

例 1 求 $\int \tan x dx$.

解 因 $\tan x = \frac{1}{\cos x} \sin x = -\frac{1}{\cos x}(\cos x)'$,若将 $\cos x$ 视为公式(4.1)中的 $\varphi(x)$,则 $\frac{1}{\cos x}$ 是 $\varphi(x)$ 的函数. 由此,$\frac{1}{\cos x}(\cos x)'$ 可视为 $f(\varphi(x))\varphi'(x)$ 形式.

设 $u = \cos x$,则 $du = -\sin x dx$. 于是

$$\begin{aligned} \text{原式} &= -\int \frac{1}{\cos x} \cdot (-\sin x) dx = -\int \frac{1}{u} du \\ &= -\ln|u| + C = -\ln|\cos x| + C. \end{aligned}$$

类似地,可以得到

$$\int \cot x dx = \ln|\sin x| + C.$$

例 2 求 $\int \frac{1}{x^2} \cos \frac{1}{x} dx$.

解 因 $\left(\frac{1}{x}\right)' = -\frac{1}{x^2}$,若将函数 $\frac{1}{x}$ 理解成公式(4.1)中的 $\varphi(x)$,则

$$\frac{1}{x^2}\cos\frac{1}{x}=-\cos\frac{1}{x}\cdot\left(-\frac{1}{x^2}\right)=-\cos\frac{1}{x}\left(\frac{1}{x}\right)'.$$

设 $u=\frac{1}{x}$,则 $\mathrm{d}u=-\frac{1}{x^2}\,\mathrm{d}x$. 于是

$$\text{原式}=-\int\cos\frac{1}{x}\cdot\left(-\frac{1}{x^2}\right)\mathrm{d}x=-\int\cos u\,\mathrm{d}u=-\sin u+C=-\sin\frac{1}{x}+C.$$

例 3 求 $\int\frac{\sqrt{\ln x+1}}{x}\mathrm{d}x$.

解 注意到 $(\ln x)'=\frac{1}{x}$，被积函数可视为 $\sqrt{\ln x+1}$ 与 $\frac{1}{x}$ 的乘积，其中 $\sqrt{\ln x+1}$ 是 $\ln x+1$ 的函数. 将 $\ln x+1$ 理解为公式(4.1)中的 $\varphi(x)$.

设 $u=\ln x+1$,则 $\mathrm{d}u=\frac{1}{x}\mathrm{d}x$. 于是

$$\text{原式}=\int\sqrt{\ln x+1}\,\frac{1}{x}\mathrm{d}x=\int\sqrt{u}\,\mathrm{d}u=\frac{2}{3}u^{3/2}+C=\frac{2}{3}(\ln x+1)^{3/2}+C.$$

例 4 求 $\int\frac{1}{\sqrt{3x-1}}\mathrm{d}x$.

解 $3x-1$ 是线性函数,$\frac{1}{\sqrt{3x-1}}$ 可理解为线性函数 $3x-1$ 的函数,且 $(3x-1)'=3$ 是常数. 若将 $3x-1$ 理解成公式(4.1)中的 $\varphi(x)$,可用第一换元积分法.

设 $u=3x-1$,则 $\mathrm{d}u=3\mathrm{d}x$. 于是

$$\text{原式}=\frac{1}{3}\int\frac{1}{\sqrt{3x-1}}\cdot 3\mathrm{d}x=\frac{1}{3}\int\frac{1}{\sqrt{u}}\mathrm{d}u=\frac{1}{3}\cdot 2\sqrt{u}+C=\frac{2}{3}\sqrt{3x-1}+C.$$

例 5 求 $\int x\mathrm{e}^{x^2+3}\mathrm{d}x$.

解 因 $(x^2+3)'=2x$,可将 x^2+3 理解为公式(4.1)中的 $\varphi(x)$.

设 $u=x^2+3$,则 $\mathrm{d}u=2x\mathrm{d}x$. 于是

$$\text{原式}=\frac{1}{2}\int\mathrm{e}^{x^2+3}\cdot 2x\mathrm{d}x=\frac{1}{2}\int\mathrm{e}^u\,\mathrm{d}u=\frac{1}{2}\mathrm{e}^u+C=\frac{1}{2}\mathrm{e}^{x^2+3}+C.$$

解题较熟练时,本例的解题过程可如下书写：

$$\text{原式}=\frac{1}{2}\int\mathrm{e}^{x^2+3}\cdot 2x\mathrm{d}x=\frac{1}{2}\int\mathrm{e}^{x^2+3}\mathrm{d}(x^2+3)=\frac{1}{2}\mathrm{e}^{x^2+3}+C.$$

上述解题过程看上去没换元,实际上用了换元积分法,是把被积表达式中的 x^2+3 理解成新变量 u,直接用了基本积分公式(5).

例 6 求 $\int\frac{1}{a^2+x^2}\mathrm{d}x$.

解 注意到基本积分公式(13),因

$$\frac{1}{a^2+x^2}=\frac{1}{a^2\left[1+\left(\frac{x}{a}\right)^2\right]},\quad 且\quad \left(\frac{x}{a}\right)'=\frac{1}{a},$$

于是

$$\begin{aligned}原式&=\frac{1}{a}\int\frac{1}{1+\left(\frac{x}{a}\right)^2}\cdot\frac{1}{a}\mathrm{d}x=\frac{1}{a}\int\frac{1}{1+\left(\frac{x}{a}\right)^2}\mathrm{d}\,\frac{x}{a}\\&=\frac{1}{a}\arctan\frac{x}{a}+C.\end{aligned}$$

类似地，由基本积分公式(12)可得到

$$\int\frac{1}{\sqrt{a^2-x^2}}\mathrm{d}x=\arcsin\frac{x}{a}+C.$$

例 7　求 $\int\frac{1}{a^2-x^2}\mathrm{d}x$.

解　因 $a^2-x^2=(a+x)(a-x)$，并注意到 $(a+x)'=1$，$(a-x)'=-1$，用分项方法，得

$$\begin{aligned}原式&=\frac{1}{2a}\int\frac{a-x+a+x}{(a+x)(a-x)}\mathrm{d}x=\frac{1}{2a}\left[\int\frac{1}{a+x}\mathrm{d}(a+x)-\int\frac{1}{a-x}\mathrm{d}(a-x)\right]\\&=\frac{1}{2a}(\ln|a+x|-\ln|a-x|)+C=\frac{1}{2a}\ln\left|\frac{a+x}{a-x}\right|+C.\end{aligned}$$

由该例可知

$$\int\frac{1}{x^2-a^2}\mathrm{d}x=\frac{1}{2a}\ln\left|\frac{x-a}{x+a}\right|+C.$$

例 8　求 $\int\sec x\mathrm{d}x$.

解　由于 $(\sec x+\tan x)'=\sec x\tan x+\sec^2x=\sec x(\tan x+\sec x)$，所以

$$\begin{aligned}原式&=\int\frac{\sec x(\tan x+\sec x)}{\tan x+\sec x}\mathrm{d}x=\int\frac{1}{\sec x+\tan x}\mathrm{d}(\sec x+\tan x)\\&=\ln|\sec x+\tan x|+C.\end{aligned}$$

类似地，可得到

$$\int\csc x\mathrm{d}x=\ln|\csc x-\cot x|+C.$$

例 9　求 $\int\sin^2x\mathrm{d}x$.

解　用三角函数的降幂公式 $\sin^2x=\frac{1}{2}(1-\cos2x)$，得

$$\begin{aligned}原式&=\frac{1}{2}\int(1-\cos2x)\mathrm{d}x=\frac{1}{2}x-\frac{1}{2}\cdot\frac{1}{2}\int\cos2x\cdot2\mathrm{d}x\\&=\frac{1}{2}x-\frac{1}{4}\int\cos2x\mathrm{d}(2x)=\frac{1}{2}x-\frac{1}{4}\sin2x+C.\end{aligned}$$

例 10 求 $\int \cos^3 x dx$.

解 因为 $\cos^3 x = \cos^2 x \cos x = (1-\sin^2 x)\cos x$，且 $(\sin x)' = \cos x$，所以

$$\text{原式} = \int (1-\sin^2 x)\cos x dx = \int (1-\sin^2 x) d\sin x$$
$$= \int d\sin x - \int \sin^2 x d\sin x = \sin x - \frac{1}{3}\sin^3 x + C.$$

二、第二换元积分法

引例 求 $\int \frac{1}{1+\sqrt{x}} dx$.

分析 该题被积函数中含有根式 $\sqrt{x}$. 若视 $\sqrt{x}=t$，即用 t 代换 $\sqrt{x}$，则被积函数中的根式可以去掉. 为了将被积函数中的积分变量 x 换成 t，需先由 $\sqrt{x}=t$ 解出 x，得其反函数 $x=t^2$. 于是

$$\frac{1}{1+\sqrt{x}} = \frac{1}{1+t}, \quad dx = 2t dt.$$

计算过程：

令 $\sqrt{x}=t$，则 $x=t^2$，$dx=2tdt$. 于是

$$\int \frac{1}{1+\sqrt{x}} dx \xlongequal{\text{换元}} \int \frac{1}{1+t} \cdot 2t dt \xlongequal{\text{恒等变形}} 2\int \frac{(1+t)-1}{1+t} dt$$
$$= 2\left[\int dt - \int \frac{1}{1+t} d(1+t)\right] \xlongequal{\text{用积分公式}} 2(t - \ln|1+t|) + C$$
$$\xlongequal{\text{变量还原}} 2[\sqrt{x} - \ln(1+\sqrt{x})] + C.$$

此例给出的解题思路与计算过程就是**第二换元积分法**.

由引例可知，若被积函数含形如 $\sqrt[n]{ax+b}$（n 为正整数，$a\neq 0$，b 为任意实数）的根式，可令 $\sqrt[n]{ax+b}=t$，由 $x=\frac{t^n-b}{a}$ 将被积函数有理化，从而求得不定积分的结果.

例 11 求 $\int \sqrt{4-x^2}\, dx$.

分析 为了去掉被积函数中的根式 $\sqrt{4-x^2}$，注意到恒等式 $1-\sin^2 t=\cos^2 t$ 或 $4-4\sin^2 t=4\cos^2 t$. 若设 $x=2\sin t$，则

$$\sqrt{4-x^2} = \sqrt{4-4\sin^2 t} = 2\sqrt{\cos^2 t} = 2\cos t^{①}.$$

解 设 $x=2\sin t$，则 $dx=2\cos t dt$. 于是

---

① 由于可通过限制 t 的取值范围使 $\cos t \geqslant 0$，为了简便，此处直接默认 $\cos t \geqslant 0$. 以下类似情况同样处理.

$$\begin{aligned}
\text{原式} &= \int\sqrt{4-4\sin^2 t}\cdot 2\cos t\mathrm{d}t = 4\int\cos^2 t\mathrm{d}t = 2\int(1+\cos 2t)\mathrm{d}t \\
&= 2\left(t+\frac{1}{2}\sin 2t\right)+C = 2(t+\sin t\cos t)+C \\
&= 2\left(\arcsin\frac{x}{2}+\frac{x}{2}\cdot\frac{\sqrt{4-x^2}}{2}\right)+C \\
&= 2\arcsin\frac{x}{2}+\frac{x}{2}\sqrt{4-x^2}+C.
\end{aligned}$$

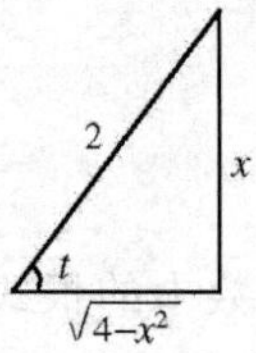

这里，在变量还原时，由所设 $x=2\sin t$ 可得

$$t=\arcsin\frac{x}{2},\quad \sin t=\frac{x}{2},\quad \cos t=\frac{\sqrt{4-x^2}}{2}.$$

在变量还原时，也可用直角三角形边角之间的关系：由所设 $x=2\sin t$，即 $\frac{x}{2}=\sin t$ 作出直角三角形（图 4-1），再由图可知 $\cos t=\frac{\sqrt{4-x^2}}{2}$.

图 4-1

例 12 求 $\int\frac{1}{\sqrt{x^2+a^2}}\mathrm{d}x\ (a>0)$.

分析 为了去掉根式 $\sqrt{x^2+a^2}$，可用三角恒等式

$$\sec^2 t=\tan^2 t+1 \quad \text{或} \quad a^2\sec^2 t=a^2\tan^2 t+a^2.$$

设 $x=a\tan t$，则

$$\sqrt{x^2+a^2}=\sqrt{a^2\tan^2 t+a^2}=\sqrt{a^2\sec^2 t}=a\sec t.$$

解 设 $x=a\tan t$，则 $\mathrm{d}x=a\sec^2 t\mathrm{d}t$. 于是

$$\begin{aligned}
\text{原式} &= \int\frac{a\sec^2 t}{\sqrt{a^2\tan^2 t+a^2}}\mathrm{d}t = \int\sec t\mathrm{d}t \\
&= \ln|\sec t+\tan t|+C_1 = \ln\left|\frac{\sqrt{x^2+a^2}}{a}+\frac{x}{a}\right|+C_1 \\
&= \ln|\sqrt{x^2+a^2}+x|+C \quad (C=C_1-\ln a).
\end{aligned}$$

上面计算过程中在变量还原时，由 $x=a\tan t$ 得 $\tan t=\frac{x}{a}$，由 $\sqrt{x^2+a^2}=a\sec t$ 得 $\sec t=\frac{\sqrt{x^2+a^2}}{a}$. 由所设 $\frac{x}{a}=\tan t$ 作直角三角形（图 4-2），作变量还原也可.

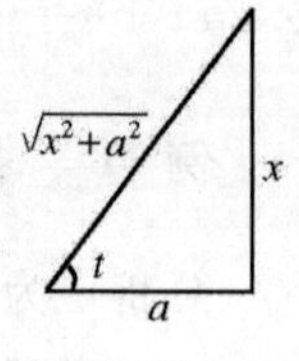

图 4-2

例 13 求 $\int\frac{1}{\sqrt{x^2-a^2}}\mathrm{d}x\ (a>0)$.

分析 为了去掉根式 $\sqrt{x^2-a^2}$，可用三角恒等式

$$a^2\sec^2 t-a^2=a^2\tan^2 t.$$

解 设 $x=a\sec t$，则 $\mathrm{d}x=a\sec t\tan t\mathrm{d}t$，$\sqrt{x^2-a^2}=a\tan t$. 于是

$$\text{原式}=\int\frac{a\sec t\tan t}{a\tan t}\mathrm{d}t=\int\sec t\mathrm{d}t=\ln|\sec t+\tan t|+C_1$$

$$=\ln\left|\frac{x}{a}+\frac{\sqrt{x^2-a^2}}{a}\right|+C_1=\ln|x+\sqrt{x^2-a^2}|+C.$$

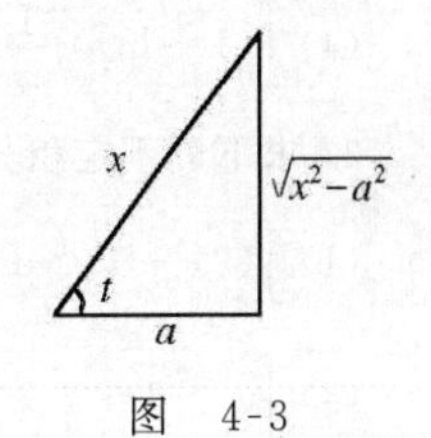

图 4-3

上面计算中在变量还原时，用了由 $\frac{x}{a}=\sec t$ 所作的直角三角形(图 4-3).

例 11，例 12 和例 13 的被积函数中均含有根式，都是通过变量替换使被积函数有理化的. 按被积函数含根式的形式可归纳如下：

含形如 $\sqrt{a^2-x^2}$ $(a>0)$ 的根式，设 $x=a\sin t$；

含形如 $\sqrt{x^2+a^2}$ $(a>0)$ 的根式，设 $x=a\tan t$；

含形如 $\sqrt{x^2-a^2}$ $(a>0)$ 的根式，设 $x=a\sec t$.

以上所举例题求不定积分的方法均为第二换元积分法. 对于被积函数中含有某些特殊根式的不定积分 $\int f(x)\mathrm{d}x$，可采用此法.

在本节的例题中，有一些不定积分的结果以后经常要用到，可作为基本积分公式的补充，请读者记住：

(1) $\int\tan x\mathrm{d}x=-\ln|\cos x|+C$； (2) $\int\cot x\mathrm{d}x=\ln|\sin x|+C$；

(3) $\int\sec x\mathrm{d}x=\ln|\sec x+\tan x|+C$； (4) $\int\csc x\mathrm{d}x=\ln|\csc x-\cot x|+C$；

(5) $\int\frac{1}{a^2+x^2}\mathrm{d}x=\frac{1}{a}\arctan\frac{x}{a}+C$； (6) $\int\frac{1}{a^2-x^2}\mathrm{d}x=\frac{1}{2a}\ln\left|\frac{a+x}{a-x}\right|+C$；

(7) $\int\frac{1}{x^2-a^2}\mathrm{d}x=\frac{1}{2a}\ln\left|\frac{x-a}{x+a}\right|+C$； (8) $\int\frac{1}{\sqrt{a^2-x^2}}\mathrm{d}x=\arcsin\frac{x}{a}+C$；

(9) $\int\frac{1}{\sqrt{x^2+a^2}}\mathrm{d}x=\ln|x+\sqrt{x^2+a^2}|+C$；

(10) $\int\frac{1}{\sqrt{x^2-a^2}}\mathrm{d}x=\ln|x+\sqrt{x^2-a^2}|+C$.

习 题 4.2

A 组

1. 下列各式是否正确？若是错的，找出原因并把错误的改正过来.

(1) $\int\cos 2x\mathrm{d}x=\sin 2x+C$； (2) $\int\mathrm{e}^{-x}\mathrm{d}x=\mathrm{e}^{-x}+C$；

(3) $\int\frac{1+\cos x}{\cos^2 x}\mathrm{d}x=\int\frac{1}{\cos^2 x}\mathrm{d}x+\int\frac{1}{\cos x}\mathrm{d}x=\tan x+\ln|\cos x|+C$；

(4) $\int(1+\ln x)\frac{1}{x}\mathrm{d}x=\int(1+\ln x)\mathrm{d}\ln x=x+\frac{1}{2}(\ln x)^2+C.$

2. 求下列不定积分：

(1) $\int(2x+1)^{10}\mathrm{d}x$；　(2) $\int\frac{1}{(1-2x)^{10}}\mathrm{d}x$；　(3) $\int\sqrt{(2-x)^5}\mathrm{d}x$；

(4) $\int\mathrm{e}^{-x/2}\mathrm{d}x$；　(5) $\int\frac{x+3}{x^2+6x-8}\mathrm{d}x$；　(6) $\int\frac{1}{x^2}\mathrm{e}^{1/x}\mathrm{d}x$；

(7) $\int\frac{x}{\sqrt{1-x^2}}\mathrm{d}x$；　(8) $\int x\sqrt{4x^2-1}\mathrm{d}x$；　(9) $\int\frac{1}{\sqrt{x}}\cos\sqrt{x}\mathrm{d}x$；

(10) $\int\frac{1}{\sqrt{4-9x^2}}\mathrm{d}x$；　(11) $\int\frac{1}{4+9x^2}\mathrm{d}x$；　(12) $\int\frac{1}{4-9x^2}\mathrm{d}x$；

(13) $\int\frac{1}{x(1+\ln x)}\mathrm{d}x$；　(14) $\int\frac{\tan x}{\cos^2 x}\mathrm{d}x$；　(15) $\int\mathrm{e}^x\sin\mathrm{e}^x\mathrm{d}x$；

(16) $\int\frac{\mathrm{e}^x}{\mathrm{e}^x+1}\mathrm{d}x$；　(17) $\int\frac{\sqrt{\arctan x}}{1+x^2}\mathrm{d}x$；　(18) $\int\frac{\arcsin x}{\sqrt{1-x^2}}\mathrm{d}x$；

(19) $\int\cos^2 2x\mathrm{d}x$；　(20) $\int\sin^3 x\mathrm{d}x$；　(21) $\int\sin^4 x\cos x\mathrm{d}x$；　(22) $\int\mathrm{e}^{\sin x}\cos x\mathrm{d}x$.

3. 求下列不定积分：

(1) $\int\frac{1}{1+\sqrt{2x}}\mathrm{d}x$；　(2) $\int\frac{1}{1+\sqrt[3]{x}}\mathrm{d}x$；　(3) $\int\frac{\sqrt{x+2}}{1+\sqrt{x+2}}\mathrm{d}x$.

4. 求下列不定积分：

(1) $\int\frac{x^2}{\sqrt{2-x^2}}\mathrm{d}x$；　(2) $\int\frac{1}{x\sqrt{9-x^2}}\mathrm{d}x$；　(3) $\int\frac{\sqrt{x^2-a^2}}{x}\mathrm{d}x\ (a>0)$；　(4) $\int\frac{1}{x\sqrt{x^2+4}}\mathrm{d}x$.

B　组

1. 填空题(假设下列不定积分均存在)：

(1) $\int f'(ax+b)\mathrm{d}x=$ ________；　(2) $\int xf'(ax^2+b)\mathrm{d}x=$ ________；

(3) 设 $\alpha\neq-1$，则 $\int f'(x)[f(x)]^\alpha\mathrm{d}x=$ ________；　(4) $\int\frac{1}{f(x)}f'(x)\mathrm{d}x=$ ________；

(5) $\int\frac{f'(x)}{\sqrt{1-[f(x)]^2}}\mathrm{d}x=$ ________；　(6) $\int\frac{f'(x)}{1+[f(x)]^2}\mathrm{d}x=$ ________；

(7) $\int a^{f(x)}f'(x)\mathrm{d}x=$ ________；　(8) $\int\frac{f'(x)}{2\sqrt{f(x)}}\mathrm{d}x=$ ________.

2. 求下列不定积分：

(1) $\int 2^{3x+1}\mathrm{d}x$；　(2) $\int(x-1)\mathrm{e}^{x^2-2x+3}\mathrm{d}x$；　(3) $\int\frac{\sin x}{1+\cos^2 x}\mathrm{d}x$；　(4) $\int\frac{\cos x}{\sqrt{1-\sin^2 x}}\mathrm{d}x$.

3. 求下列不定积分：

(1) $\int\frac{1}{(x^2+4)^{3/2}}\mathrm{d}x$；　(2) $\int\sqrt{1-4x^2}\mathrm{d}x$.

§4.3 分部积分法

本节讲述求不定积分的分部积分法.

引例 求 $\int x\cos x\mathrm{d}x$.

分析 被积函数可视为 x 和 $\cos x$ 的乘积,由乘积的导数公式入手.由于

$$(x\sin x)' = \sin x + x\cos x,$$

两端同时求不定积分,得

$$x\sin x = \int \sin x\mathrm{d}x + \int x\cos x\mathrm{d}x.$$

移项,有

$$\int x\cos x\mathrm{d}x = x\sin x - \int \sin x\mathrm{d}x. \tag{4.2}$$

上式左端为所求的不定积分.上式表明,所求的不定积分转化为右端的两项,其中只有一项是不定积分,从而将求 $\int x\cos x\mathrm{d}x$ 转化为求 $\int \sin x\mathrm{d}x$,而后者可用基本积分公式求得.于是

$$\int x\cos x\mathrm{d}x = x\sin x + \cos x + C.$$

由(4.2)式看到,该问题之所以解决,就是将左端的不定积分转化为右端的不定积分,且右端的不定积分我们能求出来.

把上述例题推广为一般情况,有下述分部积分法公式:

设函数 $u=u(x)$,$v=v(x)$**都有连续的导数**,由乘积的导数法则有

$$(uv)' = u'v + uv'.$$

两端积分,得

$$uv = \int u'v\mathrm{d}x + \int uv'\mathrm{d}x.$$

移项,有

$$\int uv'\mathrm{d}x = uv - \int vu'\mathrm{d}x \tag{4.3}$$

或

$$\int u\mathrm{d}v = uv - \int v\mathrm{d}u, \tag{4.4}$$

(4.3)式或(4.4)式就是**分部积分法公式**.

对照(4.2)式和分部积分法公式(4.3),并注意$(x)'=1$:

$$\int x\cos x\mathrm{d}x = x\sin x - \int \sin x \cdot 1\mathrm{d}x$$

$$\downarrow \quad \downarrow \qquad \downarrow \quad \downarrow \qquad \downarrow \quad \downarrow$$

$$\int u(x)v'(x)\mathrm{d}x = u(x)v(x) - \int v(x)u'(x)\mathrm{d}x$$

我们来理解分部积分法**公式的意义**和**使用原则**.

1. 公式的意义

对一个不易求出结果的不定积分,若被积函数 $g(x)$可看作两个因子的乘积:

$$g(x) = x\cos x,$$
$$g(x) = uv',$$

则问题就转化为求另外两个因子的乘积

$$f(x) = \sin x \cdot 1,$$
$$f(x) = vu'$$

作为被积函数的不定积分.右端或者可直接计算出结果,或者较左端易于计算,这就是用分部积分法公式(4.3)的意义.

由得到分部积分法公式(4.3)式的推导过程可知,**分部积分法实质上是两个函数乘积导数公式的逆用**.正因为如此,**被积函数是两个函数的乘积时,用分部积分法往往有效.**

2. 选取 u 和 v' 的原则

若被积函数可看作两个函数的乘积,那么其中哪一个应视为 u,哪一个应视为 v' 呢?一般如下考虑:

(1) 因为公式(4.3)右端出现 v,所以选作 v'的函数必须能求出它的原函数 v.这是可用分部积分法的前提.

(2) 选取 u 和 v',最终要使公式(4.3)右端的不定积分 $\int vu'\mathrm{d}x$ 较左端的不定积分 $\int uv'\mathrm{d}x$ 易于计算.这是用分部积分法要达到的目的.

例 1 求 $\int x\mathrm{e}^{-x}\mathrm{d}x$.

解 被积函数可看作两个函数 x 与 e^{-x}的乘积.用分部积分法.

设 $u=x, v'=\mathrm{e}^{-x}$,则 $u'=1, v=-\mathrm{e}^{-x}$.于是,由公式(4.3)有

$$\text{原式} = -x\mathrm{e}^{-x} + \int \mathrm{e}^{-x} \cdot 1\mathrm{d}x = -x\mathrm{e}^{-x} - \mathrm{e}^{-x} + C.$$

再看另一种情况.

若设 $u=\mathrm{e}^{-x}, v'=x$,则 $u'=-\mathrm{e}^{-x}, v=\dfrac{1}{2}x^2$.于是

$$\int x\mathrm{e}^{-x}\mathrm{d}x = \frac{1}{2}x^2\mathrm{e}^{-x} + \frac{1}{2}\int x^2\mathrm{e}^{-x}\mathrm{d}x.$$

这时,上式右端的不定积分比左端的不定积分更难于计算.这样选取 u 和 v' 显然失效.

例 2 求 $\int x^2\sin x\mathrm{d}x$.

解 被积函数可看作两个函数 x^2 与 $\sin x$ 的乘积.设 $u=x^2$, $\mathrm{d}v=\sin x\mathrm{d}x=\mathrm{d}(-\cos x)$,用分部积分法公式(4.4),有

$$\begin{aligned}\text{原式}&=\int x^2\mathrm{d}(-\cos x)=x^2\cdot(-\cos x)-\int(-\cos x)\mathrm{d}x^2\\&=-x^2\cos x+2\int x\cos x\mathrm{d}x\quad\text{(见引例)}\\&=-x^2\cos x+2x\sin x+2\cos x+C.\end{aligned}$$

本例题实际上用了两次分部积分法,有的不定积分需连续两次或更多次用分部积分法方能得到结果.

由例 1 和例 2 知,下列不定积分可用分部积分法求出结果:

$$\int x^n\mathrm{e}^{ax}\mathrm{d}x,\quad\int x^n\sin ax\mathrm{d}x,\quad\int x^n\cos ax\mathrm{d}x,$$

其中 n 为正整数这时,应将 x^n 视为分部积分法公式中的 u.

例 3 求 $\int x^3\ln x\mathrm{d}x$.

解 被积函数是 x^3 与 $\ln x$ 的乘积.由于尚不知函数 $\ln x$ 的原函数,故选 $\ln x$ 为公式(4.4)中的 u.于是

$$\begin{aligned}\text{原式}&=\int\ln x\mathrm{d}\left(\frac{1}{4}x^4\right)=\frac{1}{4}x^4\ln x-\int\frac{1}{4}x^4\mathrm{d}\ln x\\&=\frac{1}{4}x^4\ln x-\frac{1}{4}\int x^4\frac{1}{x}\mathrm{d}x=\frac{1}{4}x^4\ln x-\frac{1}{16}x^4+C.\end{aligned}$$

例 4 求 $\int\arctan x\mathrm{d}x$.

解 被积函数只有一个因子 $\arctan x$,可看成两个因子 $\arctan x$ 与 1 的乘积.设 $u=\arctan x$, $\mathrm{d}v=\mathrm{d}x$,由(4.4)式有

$$\begin{aligned}\text{原式}&=x\arctan x-\int x\mathrm{d}(\arctan x)=x\arctan x-\int x\frac{1}{1+x^2}\mathrm{d}x\\&=x\arctan x-\frac{1}{2}\int\frac{1}{1+x^2}\mathrm{d}(1+x^2)=x\arctan x-\frac{1}{2}\ln(1+x^2)+C.\end{aligned}$$

由例 3 和例 4 知,下述类型的不定积分适用于分部积分法:

$$\int x^n\ln x\mathrm{d}x,\quad\int x^n\arcsin x\mathrm{d}x,\quad\int x^n\arctan x\mathrm{d}x,$$

其中 n 是正整数或零.特别地,对于 $\int x^n\ln x\mathrm{d}x$, $n\neq-1$ 为实数即可.这时,应将 $\ln x$, $\arcsin x$, $\arctan x$ 理解为 u,而将 x^n 理解为 v'.

例 5 求 $\int e^x \cos x dx$.

解 设 $u=\cos x, dv=e^x dx=de^x$，于是由公式(4.4)得

$$\begin{aligned}\int e^x \cos x dx &= \int \cos x de^x = e^x \cos x - \int e^x d\cos x \\ &= e^x \cos x + \int e^x \sin x dx = e^x \cos x + \int \sin x de^x \\ &= e^x \cos x + e^x \sin x - \int e^x d\sin x \\ &= e^x \cos x + e^x \sin x - \int e^x \cos x dx.\end{aligned}$$

可以看到，连续两次用分部积分法，出现了"循环"现象. 正因为如此，我们的问题解决了. 上式可视为关于积分 $\int e^x \cos x dx$ 的方程，移项得

$$2\int e^x \cos x dx = e^x \cos x + e^x \sin x + C_1,$$

故
$$\int e^x \cos x dx = \frac{1}{2}e^x(\cos x + \sin x) + C \quad \left(其中\ C = \frac{C_1}{2}\right).$$

说明 本例也可设 $u=e^x, dv=\cos x dx=d\sin x$.

由例 5 知，下述类型的不定积分可用分部积分法：

$$\int e^{ax}\cos bx\, dx, \quad \int e^{ax}\sin bx\, dx.$$

这时，可将 e^{ax} 理解为公式(4.3)中的 u，也可将 $\cos bx, \sin bx$ 理解为 u.

习 题 4.3

A 组

1. 求下列不定积分：

(1) $\int x\sin 2x dx$； (2) $\int x\cos 3x dx$； (3) $\int x e^{-2x} dx$；

(4) $\int x^2 \cos x dx$； (5) $\int x^2 e^{ax} dx\ (a \neq 0)$； (6) $\int \ln x dx$；

(7) $\int x\ln x dx$； (8) $\int \frac{\ln x}{\sqrt{x}} dx$； (9) $\int x\arctan x dx$；

(10) $\int \arcsin x dx$； (11) $\int \ln(1+x^2) dx$； (12) $\int e^x \sin x dx$；

(13) $\int e^{2x} \cos 3x dx$； (14) $\int \sin(\ln x) dx$.

2. 求下列不定积分：

(1) $\int \frac{\ln\ln x}{x} dx$； (2) $\int e^{\sqrt{x}} dx$.

B 组

1. 求下列不定积分：

(1) $\int\sec^3 x\mathrm{d}x$； (2) $\int(\arcsin x)^2\mathrm{d}x$； (3) $\int\mathrm{e}^{\sqrt{2x-1}}\mathrm{d}x$； (4) $\int\ln(1-\sqrt{x})\mathrm{d}x$.

2. 若函数 $f(x)$ 的一个原函数是 $\dfrac{\sin x}{x}$，试求 $\int xf'(x)\mathrm{d}x$.

§4.4 一阶微分方程

为了深入研究几何、物理、经济等方面的许多实际问题，常常需要寻求问题中有关变量之间的函数关系. 而这种函数关系往往不能直接得到，只能根据相应学科中的某些基本原理，得到所求函数及其变化率之间的关系式，然后从这种关系式中解出所求函数. 含有函数变化率的这种关系式就是微分方程. 微分方程在自然科学、工程技术和经济学等领域中有着广泛的应用.

本节介绍微分方程的一些基本概念；讲述一阶微分方程中的可分离变量微分方程和线性微分方程的解法.

一、微分方程的基本概念

下面通过例题来说明微分方程的一些基本概念.

例 1 已知需求价格弹性

$$E_{\mathrm{d}}=-\frac{1}{Q^2},$$

试求价格函数：将价格 P 表示为需求 Q 的函数，且当 $Q=0$ 时，$P=100$.

该问题是要求一个价格函数 $P=P(Q)$，使它满足 $E_{\mathrm{d}}=-\dfrac{1}{Q^2}$，且当 $Q=0$ 时，$P=100$. 这个价格函数是未知的，称为**未知函数**. 下面求这个未知函数.

设需求函数为 $Q=Q(P)$（它是 $P=P(Q)$ 的反函数），按需求价格弹性的定义（见(3.1)式），有

$$E_{\mathrm{d}}=\frac{P}{Q}\cdot\frac{\mathrm{d}Q}{\mathrm{d}P},$$

再由已知条件得关系式

$$-\frac{1}{Q^2}=\frac{P}{Q}\cdot\frac{\mathrm{d}Q}{\mathrm{d}P},$$

或写成

$$\frac{\mathrm{d}P}{\mathrm{d}Q}=-PQ. \tag{4.5}$$

根据已知条件，我们没得到 P 与 Q 的函数关系，但我们却得到了包含未知函数 $P=$

$P(Q)$及其导数 $\frac{dP}{dQ}$ 的方程. 像这种含有未知函数导数的方程,称为**微分方程**. 由于该微分方程中只含有未知函数的一阶导数,所以称为**一阶微分方程**.

微分方程列出之后,要设法从方程中求出未知函数 $P=P(Q)$,这就是**解微分方程**的问题.

将已得到的微分方程(4.5)改写为

$$\frac{dP}{P}=-QdQ,$$

两端分别积分,即

$$\int\frac{1}{P}dP=-\int QdQ,$$

可得

$$\ln P=-\frac{Q^2}{2}+C_1,$$

其中 C_1 为任意常数. 若记 $C_1=\ln C$ (C 为大于零的任意常数),则上式可写作

$$P=Ce^{-Q^2/2}.$$

这就得到了所求的价格函数.

若将所得函数 $P=Ce^{-Q^2/2}$ 代入微分方程(4.5)中,有

$$\frac{d}{dQ}(Ce^{-Q^2/2})=-PQ,$$

即

$$C\cdot(-Qe^{-Q^2/2})=-Ce^{-Q^2/2}Q.$$

显然,得到一个恒等式. 这时,称函数 $P=Ce^{-Q^2/2}$ 满足微分方程(4.5). 凡满足微分方程的函数就称为该**微分方程的解**.

在函数 $P=Ce^{-Q^2/2}$ 中含有一个任意常数 C,任意常数的个数恰与微分方程的阶数相同,这个解称为**一阶微分方程的通解**.

为了使所得到的函数满足条件"当 $Q=0$ 时,$P=100$",将 $Q=0$,$P=100$ 代入函数 $P=Ce^{-Q^2/2}$ 中,有

$$100=Ce^0,\quad 即\quad C=100.$$

这就使任意常数 C 取一个确定的值. 于是,满足条件"当 $Q=0$ 时,$P=100$"的解为

$$P=100e^{-Q^2/2}.$$

通解中的任意常数 C 取某一确定值时的解,称为**一阶微分方程的特解**. 用来确定特解的条件——使通解中的任意常数 C 取某一确定值的条件,一般称为**初始条件**. 在我们的问题中,"当 $Q=0$ 时,$P=100$"就是初始条件.

按上述分析,我们有下述定义:

联系自变量、未知函数及未知函数的导数或微分的方程,称为**微分方程**.

这里需指出,微分方程中可以不显含自变量和未知函数,但必须显含未知函数的导数或微

分.正因如此,简言之,含有未知函数的导数或微分的方程称为**微分方程**,有时简称为方程.

微分方程中出现的未知函数导数的最高阶阶数,称为**微分方程的阶**.

例如,方程

$$y' + 2y = 0, \quad \frac{\mathrm{d}y}{\mathrm{d}x} + \frac{1}{x}y = \frac{1}{x}\cos x$$

都是一阶微分方程.

若将一个函数及其导数代入微分方程中,使方程成为恒等式,则此函数称为**微分方程的解**.

所含任意常数的个数等于微分方程的阶数的解,称为**微分方程的通解**;给通解中的任意常数以特定值的解,称为**微分方程的特解**.

一阶微分方程的通解中应含一个任意常数.

微分方程的初始条件 用以确定通解中任意常数取某确定值的条件称为**初始条件**.

一阶微分方程的初始条件是,当自变量取某个特定值时,给出未知函数的值.例如:

当 $x=x_0$ 时,$y=y_0$ 或 $y\Big|_{x=x_0}=y_0$.

例 2 函数 $y=\mathrm{e}^{2x}$,$y=C\mathrm{e}^{2x}$,$y=\sin x$ 是否是微分方程 $\frac{\mathrm{d}y}{\mathrm{d}x}-2y=0$ 的解?若是解,是通解还是特解?

解 验证函数 $y=\mathrm{e}^{2x}$:

由于 $y'=2\mathrm{e}^{2x}$,将 $y=\mathrm{e}^{2x}$,$y'=2\mathrm{e}^{2x}$ 代入已知方程中,有

$$2\mathrm{e}^{2x} - 2\mathrm{e}^{2x} = 0.$$

这是恒等式,即 $y=\mathrm{e}^{2x}$ 是所给微分方程的解.因该解中不含任意常数,故它是特解.

验证函数 $y=C\mathrm{e}^{2x}$:

因 $y'=2C\mathrm{e}^{2x}$,将 y 和 y' 的表达式代入已知方程中,有

$$2C\mathrm{e}^{2x} - 2C\mathrm{e}^{2x} = 0.$$

这也是恒等式,所以 $y=C\mathrm{e}^{2x}$ 也是所给微分方程的解.因为该解中含有一个任意常数,所以它是通解.

验证 $y=\sin x$:

因 $y'=\cos x$,将 y 和 y' 的表达式代入已知方程中,有

$$\cos x - 2\sin x \neq 0.$$

所以,$y=\sin x$ 不是所给微分方程的解.

二、可分离变量的微分方程

形如

$$\frac{\mathrm{d}y}{\mathrm{d}x} = \varphi(x)g(y) \tag{4.6}$$

的微分方程，称为**可分离变量**的微分方程.

例如，下列方程都是可分离变量的微分方程：

$$\frac{\mathrm{d}y}{\mathrm{d}x}=-xy,\quad y'=\frac{y\ln y}{x},$$

其中第一式中 $\varphi(x)=-x$，$g(y)=y$；第二式中 $\varphi(x)=\frac{1}{x}$，$g(y)=y\ln y$.

可分离变量的微分方程用**分离变量法**求解，其**程序**如下：

首先，分离变量：

$$\frac{1}{g(y)}\mathrm{d}y=\varphi(x)\mathrm{d}x\ (\text{当}\ g(y)\neq 0\ \text{时});$$

其次，两端分别积分：

$$\int\frac{1}{g(y)}\mathrm{d}y=\int\varphi(x)\mathrm{d}x+C,$$

得通解

$$G(y)=\Phi(x)+C,$$

其中 $G(y)$，$\Phi(x)$分别是函数 $\frac{1}{g(y)}$ 和 $\varphi(x)$的一个原函数，C 是任意常数.

可分离变量的微分方程也可写成如下形式：

$$M_1(x)M_2(y)\mathrm{d}x+N_1(x)N_2(y)\mathrm{d}y=0.$$

上式分离变量，得

$$\frac{N_2(y)}{M_2(y)}\mathrm{d}y=-\frac{M_1(x)}{N_1(x)}\mathrm{d}x,$$

再两端分别积分即可.

例 3 求微分方程 $\frac{\mathrm{d}y}{\mathrm{d}x}=-\frac{\sqrt{1-y^2}}{\sqrt{1-x^2}}$ 的通解.

解 这是可分离变量的微分方程. 分离变量，得

$$\frac{\mathrm{d}y}{\sqrt{1-y^2}}=-\frac{\mathrm{d}x}{\sqrt{1-x^2}}.$$

两端分别积分，得

$$\int\frac{1}{\sqrt{1-y^2}}\mathrm{d}y=-\int\frac{1}{\sqrt{1-x^2}}\mathrm{d}x+C,$$

即

$$\arcsin y=-\arcsin x+C\quad\text{或}\quad\arcsin x+\arcsin y=C.$$

例 4 求微分方程 $\mathrm{e}^x\mathrm{d}x-(1+\mathrm{e}^x)\mathrm{d}y=0$ 的通解，并求满足条件 $y\big|_{x=0}=1$ 的特解.

解 这是可分离变量的微分方程. 分离变量，得

$$\mathrm{d}y=\frac{\mathrm{e}^x}{1+\mathrm{e}^x}\mathrm{d}x.$$

两端积分，得

$$\int \mathrm{d}y = \int \frac{\mathrm{e}^x}{1+\mathrm{e}^x}\mathrm{d}x + C,$$

于是通解为

$$y = \ln(1+\mathrm{e}^x) + C.$$

将 $x=0$，$y=1$ 代入通解，有

$$1 = \ln(1+1) + C,\quad C = 1-\ln 2,$$

于是所求特解为

$$y = \ln(1+\mathrm{e}^x) + 1 - \ln 2.$$

三、一阶线性微分方程

形如

$$\frac{\mathrm{d}y}{\mathrm{d}x} + P(x)y = Q(x) \tag{4.7}$$

的微分方程，称为**一阶线性微分方程**，其中 $P(x)$，$Q(x)$都是已知的连续函数，$Q(x)$称为**自由项**.

一阶线性微分方程中所含的 y 和 y' 都是一次的且不含 y 和 y' 的乘积.

当 $Q(x)\not\equiv 0$ 时，方程(4.7)称为**一阶线性非齐次微分方程**；当$Q(x)\equiv 0$ 时，即有

$$\frac{\mathrm{d}y}{\mathrm{d}x} + P(x)y = 0, \tag{4.8}$$

称之为与一阶线性非齐次微分方程(4.7)相对应的**一阶线性齐次微分方程**.

例如，下列方程都是一阶线性非齐次微分方程：

$$\frac{\mathrm{d}y}{\mathrm{d}x} - \frac{1}{x}y = x^2,\quad y' + 2xy = 2x\mathrm{e}^{-x^2},$$

其中第一式中 $P(x)=-\dfrac{1}{x}$，$Q(x)=x^2$；第二式中 $P(x)=2x$，$Q(x)=2x\mathrm{e}^{-x^2}$.

一阶线性微分方程用**常数变易法**求解，其程序如下：

首先，求线性齐次方程(4.8)的通解.

方程(4.8)是可分离变量的微分方程，分离变量，得

$$\frac{\mathrm{d}y}{y} = -P(x)\mathrm{d}x.$$

两端积分，得通解

$$\ln y = -\int P(x)\mathrm{d}x + \ln C,$$

即

$$y = C\mathrm{e}^{-\int P(x)\mathrm{d}x}, \tag{4.9}$$

其中 C 是任意常数.

其次，求线性非齐次方程(4.7)的通解.

将方程(4.7)改写成

$$\frac{1}{y}\mathrm{d}y=\frac{Q(x)}{y}\mathrm{d}x-P(x)\mathrm{d}x. \tag{4.10}$$

由于 y 是 x 的函数，故可令 $\frac{Q(x)}{y}=\varphi(x)$，并记

$$\int\varphi(x)\mathrm{d}x=\int\frac{Q(x)}{y}\mathrm{d}x=\Phi(x)+\ln C_1.$$

对(4.10)式两端积分，得

$$\ln y=\Phi(x)+\ln C_1-\int P(x)\mathrm{d}x,$$

即

$$y=C_1\mathrm{e}^{\Phi(x)}\cdot\mathrm{e}^{-\int P(x)\mathrm{d}x}.$$

若令 $C_1\mathrm{e}^{\Phi(x)}=u(x)$，则

$$y=u(x)\mathrm{e}^{-\int P(x)\mathrm{d}x}. \tag{4.11}$$

至此，一阶线性非齐次微分方程的解虽未求出，但已能知道解的形式是(4.11)式.将它与(4.9)式相对照，发现只要将方程(4.8)的通解中的任意常数 C 换成 x 的函数 $u(x)$(称这种方法为**常数变易法**)，就可得到非齐次微分方程(4.7)的解的形式，其中 $u(x)$ 是个待定的函数.

因(4.11)式是方程(4.7)的解，故(4.11)式应满足方程(4.7).由此可确定 $u(x)$.为此，将(4.11)式对 x 求导数，得

$$\frac{\mathrm{d}y}{\mathrm{d}x}=\mathrm{e}^{-\int P(x)\mathrm{d}x}\frac{\mathrm{d}}{\mathrm{d}x}u(x)-u(x)P(x)\mathrm{e}^{-\int P(x)\mathrm{d}x}.$$

把上式和(4.11)式均代入微分方程(4.7)中，有

$$\mathrm{e}^{-\int P(x)\mathrm{d}x}\frac{\mathrm{d}}{\mathrm{d}x}u(x)-u(x)P(x)\mathrm{e}^{-\int P(x)\mathrm{d}x}+P(x)u(x)\mathrm{e}^{-\int P(x)\mathrm{d}x}=Q(x),$$

即

$$\mathrm{d}u(x)=Q(x)\mathrm{e}^{\int P(x)\mathrm{d}x}\mathrm{d}x.$$

两端积分，便得到待定函数 $u(x)$：

$$u(x)=\int Q(x)\mathrm{e}^{\int P(x)\mathrm{d}x}\mathrm{d}x+C,$$

其中 C 是任意常数.于是，一阶线性非齐次微分方程(4.7)的通解是

$$y=\mathrm{e}^{-\int P(x)\mathrm{d}x}\left(\int Q(x)\mathrm{e}^{\int P(x)\mathrm{d}x}\mathrm{d}x+C\right) \tag{4.12}$$

或

$$y=C\mathrm{e}^{-\int P(x)\mathrm{d}x}+\mathrm{e}^{-\int P(x)\mathrm{d}x}\int Q(x)\mathrm{e}^{\int P(x)\mathrm{d}x}\mathrm{d}x. \tag{4.13}$$

在(4.13)式中，第一项是齐次微分方程(4.8)的通解，记作 y_C；而第二项则是 $C=0$ 时非齐次微分方程(4.7)的特解，记作 y^*.于是

$$y=y_C+y^*,$$

即非齐次微分方程(4.7)的通解是由其一个特解与相应的齐次微分方程(4.8)的通解之和组成的.

例 5 求微分方程 $xy'+y=\sin x$ 的通解.

解 将微分方程化为标准形式

$$\frac{\mathrm{d}y}{\mathrm{d}x}+\frac{1}{x}y=\frac{\sin x}{x}.$$

这是一阶线性非齐次微分方程,其中 $P(x)=\frac{1}{x}$,$Q(x)=\frac{\sin x}{x}$.

用通解公式(4.12)求解.由于

$$\int P(x)\mathrm{d}x=\int\frac{1}{x}\mathrm{d}x=\ln x^{①},$$

$$\mathrm{e}^{\int P(x)\mathrm{d}x}=\mathrm{e}^{\ln x}=x,\quad \mathrm{e}^{-\int P(x)\mathrm{d}x}=\mathrm{e}^{-\ln x}=\frac{1}{x},$$

$$\int Q(x)\mathrm{e}^{\int P(x)\mathrm{d}x}\mathrm{d}x=\int\frac{\sin x}{x}x\,\mathrm{d}x=\int\sin x\mathrm{d}x=-\cos x,$$

所以原微分方程的通解为

$$y=\mathrm{e}^{-\int P(x)\mathrm{d}x}\left(\int Q(x)\mathrm{e}^{\int P(x)\mathrm{d}x}\mathrm{d}x+C\right)=\frac{1}{x}\cdot(-\cos x+C).$$

例 6 求微分方程 $y'+2xy=2x\mathrm{e}^{-x^2}$ 满足初始条件 $y\big|_{x=0}=0$ 的解.

解 这是一阶线性非齐次微分方程,其中 $P(x)=2x$,$Q(x)=2x\mathrm{e}^{-x^2}$.

用通解公式(4.12)求解.将 $P(x)$,$Q(x)$代入公式(4.12),有

$$\begin{aligned}y&=\mathrm{e}^{-\int 2x\mathrm{d}x}\left(\int 2x\mathrm{e}^{-x^2}\cdot\mathrm{e}^{\int 2x\mathrm{d}x}\mathrm{d}x+C\right)=\mathrm{e}^{-x^2}\left(\int 2x\mathrm{e}^{-x^2}\cdot\mathrm{e}^{x^2}\mathrm{d}x+C\right)\\&=\mathrm{e}^{-x^2}\left(\int 2x\mathrm{d}x+C\right)=\mathrm{e}^{-x^2}(x^2+C).\end{aligned}$$

将初始条件"当 $x=0$ 时,$y=0$"代入上式,有

$$0=0+C,\quad C=0.$$

于是,所求特解为

$$y=x^2\mathrm{e}^{-x^2}.$$

四、微分方程经济应用举例

微分方程在各个领域中有着广泛的应用.用微分方程解决应用问题的**程序**是:

首先,分析题意,建立表达题意的微分方程及相应的初始条件.这是最关键的一步.

其次,求解微分方程.依问题要求,求出通解或满足初始条件的特解.

最后,依据问题的需要,用所求得的解对实际问题做出解释.

---

① 这里不写积分常数.下同.

例 7　设一机械设备在任意时刻 t 以常数衰减率贬值. 若设备全新时价值为 10000 元，5 年末价值为 3000 元，求该设备在出厂 10 年末的价值.

解　(1) 建立微分方程并确定初始条件.

设该机械设备在任意时刻 t（单位：年）的价值为 P，则 $P=P(t)$. 按函数增长率（见§3.5）的意义，衰减率为负增长率. 若记常数 $-k\,(k>0)$ 为常数衰减率，则依题意有

$$\frac{1}{P}\cdot\frac{\mathrm{d}P}{\mathrm{d}t}=-k \quad \text{或} \quad \frac{\mathrm{d}P}{\mathrm{d}t}=-kP, \tag{4.14}$$

初始条件是 $P\Big|_{t=0}=10000$.

(2) 解微分方程.

(4.14)式是可分离变量的微分方程，易解得

$$P=C\mathrm{e}^{-kt}\quad (C\text{ 是任意常数}).$$

由 $P\Big|_{t=0}=10000$ 可得 $C=10000$. 于是，设备的价值 P 与时间 t 的函数关系为

$$P=10000\mathrm{e}^{-kt},$$

其中衰减率 $-k$ 尚是未知的.

为了确定衰减率 $-k$，由 $t=5$ 时 $P=3000$ 得

$$3000=10000\mathrm{e}^{-5k},\quad \text{即}\quad \mathrm{e}^{-5k}=\frac{3}{10}.$$

而 10 年末机械设备的价值是 $t=10$ 时 P 的值，即

$$P=10000\mathrm{e}^{-10k}=10000(\mathrm{e}^{-5k})^2=10000\times\left(\frac{3}{10}\right)^2=900\ (\text{单位：元}).$$

例 8　净利润 π 与广告开支 x 之间的关系是，净利润随着广告开支增加的增加率正比于常数 $a\,(a>0)$ 与净利润之差. 设当 $x=0$ 时，$\pi=\pi_0$，试求净利润与广告开支之间的关系.

解　根据题意，$\dfrac{\mathrm{d}\pi}{\mathrm{d}x}$ 与常数 a 减去净利润 π 所得的差成正比，即

$$\frac{\mathrm{d}\pi}{\mathrm{d}x}=k(a-\pi)\quad (k>0\text{ 是比例系数}).$$

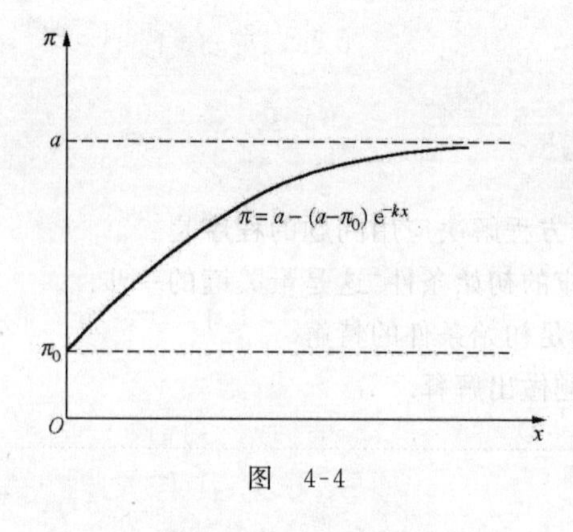

图　4-4

分离变量并积分，得

$$\frac{\mathrm{d}\pi}{a-\pi}=k\mathrm{d}x,\quad a-\pi=C\mathrm{e}^{-kx},$$

即

$$\pi=a-C\mathrm{e}^{-kx}.$$

由初始条件“当 $x=0$ 时，$\pi=\pi_0$”得

$$C=a-\pi_0,$$

于是

$$\pi=a-(a-\pi_0)\mathrm{e}^{-kx}.$$

因此，在没有广告开支时，净利润为 π_0. 随着广告开支增加，净利润 π 也随之增加；但不是无限增加，而是趋于最大值 a（图 4-4）.

例 9 设商品的需求函数与供给函数分别为

$$Q_{\mathrm{d}} = a - bP \ (a,b > 0), \quad Q_{\mathrm{s}} = -c + dP \ (c,d > 0).$$

又价格 P 由市场调节：视价格 P 随时间 t 变化而变化，且在任意时刻价格的变化率与当时的过剩需求成正比. 若商品的初始价格为 P_0，试确定价格 P 与时间 t 的函数关系.

分析 该问题要求的是一个函数

$$P = P(t),$$

即在假设价格 P 由市场调节，把 P 看作时间 t 的函数的情况下，确定 P 与 t 的函数关系.

已知条件是：

(1) 需求函数与供给函数分别是

$$Q_{\mathrm{d}} = a - bP, \quad Q_{\mathrm{s}} = -c + dP;$$

(2) 价格的变化率与当时的过剩需求成正比.

$Q_{\mathrm{d}} - Q_{\mathrm{s}}$(需求量与供给量之差)称为**过剩需求**或**超额需求**. 若以 $\alpha > 0$ 作为比例系数，则

$$\frac{\mathrm{d}P}{\mathrm{d}t} = \alpha(Q_{\mathrm{d}} - Q_{\mathrm{s}}).$$

(3) 初始价格，即 $t=0$ 时的价格 $P\Big|_{t=0} = P_0$.

解释 (1) 需求函数 $Q_{\mathrm{d}} = a - bP$ 是单调减少函数，供给函数 $Q_{\mathrm{s}} = -c + dP$ 是单调增加函数.

(2) 价格由市场调节.

市场均衡：供给量与需求量相等时，市场处于均衡状态，即 $Q_{\mathrm{d}} = Q_{\mathrm{s}}$.

均衡价格：$Q_{\mathrm{d}} = Q_{\mathrm{s}}$ 时的价格为均衡价格. 由

$$a - bP = -c + dP$$

得均衡价格(图 4-5)

$$\overline{P} = \frac{a+c}{b+d}.$$

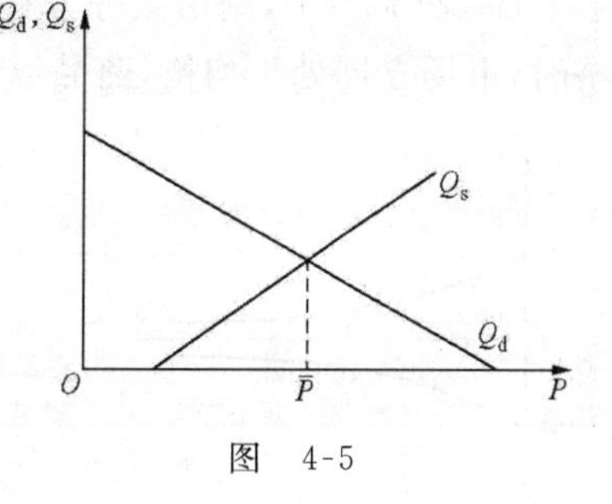

图 4-5

市场不均衡时，$Q_{\mathrm{d}} \neq Q_{\mathrm{s}}$. 商品价格 P 由需求供给的相对力量来支配：

当 $Q_{\mathrm{d}} > Q_{\mathrm{s}}$ 时，供不应求，价格上涨；

当 $Q_{\mathrm{d}} < Q_{\mathrm{s}}$ 时，供过于求，价格下降.

这样，市场欲由不均衡达到均衡，必须经过适当的调整. 在这个调整过程中，价格 P 可看作时间 t 的函数，并假设在任意时刻 t，价格 P 的变化率与当时的过剩需求成正比.

解 (1) 建立微分方程并确定初始条件.

设所求函数为 $P = P(t)$. 由已知条件有

$$\frac{\mathrm{d}P}{\mathrm{d}t} = \alpha(Q_{\mathrm{d}} - Q_{\mathrm{s}}), \tag{4.15}$$

其中比例系数是 $\alpha > 0$，$Q_{\mathrm{d}} - Q_{\mathrm{s}}$ 是过剩需求.

又 $Q_d=a-bP, Q_s=-c+dP$，将其代入方程(4.15)中，得

$$\frac{dP}{dt}=\alpha(a-bP+c-dP),$$

即
$$\frac{dP}{dt}+\alpha(b+d)P=\alpha(a+c). \tag{4.16}$$

这是一阶线性微分方程，该问题的初始条件是 $P(0)=P_0$.

(2) 解微分方程.

容易求得微分方程(4.16)的通解为

$$P(t)=Ce^{-\alpha(b+d)t}+\frac{a+c}{b+d}\quad (C\text{ 为任意常数}).$$

由初始条件确定任意常数 C：

$$P_0=C+\frac{a+c}{b+d},\quad 即\quad C=P_0-\bar{P}.$$

若记 $k=\alpha(b+d)$，则微分方程的特解为

$$P(t)=(P_0-\bar{P})e^{-kt}+\bar{P}. \tag{4.17}$$

这就是所求的函数，其中 $\bar{P}$ 是常数，为均衡价格；$(P_0-\bar{P})e^{-kt}$ 为 t 的函数.

(3) 对所得的解做出解释.

由于 $P_0,\bar{P},k$ 都是正常数，当 $t\to+\infty$ 时，$(P_0-\bar{P})e^{-kt}\to 0$.

(i) 若 $P_0=\bar{P}$，则由微分方程的特解(4.17)可看出，$P(t)=\bar{P}$，即初始价格恰好是均衡价格时，市场立即处于均衡，商品以常数价格销售；

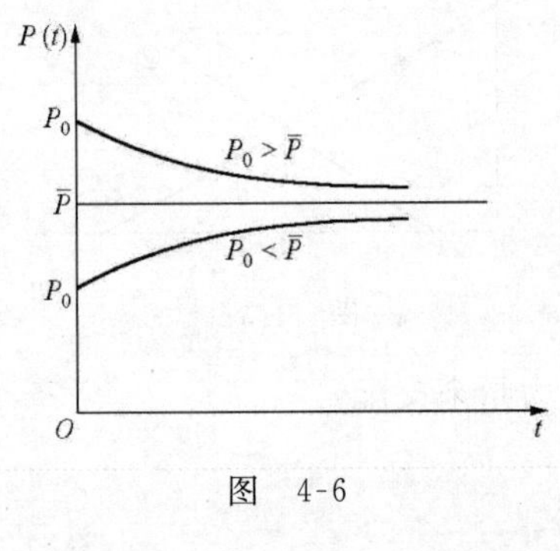

图　4-6

(ii) 若 $P_0>\bar{P}$，则由微分方程的特解(4.17)可看出，因 $(P_0-\bar{P})e^{-kt}>0$ $(e^{-kt}>0)$，当 $t\to+\infty$ 时，$P(t)\to\bar{P}_+$，即初始价格大于均衡价格时，价格 P 随时间 t 变化，$P(t)$ 从大于均衡价格趋于均衡价格(图 4-6)；

(iii) 若 $P_0<\bar{P}$，则由微分方程的特解(4.17)可看出，因 $(P_0-\bar{P})e^{-kt}<0$，当 $t\to+\infty$ 时，$P(t)\to\bar{P}_-$，即初始价格小于均衡价格时，$P(t)$ 从小于均衡价格趋于均衡价格(图 4-6).

在 $P(t)$ 的表达式中有两项：

$$P(t)=(P_0-\bar{P})e^{-kt}+\bar{P},$$

其中 $\bar{P}$ 是均衡价格，是常数；$(P_0-\bar{P})e^{-kt}$ 随时间 t 变化而变化，可理解为均衡偏差.

习　题　4.4

A　组

1. 验证所给函数是已知微分方程的解，并说明是通解还是特解：

(1) 函数 $y=\frac{\sin x}{x}$，微分方程 $xy'+y=\cos x$；　　(2) 函数 $y=Ce^{-2x}+\frac{1}{4}e^{2x}$，微分方程 $y'+2y=e^{2x}$.

2. 求下列微分方程的通解或满足初始条件的特解：

(1) $e^{x+y}dx+dy=0$；　　(2) $2\ln x dx+x dy=0$；

(3) $\frac{dy}{dx}+yx^2=0$，$y\Big|_{x=0}=1$；　　(4) $y'=(1-y)\cos x$，$y\Big|_{x=\pi/6}=0$.

3. 求下列微分方程的通解或满足初始条件的特解：

(1) $y'+2y=e^{-x}$；　　(2) $2y'-y=e^{-x}$；

(3) $xy'+y=\cos x$，$y\Big|_{x=\pi}=1$；　　(4) $x^2+xy'=y$，$y\Big|_{x=1}=0$.

4. 一条曲线过点(0,2)，且其上任一点的切线的斜率是这点纵坐标的3倍，求此曲线方程.

5. 设某商品的需求价格弹性为 $E_d=-2P\ln 5$，且该商品的最大需求量为10000(即当 $P=0$ 时，$Q=10000$)，求需求函数.

6. 英国人口学家马尔萨斯(Malthus，1766—1834)根据百余年的人口统计资料，于1798年提出了人口指数增长模型.他的基本假设是：单位时间内人口的增长量与当时的人口总数成正比.若已知 t_0 时的人口总数为 x_0，试根据马尔萨斯假定确定出时间 t 与人口总数 x 之间的函数关系 $x(t)$.根据我国国家统计局1990年10月30日发布的公报，1990年7月1日我国人口总数为11.6亿.过去8年的年人口平均增长率为1.48%，若今后的年增长率保持这个数字，试用马尔萨斯理论估计我国2010年的人口总数.

7. 设订货和存贮成本 C 随数量 Q 变化而变化的关系用如下方程来表示：

$$\frac{dC}{dQ}=a-\frac{C}{Q},$$

其中 a 是常数.假设当 $Q=Q_0$ 时，$C(Q_0)=C_0$，试求函数 $C=C(Q)$.

B 组

1. 求下列微分方程的通解和满足初始条件的特解：

(1) $(xy^2+x)dx+(x^2y-y)dy=0$，当 $x=0$ 时，$y=1$；

(2) $(x^2+3)y'=2xy+(x^2+3)^2\cos x$.

2. 设总成本 C 增加的速率与产出单位数 Q 加一常数 a 成正比，与总成本成反比，且当 $Q=0$ 时，$C=C_0$，求总成本函数.

总习题四

1. 设函数 $f(x)$ 的一个原函数为 $\ln x$，则 $f'(x)=$(　　).

(A) $\frac{1}{x}$；　　(B) $-\frac{1}{x^2}$；　　(C) $x\ln x$；　　(D) e^x.

2. 设函数 $f(x)$ 的导数是 $a^x(a>0,a\neq1)$，则 $f(x)$ 的全体原函数是(　　).

(A) $\frac{a^x}{\ln a}+C$；　　(B) $\frac{a^x}{\ln^2 a}+C$；　　(C) $\frac{a^x}{\ln^2 a}+C_1x+C_2$；　　(D) $a^x\ln^2 a+C_1x+C_2$.

3. 若 $\int f(x)e^{1/x}dx=-e^{1/x}+C$，则 $f(x)=$(　　).

(A) $\frac{1}{x}$；　　(B) $\frac{1}{x^2}$；　　(C) $-\frac{1}{x}$；　　(D) $-\frac{1}{x^2}$.

4. 若$\int f(x)\mathrm{d}x = F(x)+C$，则$\int \mathrm{e}^{-x} f(\mathrm{e}^{-x})\mathrm{d}x = $(　　).

(A) $F(\mathrm{e}^{x})+C$；　(B) $F(\mathrm{e}^{-x})+C$；

(C) $-F(\mathrm{e}^{x})+C$；　(D) $-F(\mathrm{e}^{-x})+C$.

5. 设 e^{-x} 是 $f(x)$ 的一个原函数，则 $\int xf(x)\mathrm{d}x=$(　　).

(A) $\mathrm{e}^{-x}(1-x)+C$；　(B) $\mathrm{e}^{-x}(1+x)+C$；

(C) $\mathrm{e}^{-x}(x-1)+C$；　(D) $-\mathrm{e}^{-x}(x+1)+C$.

6. $\int \mathrm{e}^{\sin\theta}\sin\theta\cos\theta\mathrm{d}\theta = $(　　).

(A) $\mathrm{e}^{\sin\theta}+C$；　(B) $\mathrm{e}^{\sin\theta}\sin\theta+C$；

(C) $\mathrm{e}^{\sin\theta}\cos\theta+C$；　(D) $\mathrm{e}^{\sin\theta}(\sin\theta-1)+C$.

7. 下列微分方程中，不是可分离变量的方程是(　　).

(A) $y'=\dfrac{1+y^2}{xy+x^3y}$；　(B) $\sqrt{x^2-1}\mathrm{d}y=\sqrt{y^2-1}\mathrm{d}x$；

(C) $(\mathrm{e}^{x+y}-\mathrm{e}^{x})\mathrm{d}x+(\mathrm{e}^{x+y}+\mathrm{e}^{y})\mathrm{d}y=0$；　(D) $xy'+y=2\sqrt{xy}$.

8. 下列微分方程中，不是一阶线性微分方程的是(　　).

(A) $y'=-\dfrac{y}{x}+y^2\ln x$；　(B) $(x+1)y'=-(y+2\mathrm{e}^{-x})$；

(C) $\dfrac{\mathrm{d}y}{\mathrm{d}x}=\dfrac{1}{x\cos y+\sin 2y}$；　(D) $y'=\dfrac{1}{1-x^2}y-1-x$.

第五章　定积分及其应用

定积分是微积分的重要概念之一.它是从几何学、物理学、经济学等学科的某些具体问题中抽象出来的,因而在各个领域中有着广泛的应用.本章首先讲述定积分的概念与性质;然后介绍揭示积分法与微分法之间关系的微积分学基本定理,从而引出计算定积分的一般方法,并在此基础上讨论定积分的应用;最后简要讲述广义积分.

§5.1　定积分的概念与性质

一、引出定积分概念的实例

我们从几何学中的面积问题和经济学中的总产量问题引入定积分概念.

1. 曲边梯形的面积

由连续曲线 $y=f(x)(\geqslant 0)$,直线 $x=a,x=b(a<b)$ 和 $y=0$(即 x 轴)所围成的平面图形 $aA'B'b$ 如图 5-1 所示,形如这样的平面图形称为**曲边梯形**.

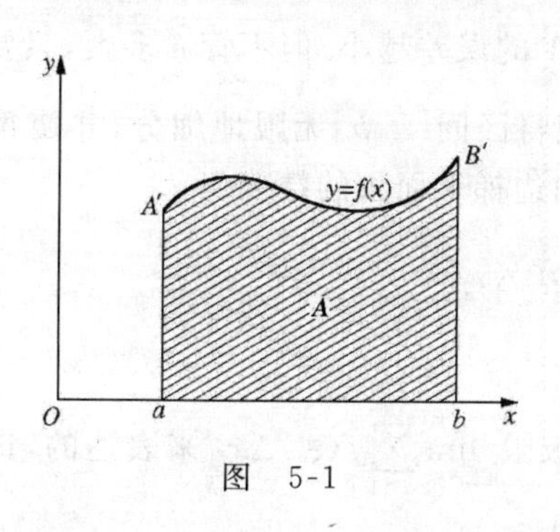

图　5-1

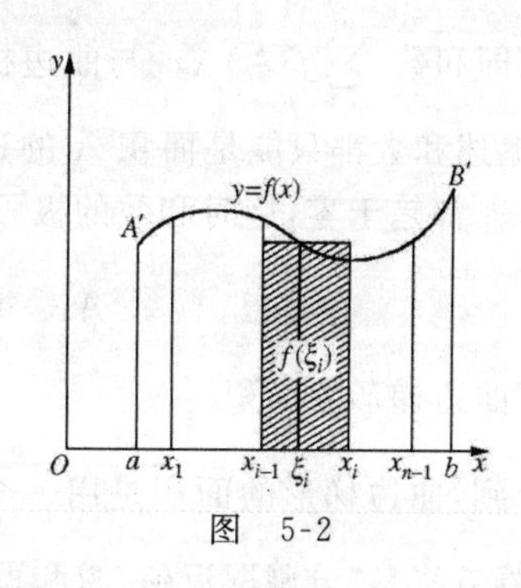

图　5-2

这个四边形,由于有一条边为曲边 $y=f(x)$,所以不能用初等数学方法计算其面积.可按下述**程序**计算曲边梯形 $aA'B'b$ 的面积 A:

(1) **分割**——分曲边梯形为 n 个小曲边梯形.

任意选取分点

$$a=x_0<x_1<x_2<\cdots<x_{n-1}<x_n=b,$$

把区间 $[a,b]$ 分成 n 个小区间 $[x_0,x_1],[x_1,x_2],\cdots,[x_{n-1},x_n]$,简记作

$$[x_{i-1},x_i],\quad i=1,2,\cdots,n.$$

每个小区间的长度是

$$\Delta x_i = x_i - x_{i-1}, \quad i = 1,2,\cdots,n,$$

其中最长的记作 Δx，即

$$\Delta x = \max_{1\leqslant i\leqslant n}\{\Delta x_i\}.$$

过各分点作 x 轴的垂线，这样原曲边梯形就被分成 n 个小曲边梯形（图 5-2）. 第 i 个小曲边梯形的面积记作

$$\Delta A_i, \quad i=1,2,\cdots,n.$$

（2）**近似代替**——用小矩形的面积代替小曲边梯形的面积.

在每一个小区间 $[x_{i-1},x_i]$ $(i=1,2,\cdots,n)$ 上任选一点 ξ_i，用与小曲边梯形同底，以 $f(\xi_i)$ 为高的小矩形的面积 $f(\xi_i)\Delta x_i$ 近似代替小曲边梯形的面积，这时有（图 5-2）

$$\Delta A_i \approx f(\xi_i)\Delta x_i, \quad i = 1,2,\cdots,n.$$

（3）**求和**——求 n 个小矩形面积之和.

n 个小矩形构成的阶梯形的面积 $\sum\limits_{i=1}^{n} f(\xi_i)\Delta x_i$，是原曲边梯形面积的一个近似值（图 5-2），即有

$$A = \sum_{i=1}^{n}\Delta A_i \approx \sum_{i=1}^{n} f(\xi_i)\Delta x_i.$$

（4）**取极限**——由近似值过渡到精确值.

分割区间 $[a,b]$ 的点数越多，即 n 越大，且每个小区间的长度 Δx_i 越短，即分割越细，阶梯形的面积即和数 $\sum\limits_{i=1}^{n} f(\xi_i)\Delta x_i$ 与曲边梯形面积 A 的误差越小. 但不管 n 多大，只要 n 取定为有限数，上述和数都只能是面积 A 的近似值. 现将区间 $[a,b]$ 无限地细分，并使每个小区间的长度 Δx_i 都趋于零，这时和数的极限就是原曲边梯形面积的精确值：

$$A = \lim_{\Delta x\to 0}\sum_{i=1}^{n} f(\xi_i)\Delta x_i.$$

这就得到了曲边梯形的面积.

我们看到，曲边梯形的面积是用一个和式的极限 $\lim\limits_{\Delta x\to 0}\sum\limits_{i=1}^{n} f(\xi_i)\Delta x_i$ 来表达的，这是无限项相加. 计算方法是"**分割取近似，求和取极限**"，即

先求阶梯形的面积：在局部范围内，**以直代曲**，即以直线段代替曲线段，求得阶梯形的面积，它是曲边梯形面积的近似值；

再求曲边梯形的面积：通过取极限，**由有限过渡到无限**，即对区间 $[a,b]$ 由有限分割过渡到无限细分，阶梯形变为曲边梯形，从而得到曲边梯形的面积.

2. 产品的总产量

生产某产品时，已知其产量 Q 对时间 t 的变化率为 $w=w(t)$. 设生产过程是连续进行的，试确定从时刻 $t=a$ 到时刻 $t=b$ 这段时间内，即在时间区间 $[a,b]$ 内所生产产品的总产量.

若产量的变化率 w 是常量，即在每单位时间内，生产产品的数量相同，则总产量 Q 应如下计算：

$$Q = w \times \text{所经历的时间}.$$

现变化率 w 为时间 t 的函数，即 w 为变量，可按下述**程序**计算总产量 Q：

(1) **分割**——分总产量为 n 个部分产量.

任意选取分点(图 5-3)

$$a = t_0 < t_1 < \cdots < t_{n-1} < t_n = b,$$

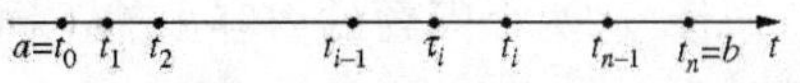

$a=t_0$ t_1 t_2 t_{i-1} τ_i t_i t_{n-1} $t_n=b$ t

图 5-3

把时间区间 $[a,b]$ 分成 n 个小时间区间

$$[t_{i-1}, t_i], \quad i = 1,2,\cdots,n,$$

且令

$$\Delta t = \max_{1 \leqslant i \leqslant n}\{\Delta t_i\}.$$

在第 i 个小时间区间内所生产产品的部分产量记作

$$\Delta Q_i, \quad i = 1,2,\cdots,n.$$

(2) **近似代替**——以变化率为常量时所生产产品的部分产量代替变化率为变量时所生产产品的部分产量.

在每一个小时间区间 $[t_{i-1}, t_i]$ $(i=1,2,\cdots,n)$ 上任取一时刻 τ_i，假设以该时刻产量的变化率进行生产，在相应的小时间区间上所生产产品的部分产量是 $w(\tau_i)\Delta t_i$，用它来近似代替变化率为变量时在该小时间区间上所生产产品的部分产量，即

$$\Delta Q_i \approx w(\tau_i)\Delta t_i, \quad i = 1,2,\cdots,n.$$

(3) **求和**——求 n 个以变化率为常量时所生产产品的部分产量之和.

将 n 个以变化率为常量时所生产产品的部分产量之和 $\sum\limits_{i=1}^{n} w(\tau_i)\Delta t_i$ 作为变化率为变量时在时间区间 $[a,b]$ 上所生产产品的总产量的近似值：

$$Q = \sum_{i=1}^{n} \Delta Q_i \approx \sum_{i=1}^{n} w(\tau_i)\Delta t_i.$$

(4) **取极限**——由近似值过渡到精确值.

分割时间区间 $[a,b]$ 的点数越多，即 n 越大，且每个小时间区间的长度 Δt_i 越短，即分割越细，和数 $\sum\limits_{i=1}^{n} w(\tau_i)\Delta t_i$ 与总产量 Q 的误差越小. 但不管 n 多大，只要 n 取定为有限数，上述和数都只是总产量 Q 的近似值. 现将时间区间 $[a,b]$ 无限地细分，并使每个小区间长度 Δt_i 都趋于零，这时上述和数的极限就是总产量 Q 的精确值：

$$Q = \lim_{\Delta t \to 0} \sum_{i=1}^{n} w(\tau_i)\Delta t_i.$$

这就得到了产品的总产量.

总产量也是一个和式的极限：$\lim\limits_{\Delta t \to 0} \sum\limits_{i=1}^{n} w(\tau_i)\Delta t_i$，也是无限项相加. 以上计算方法，也是通过“**分割取近似，求和取极限**”得到的，即

先求变化率为常量时所生产产品的总产量：在局部范围内**以不变代变**，即变化率为常

量代替变化率为变量,求得变化率为常量时所生产产品的数量,它是总产量的近似值;

再求变化率为变量时所生产产品的总产量:通过取极限,**由有限过渡到无限**,即对时间区间$[a,b]$由有限分割过渡到无限细分,变化率为常量时所生产产品的数量就成为变化率为变量时所生产产品的数量,从而得到总产量.

以上两个实际问题,其一是几何问题:求曲边梯形的面积;其二是经济问题:求产品的总产量.这两个问题的内容虽然不同,但解决问题的方法却完全相同,都是采取"**分割—近似代替—求和—取极限**"的方法,而最后都归结为**同一种结构的和式的极限**.事实上,很多实际问题的解决都采取这种方法,并且都归结为这种结构的和式的极限.现抛开问题的实际内容,只从数量关系上的共性加以概括和抽象,便得到了定积分的概念.

二、定积分的概念

1. 定积分的定义

定义 5.1 设函数 $f(x)$在闭区间$[a,b]$上有定义,用分点

$$a = x_0 < x_1 < x_2 < \cdots < x_{n-1} < x_n = b$$

把区间$[a,b]$任意分割成 n 个小区间

$$[x_{i-1},\ x_i],\quad i = 1,2,\cdots,n,$$

其长度为

$$\Delta x_i = x_i - x_{i-1},\quad i = 1,2,\cdots,n,$$

并记

$$\Delta x = \max_{1\leqslant i\leqslant n}\{\Delta x_i\}.$$

在每个小区间$[x_{i-1},x_i]$上任取一点 ξ_i,作乘积的和式

$$\sum_{i=1}^{n} f(\xi_i)\Delta x_i.$$

当 $\Delta x \to 0$ 时,若上述和式的极限存在,且这极限与区间$[a,b]$的分法无关,与点 ξ_i 的取法也无关,则称函数 $f(x)$在区间$[a,b]$上是**可积**的,并称此**极限值**为函数 $f(x)$在区间$[a,b]$上的**定积分**,记作 $\int_a^b f(x)\mathrm{d}x$,即

$$\int_a^b f(x)\mathrm{d}x = \lim_{\Delta x\to 0}\sum_{i=1}^{n} f(\xi_i)\Delta x_i,$$

其中 $f(x)$称为**被积函数**,$f(x)\mathrm{d}x$ 称为**被积表达式**,x 称为**积分变量**,a 称为**积分下限**,b 称为**积分上限**,$[a,b]$称为**积分区间**.

由上述定义知,定积分 $\int_a^b f(x)\mathrm{d}x$ 表示一个数值,这个值取决于被积函数 $f(x)$和积分区间$[a,b]$,而与积分变量用什么字母**无关**,即

$$\int_a^b f(x)\mathrm{d}x = \int_a^b f(t)\mathrm{d}t.$$

还有,在定积分记号 $\int_a^b f(x)\mathrm{d}x$ 中,假设 $a<b$,但实际上,定积分上、下限的大小是不受

限制的，不过在颠倒积分上下限时，必须**改变定积分的符号**：

$$\int_a^b f(x)\mathrm{d}x = -\int_b^a f(x)\mathrm{d}x.$$

特别地，有

$$\int_a^a f(x)\mathrm{d}x = 0.$$

当函数 $f(x)$ 在区间 $[a,b]$ 上的定积分存在时，称 $f(x)$ 在 $[a,b]$ 上是**可积**的. 关于可积这个问题有如下**结论**：

(1) 若函数 $f(x)$ 在闭区间 $[a,b]$ 上可积，则 $f(x)$ 在 $[a,b]$ 上**有界**.

这表明函数有界是可积的必要条件，无界函数一定不可积.

(2) 若函数 $f(x)$ 在闭区间 $[a,b]$ 上连续，则 $f(x)$ 在 $[a,b]$ 上**可积**.

在有限区间上，函数连续是可积的充分条件，但不是必要条件.

在闭区间 $[a,b]$ 上只有有限个间断点的有界函数 $f(x)$，在该区间上**可积**.

2. 定积分的几何意义

按定积分的定义，由连续曲线 $y=f(x)\geqslant 0$，直线 $x=a$，$x=b(a<b)$ 和 x 轴所围成的曲边梯形，其面积 A 是作为曲边的函数 $y=f(x)$ 在区间 $[a,b]$ 上的定积分：

$$A = \int_a^b f(x)\mathrm{d}x.$$

特别地，在区间 $[a,b]$ 上，若 $f(x)\equiv 1$，则

$$\int_a^b f(x)\mathrm{d}x = \int_a^b \mathrm{d}x = b-a.$$

从几何上看，上述定积分表示以区间 $[a,b]$ 为底，高为 1 的矩形的面积(图 5-4). 显然，在数值上它等于区间长度.

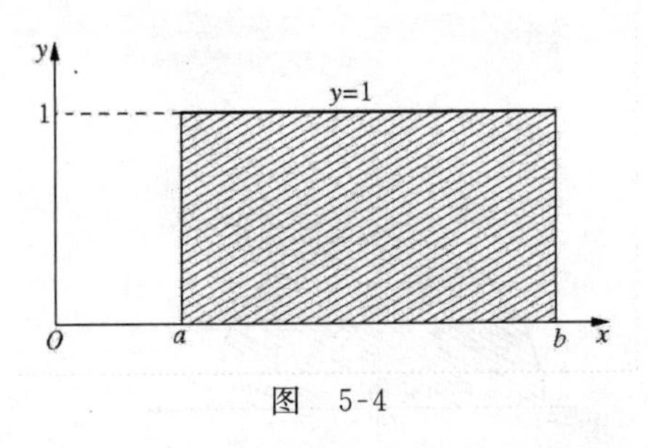

图 5-4

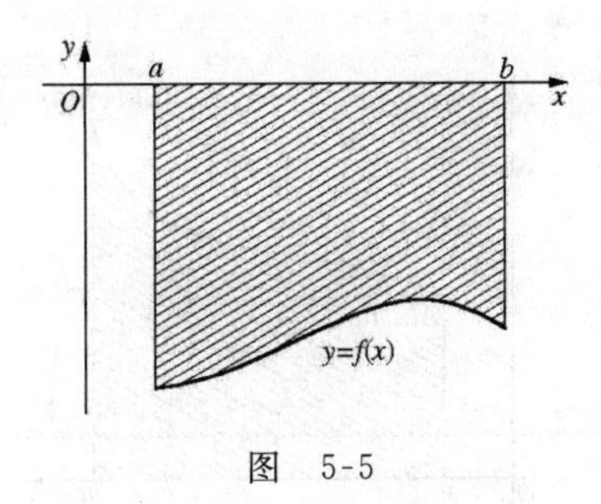

图 5-5

当 $f(x)\leqslant 0$ 时，由曲线 $y=f(x)$，直线 $x=a$，$x=b$ 和 x 轴所围成的平面图形是倒挂在 x 轴上的曲边梯形(图 5-5). 这时，定积分 $\int_a^b f(x)\mathrm{d}x$ 在几何上表示曲边梯形面积的相反数. 若以 A 记曲边梯形的面积，则

$$A = -\int_a^b f(x)\mathrm{d}x.$$

当 $f(x)$ 在区间 $[a,b]$ 上有正、有负时，如图 5-6 所示，定积分 $\int_a^b f(x)\mathrm{d}x$ 在几何上表示各个阴影部分面积的代数和. 若以 A 记阴影部分的面积，则

$$A=\int_a^c f(x)\mathrm{d}x-\int_c^d f(x)\mathrm{d}x+\int_d^b f(x)\mathrm{d}x.$$

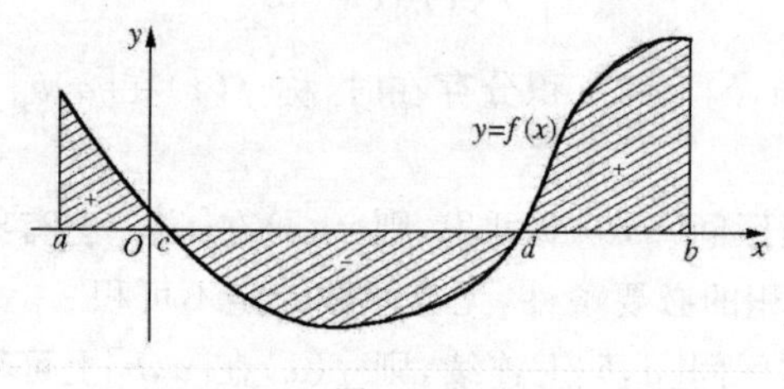

图　5-6

例 1　在区间 $[a,b]$ 上，若 $f(x)>0, f'(x)>0$，试用几何图形说明下不等式成立：

$$f(a)(b-a)<\int_a^b f(x)\mathrm{d}x<f(b)(b-a).$$

解　在区间 $[a,b]$ 上，因为 $f(x)>0, f'(x)>0$，所以曲线 $y=f(x)$ 在 x 轴上方且单调上升，如图 5-7 所示. 由于

$$\text{曲边梯形 } aABb \text{ 的面积}=\int_a^b f(x)\mathrm{d}x,$$

$$\text{矩形 } aACb \text{ 的面积}=f(a)(b-a),$$

$$\text{矩形 } aDBb \text{ 的面积}=f(b)(b-a),$$

显然有

$$f(a)(b-a)<\int_a^b f(x)\mathrm{d}x<f(b)(b-a).$$

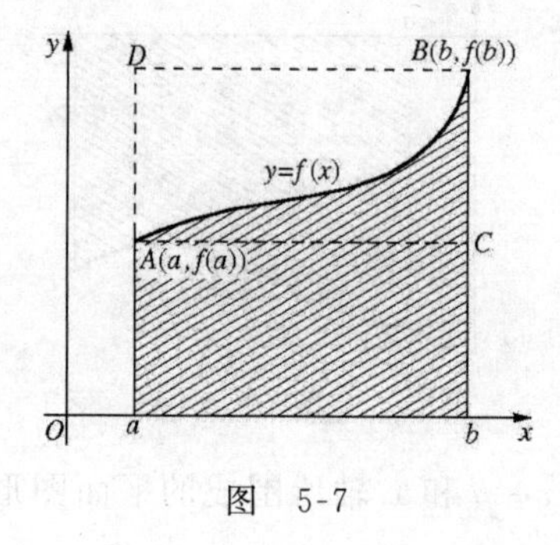

图　5-7

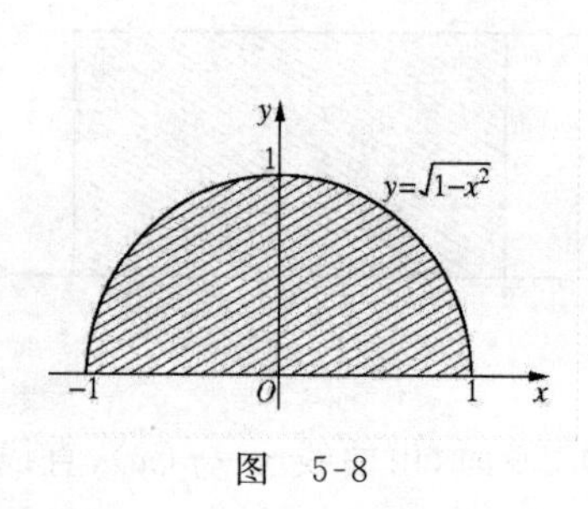

图　5-8

例 2　用几何图形说明等式 $\int_{-1}^1\sqrt{1-x^2}\,\mathrm{d}x=\frac{\pi}{2}$ 成立.

解　曲线 $y=\sqrt{1-x^2}\ (x\in[-1,1])$ 是单位圆在 x 轴上方的部分(图 5-8). 按定积分的几何意义，上半圆的面积正是作为曲边的函数 $y=\sqrt{1-x^2}$ 在区间 $[-1,1]$ 上的定积分. 而上

半圆的面积是 $\frac{\pi}{2}$，故有等式

$$\int_{-1}^{1}\sqrt{1-x^2}\,dx=\frac{\pi}{2}.$$

三、定积分的性质

以下总假设所讨论的函数在给定的区间上是可积的；在作几何说明时，又假设所给函数是非负的.

性质 1 常数因子 k 可提到积分符号之前：

$$\int_a^b kf(x)\,dx=k\int_a^b f(x)\,dx.$$

性质 2 代数和的定积分等于定积分的代数和：

$$\int_a^b [f(x)\pm g(x)]\,dx=\int_a^b f(x)\,dx\pm\int_a^b g(x)\,dx.$$

性质 3（定积分对积分区间的可加性） 对任意三个数 a,b,c，总有

$$\int_a^b f(x)\,dx=\int_a^c f(x)\,dx+\int_c^b f(x)\,dx. \tag{5.1}$$

对(5.1)式我们做几何说明：

(1) 当 $a<c<b$ 时，由定积分的几何意义(图 5-9)可知

曲边梯形 $aABb$ 的面积 $=aACc$ 的面积 $+cCBb$ 的面积，

即
$$\int_a^b f(x)\,dx=\int_a^c f(x)\,dx+\int_c^b f(x)\,dx.$$

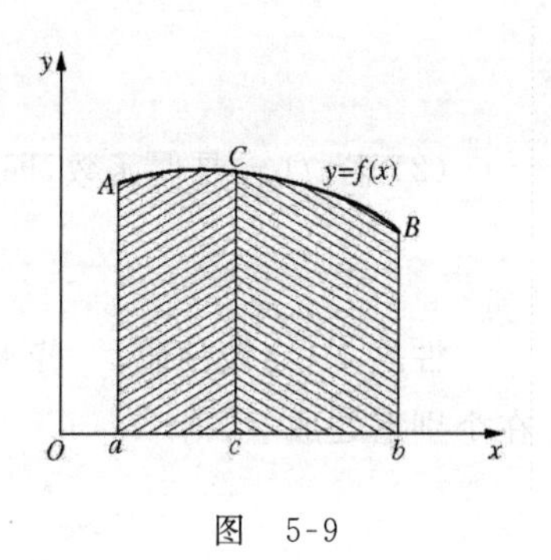

图 5-9

(2) 当 $a<b<c$ 时，由前一种情形应有

$$\int_a^c f(x)\,dx=\int_a^b f(x)\,dx+\int_b^c f(x)\,dx.$$

移项，有

$$\int_a^b f(x)\,dx=\int_a^c f(x)\,dx-\int_b^c f(x)\,dx.$$

对上式右端的第二个积分，交换上、下限，有

$$\int_a^b f(x)\,dx=\int_a^c f(x)\,dx+\int_c^b f(x)\,dx.$$

其他情形可类似推出.

例 3 用几何图形说明下列式子成立：

(1) $\int_{-1}^{1}x^3\,dx=0$； (2) $\int_{-1}^{1}x^2\,dx=2\int_0^1 x^2\,dx$.

解 (1) 如图 5-10 所示，根据定积分的性质 3 和定积分的几何意义，有

$$\int_{-1}^{1}x^3\,dx=\int_{-1}^{0}x^3\,dx+\int_0^1 x^3\,dx=0.$$

(2) 如图 5-11 所示，如(1)同样理由，有

$$\int_{-1}^{1} x^2 \mathrm{d}x = \int_{-1}^{0} x^2 \mathrm{d}x + \int_{0}^{1} x^2 \mathrm{d}x = 2\int_{0}^{1} x^2 \mathrm{d}x.$$

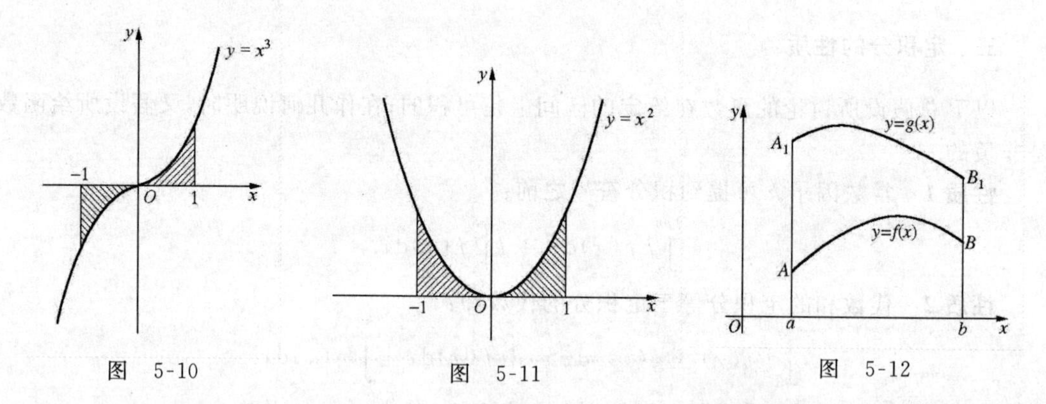

图　5-10　　　图　5-11　　　图　5-12

注意到函数 $f(x)=x^3$ 和 $f(x)=x^2$ 在对称区间$[-1,1]$上分别为奇函数和偶函数. 对此，我们有一般**结论**：设函数 $f(x)$在对称区间$[-a,a]$上连续.

(1) 若 $f(x)$是奇函数，即 $f(-x)=-f(x)$，则

$$\int_{-a}^{a} f(x)\mathrm{d}x = 0;$$

(2) 若 $f(x)$是偶函数，即 $f(-x)=f(x)$，则

$$\int_{-a}^{a} f(x)\mathrm{d}x = 2\int_{0}^{a} f(x)\mathrm{d}x.$$

性质 4 (比较性质)　若函数 $f(x)$和 $g(x)$在区间$[a,b]$上总有 $f(x)\leqslant g(x)$，而等号仅在个别点处成立，则

$$\int_{a}^{b} f(x)\mathrm{d}x < \int_{a}^{b} g(x)\mathrm{d}x.$$

事实上，由图 5-12 知，两个曲边梯形的面积有关系

$$aABb \text{ 的面积} < aA_1B_1b \text{ 的面积},$$

即

$$\int_{a}^{b} f(x)\mathrm{d}x < \int_{a}^{b} g(x)\mathrm{d}x.$$

例 4　比较下列定积分的大小：

(1) $\int_{1}^{2} \ln x \mathrm{d}x$ 与 $\int_{1}^{2} \ln^2 x \mathrm{d}x$;　　　(2) $\int_{0}^{1} \mathrm{e}^x \mathrm{d}x$ 与 $\int_{0}^{1} \mathrm{e}^{x^2} \mathrm{d}x$.

解　(1) 在区间$[1,2]$上，因为 $0\leqslant \ln x<1$，所以 $\ln x\geqslant \ln^2 x$ (等号仅在 $x=1$ 处成立). 故

$$\int_{1}^{2} \ln x \mathrm{d}x > \int_{1}^{2} \ln^2 x \mathrm{d}x.$$

(2) 在区间$[0,1]$上,因 $x\geqslant x^2$,而 e^x 是单调增加函数,即 $e^x\geqslant e^{x^2}$(等号仅在 $x=0$ 和 $x=1$ 处成立),故

$$\int_0^1 e^x dx > \int_0^1 e^{x^2} dx.$$

性质 5 (估值定理) 若函数 $f(x)$在闭区间$[a,b]$上的最大值与最小值分别为 M 与 m,则

$$m(b-a)\leqslant\int_a^b f(x)dx\leqslant M(b-a).$$

从定积分的几何意义看,如图 5-13 所示,这是显然的:

矩形 aA_1B_1b 的面积≤曲边梯形 $aABb$ 的面积≤矩形 aA_2B_2b 的面积,

即
$$m(b-a)\leqslant\int_a^b f(x)dx\leqslant M(b-a).$$

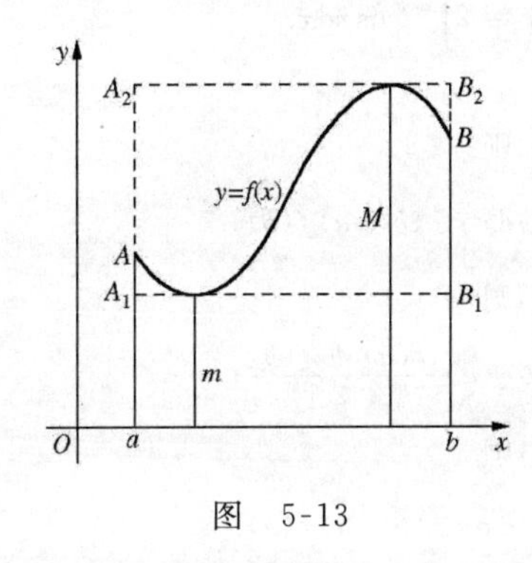

图 5-13

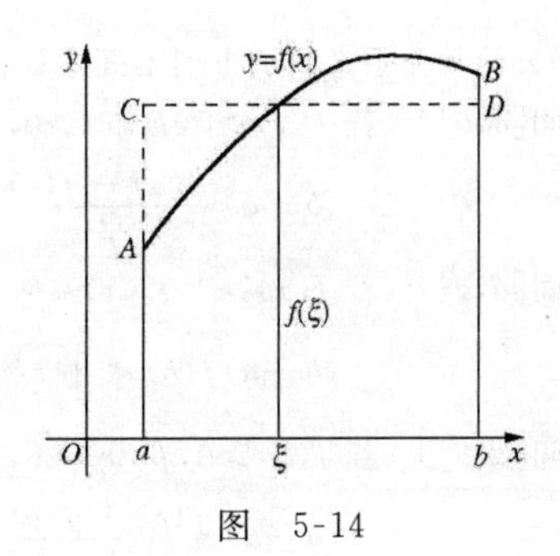

图 5-14

性质 6 (积分中值定理) 若函数 $f(x)$在闭区间$[a,b]$上连续,则至少存在一点 $\xi\in[a,b]$,使得

$$\int_a^b f(x)dx = f(\xi)(b-a). \tag{5.2}$$

该定理的**几何意义**是(图 5-14):以区间$[a,b]$为底,$f(\xi)$为高的矩形 $aCDb$ 的面积等于同底的曲边梯形 $aABb$ 的面积.这样,可以把 $f(\xi)$看作曲边梯形的平均高度.

(5.2)式可改写为

$$f(\xi)=\frac{1}{b-a}\int_a^b f(x)dx.$$

通常称 $f(\xi)$为函数 $f(x)$在闭区间$[a,b]$上的**积分平均值**,简称为函数 $f(x)$在区间$[a,b]$上的**平均值**.

习 题 5.1

A 组

1. 若函数 $f(x)$在区间$[a,b]$上连续,$x_0\in[a,b]$,则定积分 $\int_a^{x_0} f(x)dx$ 存在,对否?为什么?

2. 用几何图形说明下列各式是否成立：

(1) $\int_0^{\pi}\sin x\mathrm{d}x>0$；　　(2) $\int_0^{\pi}\cos x\mathrm{d}x>0$；

(3) $\int_0^1 x\mathrm{d}x=\frac{1}{2}$；　　(4) $\int_0^a\sqrt{a^2-x^2}\,\mathrm{d}x=\frac{\pi a^2}{4}$.

3. 利用定积分的性质判别下列各式是否成立：

(1) $\int_0^1 x\mathrm{d}x<\int_0^1 x^2\mathrm{d}x$；　　(2) $\int_0^{\pi/2}x\mathrm{d}x<\int_0^{\pi/2}\sin x\mathrm{d}x$；

(3) $\int_3^4\ln x\mathrm{d}x<\int_3^4\ln^2 x\mathrm{d}x$；　　(4) $\int_0^{\pi/4}\sin x\mathrm{d}x<\int_0^{\pi/4}\cos x\mathrm{d}x$.

B　组

1. 用几何图形说明下列式子成立：

(1) $\int_{-\pi/2}^{\pi/2}\sin x\mathrm{d}x=0$；　　(2) $\int_{-\pi/2}^{\pi/2}\cos x\mathrm{d}x=2\int_0^{\pi/2}\cos x\mathrm{d}x$.

2. 用定积分的几何意义判别下列不等式是否成立：

(1) 在区间$[a,b]$上，若 $f(x)>0,f'(x)>0,f''(x)<0$，则

$$(b-a)\frac{f(a)+f(b)}{2}<\int_a^b f(x)\mathrm{d}x<(b-a)f(b);$$

(2) 在区间$[a,b]$上，若 $f(x)>0,f'(x)<0,f''(x)>0$，则

$$(b-a)f(b)<\int_a^b f(x)\mathrm{d}x<(b-a)\frac{f(a)+f(b)}{2};$$

(3) 在区间$[a,b]$上，若 $f(x)>0,f'(x)<0,f''(x)<0$，则

$$(b-a)\frac{f(a)+f(b)}{2}<\int_a^b f(x)\mathrm{d}x<(b-a)f(a).$$

§5.2　定积分的计算

对于计算函数 $f(x)$在区间$[a,b]$上的定积分，我们可以从定积分的定义出发，用求和式极限的方法. 但这种方法只能求出极少数函数的定积分，而且对于不同的被积函数要用不同的技巧. 因此，这种方法远不能解决定积分的计算问题.

本节通过揭示导数与定积分的关系，引出计算定积分的基本公式：把计算定积分的问题转化为求被积函数原函数的问题，从而可把求不定积分的方法移植到计算定积分的方法中来.

一、微积分基本定理

1. 原函数存在定理

1）变上限的定积分

设函数 $f(x)$在区间$[a,b]$上连续. 若 $x\in[a,b]$，则定积分 $\int_a^x f(x)\mathrm{d}x$ 存在. 该式中，x 既表示积分变量，又表示积分上限，为了区别起见，把积分变量换成字母 t，改写作

$$\int_a^x f(t)\mathrm{d}t,\quad x\in[a,b]. \tag{5.3}$$

由于定积分 $\int_a^b f(x)\mathrm{d}x$ 表示一个数值,这个值只取决于被积函数 $f(x)$ 和积分区间 $[a,b]$,因此给定积分区间 $[a,b]$ 上的一个 x 值,按(5.3)式就有一个积分值与之对应.所以,(5.3)式可看作积分上限 x 的函数,其定义域是区间 $[a,b]$,记作 $F(x)$,即

$$F(x)=\int_a^x f(t)\mathrm{d}t,\quad x\in[a,b]. \tag{5.4}$$

通常称上式为**变上限的定积分**.

函数 $F(x)$ 的几何意义 设 $y=f(x)\geqslant 0$,则函数 $F(x)$ 表示右侧一边可以变动的曲边梯形 $aACx$ 的面积.该面积随右侧一边的位置 x 改变而改变,当 x 给定后,这条边也就确定了,面积 $F(x)$ 也随之而定,因而 $F(x)$ 是 x 的函数(图 5-15).

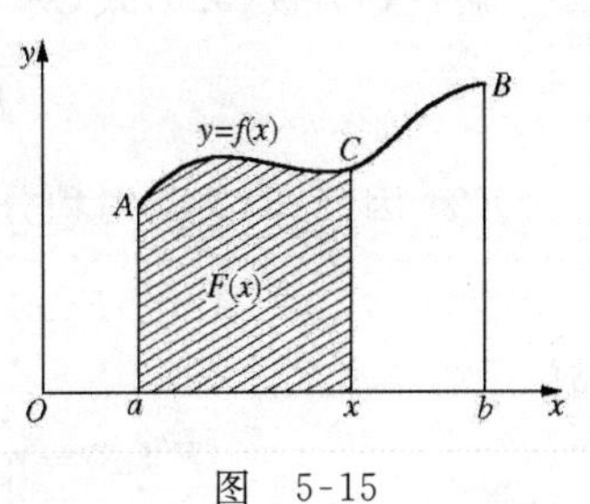

图 5-15

2) 原函数存在定理

定理 5.1 (原函数存在定理) 若函数 $f(x)$ 在区间 $[a,b]$ 上连续,则函数

$$F(x)=\int_a^x f(t)\mathrm{d}t,\quad x\in[a,b]$$

是函数 $f(x)$ 在区间 $[a,b]$ 上的一个原函数,即

$$F'(x)=\left[\int_a^x f(t)\mathrm{d}t\right]'=f(x). \tag{5.5}$$

证 由导数定义知,只需证

$$\lim_{\Delta x\to 0}\frac{F(x+\Delta x)-F(x)}{\Delta x}=f(x),\quad x\in[a,b].$$

若 $\Delta x\neq 0$,且 $x+\Delta x\in[a,b]$,由函数 $F(x)$ 的定义及定积分对积分区间的可加性有

$$\begin{aligned}F(x+\Delta x)-F(x)&=\int_a^{x+\Delta x}f(t)\mathrm{d}t-\int_a^x f(t)\mathrm{d}t\\&=\int_a^x f(t)\mathrm{d}t+\int_x^{x+\Delta x}f(t)\mathrm{d}t-\int_a^x f(t)\mathrm{d}t\\&=\int_x^{x+\Delta x}f(t)\mathrm{d}t.\end{aligned}$$

对上述最后一个等号右端应用积分中值定理,则

$$F(x+\Delta x)-F(x)=f(\xi)\Delta x,$$

其中 ξ 介于 x 与 $x+\Delta x$ 之间.上式两端除以 Δx,令 $\Delta x\to 0$,取极限,得

$$\lim_{\Delta x\to 0}\frac{F(x+\Delta x)-F(x)}{\Delta x}=\lim_{\Delta x\to 0}f(\xi).$$

当 $\Delta x\to 0$ 时,$(x+\Delta x)\to x$,从而 $\xi\to x$,又由于 $f(x)$ 在 $[a,b]$ 上连续,故

$$\lim_{\Delta x\to 0}f(\xi)=\lim_{\xi\to x}f(\xi)=f(x).$$

因此
$$F'(x)=f(x),\quad x\in[a,b].$$

按原函数定义，该定理又告诉我们：连续函数 $f(x)$ 一定有原函数，变上限的定积分(5.4)就是 $f(x)$ 的一个原函数. 这就证实了§4.1中关于**连续函数存在原函数的结论**.

(5.5)式揭示了导数与定积分之间的内在联系：**求导数运算恰是求变上限的定积分运算的逆运算**.

例1 求下列函数 $F(x)$ 的导数：

(1) $F(x)=\int_2^x \frac{t}{1+t^2}\mathrm{d}t$；　　(2) $F(x)=\int_x^5 (1+t)\mathrm{e}^{-t^2}\mathrm{d}t$.

解 (1) 按(5.5)式，对上限 x 求导数，得
$$F'(x)=\left(\int_2^x \frac{t}{1+t^2}\mathrm{d}t\right)'=\frac{x}{1+x^2}.$$

(2) 因(5.5)式是对积分上限求导数，故先交换积分上、下限，再求导数. 由于
$$F(x)=\int_x^5 (1+t)\mathrm{e}^{-t^2}\mathrm{d}t=-\int_5^x (1+t)\mathrm{e}^{-t^2}\mathrm{d}t,$$
故
$$F'(x)=\left[-\int_5^x (1+t)\mathrm{e}^{-t^2}\mathrm{d}t\right]'=-\left[\int_5^x (1+t)\mathrm{e}^{-t^2}\mathrm{d}t\right]'$$
$$=-(1+x)\mathrm{e}^{-x^2}.$$

2. 微积分基本定理

定理5.2(微积分基本定理) 若函数 $f(x)$ 在区间 $[a,b]$ 上连续，$F(x)$ 是 $f(x)$ 在 $[a,b]$ 上的一个原函数，则
$$\int_a^b f(x)\mathrm{d}x=F(b)-F(a).\tag{5.6}$$

证 已知 $F(x)$ 是函数 $f(x)$ 的一个原函数，由定理5.1知 $\int_a^x f(t)\mathrm{d}t$ 也是 $f(x)$ 的一个原函数，因此它们之间仅相差一个常数 C：
$$\int_a^x f(t)\mathrm{d}t=F(x)+C.$$
在上式中，令 $x=a$ 便可确定常数 C：
$$0=F(a)+C,\quad 即\quad C=-F(a).$$
于是
$$\int_a^x f(t)\mathrm{d}t=F(x)-F(a).$$
若在该式中再令 $x=b$，则有
$$\int_a^b f(t)\mathrm{d}t=F(b)-F(a),$$
即
$$\int_a^b f(x)\mathrm{d}x=F(b)-F(a).$$

这个公式称为**牛顿-莱布尼茨公式**，它是微积分中的一个基本公式. 通常以 $F(x)\Big|_a^b$ 表

示 $F(b)-F(a)$，故公式(5.6)式可写作

$$\int_a^b f(x)\mathrm{d}x = F(x)\Big|_a^b = F(b)-F(a). \tag{5.7}$$

公式(5.7)式阐明了**定积分与原函数之间的关系**：定积分的值等于被积函数的任一个原函数在积分上限与积分下限的函数值之差. 这样，就把计算定积分的问题转化为求被积函数原函数的问题.

例 2 计算 $\int_0^{1/2}\frac{1}{\sqrt{1-x^2}}\mathrm{d}x$.

解 因 $\frac{1}{\sqrt{1-x^2}}$ 的一个原函数是 $\arcsin x$，故由牛顿-莱布尼茨公式有

$$\text{原式} = \arcsin x\Big|_0^{1/2} = \arcsin\frac{1}{2}-\arcsin 0 = \frac{\pi}{6}.$$

例 3 计算 $\int_0^{\pi/4}\tan^2 x\mathrm{d}x$.

解 因为

$$\int\tan^2 x\mathrm{d}x = \int(\sec^2 x-1)\mathrm{d}x = \tan x - x + C,$$

所以

$$\text{原式} = (\tan x - x)\Big|_0^{\pi/4} = \left(\tan\frac{\pi}{4}-\frac{\pi}{4}\right)-(\tan 0-0) = 1-\frac{\pi}{4}.$$

例 4 计算 $\int_{-\pi/2}^{\pi/2}\sin^3 x\cos x\mathrm{d}x$.

解 因为

$$\int\sin^3 x\cos x\mathrm{d}x = \int\sin^3 x\mathrm{d}(\sin x) = \frac{1}{4}\sin^4 x + C,$$

所以

$$\text{原式} = \frac{1}{4}\sin^4 x\Big|_{-\pi/2}^{\pi/2} = \frac{1}{4}\left[\sin^4\frac{\pi}{2}-\sin^4\left(-\frac{\pi}{2}\right)\right] = 0.$$

例 5 计算 $\int_0^4 |x-2|\,\mathrm{d}x$.

解 先去掉被积函数绝对值的符号. 由于

$$|x-2| = \begin{cases} 2-x, & 0\leqslant x\leqslant 2, \\ x-2, & 2<x\leqslant 4, \end{cases}$$

由定积分对区间的可加性及(5.7)式有

$$\begin{aligned}\text{原式} &= \int_0^2(2-x)\mathrm{d}x + \int_2^4(x-2)\mathrm{d}x = \left(2x-\frac{x^2}{2}\right)\Big|_0^2 + \left(\frac{x^2}{2}-2x\right)\Big|_2^4 \\ &= (4-2)+(-2+4) = 4.\end{aligned}$$

二、定积分的换元积分法

由于牛顿-莱布尼茨公式把计算定积分的问题归结为求原函数(或不定积分)的问题,这样计算定积分就可以用第四章已学过的求不定积分的换元积分法和分部积分法,而且思路基本一致.但读者需注意计算定积分与求不定积分的区别.

从例题讲起.

例 6　计算 $\int_0^4 \frac{1}{1+\sqrt{x}}\mathrm{d}x$.

分析　若用牛顿-莱布尼茨公式计算该定积分,首先需要求出被积函数的一个原函数.由不定积分的换元积分法知,为了去掉被积函数中的根式 $\sqrt{x}$,需作变量替换 $x=t^2$.

解　**变量换元**:令 $\sqrt{x}=t$,则 $x=t^2$,$\mathrm{d}x=2t\mathrm{d}t$. 这时,被积表达式 $\frac{\mathrm{d}x}{1+\sqrt{x}}$ 化为 $\frac{2t}{1+t}\mathrm{d}t$.

换积分限:已知定积分的积分区间为$[0,4]$,这是积分变量 x 的变化范围.由于已通过关系式 $\sqrt{x}=t$ 把积分变量化为 t,因此我们仍需从该关系式出发,由积分变量 x 的变化范围确定积分变量 t 的变化范围.由关系式 $\sqrt{x}=t$ 知,x 从 0 变到 4,相应的 t 从 0 变到 2,即当 $x=0$ 时,$t=0$;当 $x=4$ 时,$t=2$. 于是

$$\int_0^4 \frac{1}{1+\sqrt{x}}\mathrm{d}x=\int_0^2 \frac{2t}{1+t}\mathrm{d}t.$$

上述等式从左到右由关系式 $\sqrt{x}=t$ 换元,同时也利用这一关系式换积分限,把左端的定积分转化为右端的定积分.

下面计算右端的定积分:

$$\begin{aligned}\int_0^2 \frac{2t}{1+t}\mathrm{d}t &\xlongequal{\text{恒等变形}} 2\int_0^2\left(1-\frac{1}{1+t}\right)\mathrm{d}t\\ &\xlongequal{\text{用公式}} 2[t-\ln(1+t)]\Big|_0^2\\ &=2(2-\ln 3).\end{aligned}$$

在不定积分的换元积分法中,最后需要有变量还原的过程.由于用定积分的换元积分法,在变量换元的同时,也相应地换了积分限,因此最后无须变量还原这一过程.

一般情况,欲计算定积分 $\int_a^b f(x)\mathrm{d}x$,有如下的**换元积分法公式**:

若函数 $f(x)$在区间$[a,b]$上连续,设 $x=\varphi(t)$,使之满足:

(1) $\varphi(t)$是区间$[\alpha,\beta]$上的单调连续函数;

(2) $\varphi(\alpha)=a,\varphi(\beta)=b$;

(3) $\varphi(t)$在区间$[\alpha,\beta]$上有连续的导数 $\varphi'(t)$,

则

$$\int_a^b f(x)\mathrm{d}x \xlongequal{x=\varphi(t)} \int_\alpha^\beta f(\varphi(t))\varphi'(t)\mathrm{d}t. \tag{5.8}$$

例 7 计算 $\int_{1/\sqrt{2}}^1 \frac{\sqrt{1-x^2}}{x^2}\mathrm{d}x$.

解 由不定积分的换元积分法，为了去掉被积函数的根式 $\sqrt{1-x^2}$，需作变量替换 $x=\sin t$.

设 $x=\sin t$，则 $\mathrm{d}x=\cos t\mathrm{d}t$. 由关系式 $x=\sin t$ 知，当 x 从 $\frac{1}{\sqrt{2}}$ 变到 1 时，相应的 t 则由 $\frac{\pi}{4}$ 变到 $\frac{\pi}{2}$，即当 $x=\frac{1}{\sqrt{2}}$ 时，$t=\frac{\pi}{4}$；当 $x=1$ 时，$t=\frac{\pi}{2}$. 于是

$$\begin{aligned}原式&=\int_{\pi/4}^{\pi/2}\frac{\cos t}{\sin^2 t}\cos t\mathrm{d}t=\int_{\pi/4}^{\pi/2}\cot^2 t\mathrm{d}t=\int_{\pi/4}^{\pi/2}(\csc^2 t-1)\mathrm{d}t\\&=(-\cot t-t)\Big|_{\pi/4}^{\pi/2}=1-\frac{\pi}{4}.\end{aligned}$$

例 8 计算 $\int_1^{\sqrt{3}}\frac{1}{x^2\sqrt{1+x^2}}\mathrm{d}x$.

解 为了去掉被积函数中的根式 $\sqrt{1+x^2}$，用换元积分法.

设 $x=\tan t$，则 $\mathrm{d}x=\sec^2 t\mathrm{d}t$. 当 $x=1$ 时，$t=\frac{\pi}{4}$；当 $x=\sqrt{3}$ 时，$t=\frac{\pi}{3}$. 于是

$$\begin{aligned}原式&=\int_{\pi/4}^{\pi/3}\frac{\sec^2 t}{\tan^2 t\sec t}\mathrm{d}t=\int_{\pi/4}^{\pi/3}\frac{\cos t}{\sin^2 t}\mathrm{d}t=\int_{\pi/4}^{\pi/3}\frac{1}{\sin^2 t}\mathrm{d}\sin t\\&=-\frac{1}{\sin t}\Big|_{\pi/4}^{\pi/3}=\sqrt{2}-\frac{2}{\sqrt{3}}.\end{aligned}$$

例 9 计算 $\int_0^1\frac{x}{1+x^2}\mathrm{d}x$.

解 按不定积分的第一换元积分法，应设 $u=1+x^2$，则 $\mathrm{d}u=2x\mathrm{d}x$. 当 $x=0$ 时，$u=1$；当 $x=1$ 时，$u=2$. 于是

$$原式=\frac{1}{2}\int_1^2\frac{1}{u}\mathrm{d}u=\frac{1}{2}\ln u\Big|_1^2=\frac{1}{2}\ln 2.$$

例 9 这类题目要用换元积分法，但可以不写出新的积分变量. 若不写出新的积分变量，也就不需要换限，可按下面方式书写：

$$\begin{aligned}\int_0^1\frac{x}{1+x^2}\mathrm{d}x&=\frac{1}{2}\int_0^1\frac{1}{1+x^2}\mathrm{d}(1+x^2)\\&=\frac{1}{2}\ln(1+x^2)\Big|_0^1=\frac{1}{2}\ln 2.\end{aligned}$$

例 10 计算 $\int_4^9\frac{\sin\sqrt{x}}{\sqrt{x}}\mathrm{d}x$.

解　按不定积分的第一换元积分法，有

$$原式=2\int_4^9\sin\sqrt{x}\mathrm{d}\sqrt{x}=2\cdot(-\cos\sqrt{x})\Big|_4^9$$
$$=2(\cos2-\cos3).$$

三、定积分的分部积分法

定积分的分部积分法与不定积分的分部积分法有类似的公式.

设函数 $u=u(x)$，$v=v(x)$ 在区间 $[a,b]$ 上有连续导数，则

$$\int_a^b uv'\mathrm{d}x=uv\Big|_a^b-\int_a^b u'v\mathrm{d}x \tag{5.9}$$

或

$$\int_a^b u\mathrm{d}v=uv\Big|_a^b-\int_a^b v\mathrm{d}u. \tag{5.10}$$

这就是定积分的**分部积分法公式**.

例 11　计算 $\int_0^1 x\mathrm{e}^x\mathrm{d}x$.

解　用分部积分法公式(5.10)，有

$$原式=\int_0^1 x\mathrm{d}\mathrm{e}^x=x\mathrm{e}^x\Big|_0^1-\int_0^1\mathrm{e}^x\mathrm{d}x=\mathrm{e}-\mathrm{e}^x\Big|_0^1$$
$$=\mathrm{e}-(\mathrm{e}-1)=1.$$

例 12　计算 $\int_0^{1/2}\arcsin x\mathrm{d}x$.

解　用分部积分法公式(5.10)，有

$$原式=x\arcsin x\Big|_0^{1/2}-\int_0^{1/2}x\mathrm{d}\arcsin x=\frac{\pi}{12}-\int_0^{1/2}\frac{x}{\sqrt{1-x^2}}\mathrm{d}x$$
$$=\frac{\pi}{12}+\frac{1}{2}\int_0^{1/2}\frac{1}{\sqrt{1-x^2}}\mathrm{d}(1-x^2)=\frac{\pi}{12}+\sqrt{1-x^2}\Big|_0^{1/2}$$
$$=\frac{\pi}{12}+\frac{\sqrt{3}}{2}-1.$$

例 13　计算 $\int_0^{\sqrt{\ln2}}x^3\mathrm{e}^{x^2}\mathrm{d}x$.

解　注意到 $2x\mathrm{e}^{x^2}\mathrm{d}x=\mathrm{d}\mathrm{e}^{x^2}$，于是

$$原式=\frac{1}{2}\int_0^{\sqrt{\ln2}}x^2\mathrm{d}\mathrm{e}^{x^2}=\frac{1}{2}x^2\mathrm{e}^{x^2}\Big|_0^{\sqrt{\ln2}}-\frac{1}{2}\int_0^{\ln2}\mathrm{e}^{x^2}\mathrm{d}x^2$$
$$=\ln2-\frac{1}{2}\mathrm{e}^{x^2}\Big|_0^{\sqrt{\ln2}}=\ln2-\frac{1}{2}.$$

习　题　5.2

A　组

1. 填空题：

(1) 设 $\int_0^x f(t)\mathrm{d}t = a^{3x}$，则 $f(x) =$ ________；

(2) 设 $F(x) = \int_0^x t^2\sqrt{1+t}\,\mathrm{d}t$，则 $F'(x) =$ ________；

(3) 设 $F(x) = \int_x^{-1} t\mathrm{e}^{-t}\,\mathrm{d}t$，则 $F'(x) =$ ________.

2. 用牛顿-莱布尼茨公式计算下列定积分：

(1) $\int_0^{\sqrt{3}a}\frac{1}{a^2+x^2}\,\mathrm{d}x$；　(2) $\int_0^1\frac{1}{\sqrt{4-x^2}}\mathrm{d}x$；　(3) $\int_0^2 x|x-1|\,\mathrm{d}x$；　(4) $\int_0^{2\pi}|\sin x|\mathrm{d}x$.

3. 计算下列定积分：

(1) $\int_0^{\pi/2}\sin x\sqrt{\cos x}\mathrm{d}x$；　(2) $\int_0^1 x\mathrm{e}^{x^2}\,\mathrm{d}x$；　(3) $\int_0^1(2x-1)^{10}\mathrm{d}x$；　(4) $\int_1^{\mathrm{e}}\frac{1+\ln x}{x}\mathrm{d}x$；

(5) $\int_0^{\pi/2}\sin^3 x\cos x\mathrm{d}x$；　(6) $\int_{\pi/12}^{\pi/4}\sin^2 x\mathrm{d}x$；　(7) $\int_2^3\frac{1}{1-x}\mathrm{d}x$；　(8) $\int_0^2\frac{\mathrm{e}^x}{\mathrm{e}^{2x}+1}\mathrm{d}x$.

4. 计算下列定积分：

(1) $\int_0^4\frac{x+2}{\sqrt{2x+1}}\mathrm{d}x$；　(2) $\int_0^4\frac{\sqrt{x}}{1+\sqrt{x}}\mathrm{d}x$；　(3) $\int_{-3}^1\frac{x}{\sqrt{3-2x}}\mathrm{d}x$；

(4) $\int_1^2\frac{\sqrt{x^2-1}}{x}\mathrm{d}x$；　(5) $\int_{-1}^1(x^2-x)\sqrt{1-x^2}\mathrm{d}x$；　(6) $\int_{-\sqrt{3}}^{\sqrt{3}}\frac{1}{\sqrt{x^2+1}}\mathrm{d}x$.

5. 计算下列定积分：

(1) $\int_0^1 x\mathrm{e}^{2x}\,\mathrm{d}x$；　(2) $\int_0^{\pi/4}x\sec^2 x\mathrm{d}x$；　(3) $\int_{1/\mathrm{e}}^{\mathrm{e}}|\ln x|\,\mathrm{d}x$；　(4) $\int_0^1\mathrm{e}^{\sqrt{x}}\,\mathrm{d}x$.

B　组

1. 设函数 $f(x) = \frac{1}{1+x^2} + \sqrt{1-x^2}\int_0^1 f(x)\mathrm{d}x$，求 $\int_0^1 f(x)\mathrm{d}x$.

2. 求函数 $F(x) = \int_0^x t\mathrm{e}^{-t^2}\,\mathrm{d}t$ 的极值.

3. 设 $f(0)=1, f(2)=3, f'(2)=5$，计算 $\int_0^2 xf''(x)\mathrm{d}x$.

§5.3　无限区间的广义积分

在讲定积分时，我们假设函数 $f(x)$ 在闭区间 $[a,b]$ 上有界，即积分区间是有限的，被积函数是有界的. 现将有限区间推广到无限区间，即将定积分推广到有界函数在无限区间上的**广义积分**.

本节我们假设被积函数 $f(x)$ 有界，特别 $f(x)$ 为连续函数，而积分区间为 $[a,+\infty)$，$(-\infty,b]$，$(-\infty,+\infty)$.

先看例题.

例 1　计算由曲线 $y=\mathrm{e}^{-x}$ 和直线 $x=0$，$y=0$ 所围平面图形的面积.

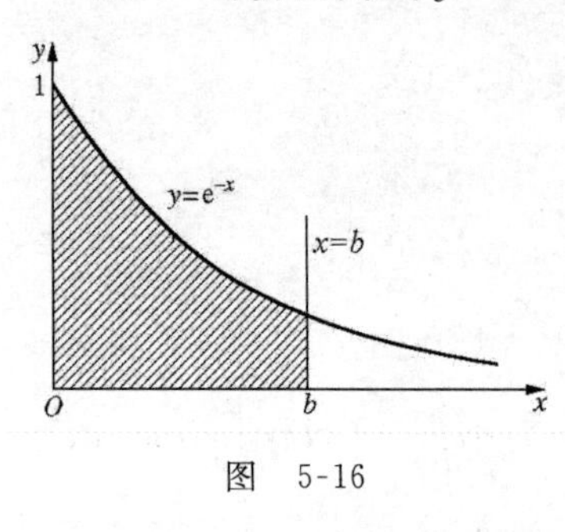

图　5-16

解　由图 5-16 看出，该图形有一边是开口的. 由于直线 $y=0$ 是曲线 $y=\mathrm{e}^{-x}$ 的水平渐近线，图形向右无限延伸，且愈向右开口愈小，可以认为曲线 $y=\mathrm{e}^{-x}$ 在无限远点与 x 轴相交.

为了求得该图形的面积，取 $b>0$，先作直线 $x=b$. 由定积分的几何意义知，图 5-16 中阴影部分（曲边梯形）的面积是

$$\int_0^b \mathrm{e}^{-x}\mathrm{d}x = -\mathrm{e}^{-x}\Big|_0^b = 1-\mathrm{e}^{-b}.$$

显然，当直线 $x=b$ 愈向右移动，阴影部分的图形愈向右延伸，从而愈接近我们所求的面积. 按我们对极限概念的理解，自然应认为所求的面积是

$$\lim_{b\to+\infty}\int_0^b \mathrm{e}^{-x}\,\mathrm{d}x = \lim_{b\to+\infty}(1-\mathrm{e}^{-b}) = 1.$$

在例 1 中，先求定积分，再求极限得到了结果. 仿照定积分的记法，所求面积可形式地记作 $\int_0^{+\infty}\mathrm{e}^{-x}\,\mathrm{d}x$. 这就是无限区间上的广义积分.

定义 5.2　设函数 $f(x)$ 在无限区间 $[a,+\infty)$ 上连续，则称记号

$$\int_a^{+\infty} f(x)\mathrm{d}x \tag{5.11}$$

为函数 $f(x)$ 在**无限区间** $[a,+\infty)$ 上的广义积分. 取 $b>a$，若极限

$$\lim_{b\to+\infty}\int_a^b f(x)\mathrm{d}x$$

存在，则称广义积分(5.11)**收敛**，并以这一极限值为(5.11)式的**值**，即

$$\int_a^{+\infty} f(x)\mathrm{d}x = \lim_{b\to+\infty}\int_a^b f(x)\mathrm{d}x;$$

若上述极限不存在，则称广义积分(5.11)**发散**.

类似地，对于函数 $f(x)$ 在**无限区间** $(-\infty,b]$ **上的广义积分** $\int_{-\infty}^b f(x)\mathrm{d}x$，用极限

$$\lim_{a\to-\infty}\int_a^b f(x)\mathrm{d}x \quad (a<b)$$

存在与否来定义它的敛散性.

函数 $f(x)$ 在**无限区间** $(-\infty,+\infty)$ **上的广义积分** $\int_{-\infty}^{+\infty} f(x)\mathrm{d}x$，则定义为

$$\int_{-\infty}^{+\infty} f(x)\mathrm{d}x = \int_{-\infty}^{c} f(x)\mathrm{d}x + \int_{c}^{+\infty} f(x)\mathrm{d}x,$$

其中 c 是任一常数，仅当等式右端的**两个广义积分都收敛**时，左端的广义积分才收敛；否则，左端的广义积分是发散的.

例 2 计算广义积分 $\int_{2/\pi}^{+\infty} \frac{1}{x^2}\sin\frac{1}{x}\mathrm{d}x$.

解 按广义积分敛散性的定义，取 $b>\frac{2}{\pi}$，则

$$\int_{2/\pi}^{+\infty} \frac{1}{x^2}\sin\frac{1}{x}\mathrm{d}x = \lim_{b\to+\infty}\int_{2/\pi}^{b} \frac{1}{x^2}\sin\frac{1}{x}\mathrm{d}x.$$

先计算定积分：

$$\int_{2/\pi}^{b} \frac{1}{x^2}\sin\frac{1}{x}\mathrm{d}x = -\int_{2/\pi}^{b} \sin\frac{1}{x}\mathrm{d}\frac{1}{x} = \cos\frac{1}{x}\Big|_{2/\pi}^{b} = \cos\frac{1}{b};$$

再取极限：

$$原式 = \lim_{b\to+\infty}\cos\frac{1}{b} = 1.$$

例 3 计算广义积分 $\int_{-\infty}^{0} \sin x\mathrm{d}x$.

解 取 $a<0$，则

$$原式 = \lim_{a\to-\infty}\int_{a}^{0} \sin x\mathrm{d}x = \lim_{a\to-\infty}(-\cos x)\Big|_{a}^{0} = \lim_{a\to-\infty}(\cos a - 1).$$

显然，上述极限不存在，所以 $\int_{-\infty}^{0} \sin x\mathrm{d}x$ 发散.

为了书写方便，计算广义积分时，也采取牛顿-莱布尼茨的记法，即若 $F(x)$ 是函数 $f(x)$ 的一个原函数，则

$$\int_{a}^{+\infty} f(x)\mathrm{d}x = F(x)\Big|_{a}^{+\infty} = F(+\infty) - F(a),$$

这里 $F(+\infty)$ 要理解为极限记号，即

$$F(+\infty) = \lim_{x\to+\infty} F(x).$$

例 4 计算广义积分 $\int_{-\infty}^{+\infty} \frac{1}{1+x^2}\mathrm{d}x$.

解 按无限区间 $(-\infty,+\infty)$ 上广义积分敛散性的定义，取 $c=0$，则

$$\begin{aligned}原式 &= \int_{-\infty}^{0} \frac{1}{1+x^2}\mathrm{d}x + \int_{0}^{+\infty} \frac{1}{1+x^2}\mathrm{d}x = \arctan x\Big|_{-\infty}^{0} + \arctan x\Big|_{0}^{+\infty} \\ &= -\left(-\frac{\pi}{2}\right) + \frac{\pi}{2} = \pi.\end{aligned}$$

例 5 讨论广义积分 $\int_{1}^{+\infty} \frac{1}{x^\alpha}\mathrm{d}x$ 在 α 取何值时收敛，取何值时发散.

解　当 $\alpha=1$ 时，

$$\int_1^{+\infty}\frac{1}{x}\,\mathrm{d}x=\ln x\Big|_1^{+\infty}=+\infty;$$

当 $\alpha\neq1$ 时，取 $b>1$，因

$$\int_1^b\frac{1}{x^\alpha}\,\mathrm{d}x=\frac{1}{1-\alpha}x^{1-\alpha}\Big|_1^b=\frac{1}{1-\alpha}(b^{1-\alpha}-1),$$

故

$$\int_1^{+\infty}\frac{1}{x^\alpha}\,\mathrm{d}x=\lim_{b\to+\infty}\frac{1}{1-\alpha}(b^{1-\alpha}-1)=\begin{cases}+\infty, & \alpha<1,\\ \dfrac{1}{\alpha-1}, & \alpha>1.\end{cases}$$

综上所述，所给广义积分，当 $\alpha>1$ 时，收敛，且其值为 $\dfrac{1}{\alpha-1}$；当 $\alpha\leqslant1$ 时，发散.

习　题　5.3

A　组

1. 计算下列广义积分：

(1) $\int_{-\infty}^0 \mathrm{e}^{2x}\mathrm{d}x$；　(2) $\int_{-\infty}^0 \mathrm{e}^{-3x}\mathrm{d}x$；　(3) $\int_0^{+\infty}\lambda\mathrm{e}^{-\lambda t}\,\mathrm{d}t\ (\lambda>0)$；

(4) $\int_0^{+\infty}x\mathrm{e}^{-2x^2}\,\mathrm{d}x$；　(5) $\int_0^{+\infty}\frac{\arctan x}{1+x^2}\,\mathrm{d}x$；　(6) $\int_{-\infty}^{+\infty}\frac{1}{x^2+2x+2}\,\mathrm{d}x$；

(7) $\int_0^{+\infty}\frac{x}{1+x^2}\,\mathrm{d}x$；　(8) $\int_0^{+\infty}x\mathrm{e}^{-x}\mathrm{d}x$.

2. 判断下列广义积分发散：

(1) $\int_0^{+\infty}\cos x\mathrm{d}x$；　(2) $\int_{\mathrm{e}}^{+\infty}\frac{\ln x}{x}\,\mathrm{d}x$.

B　组

1. 讨论广义积分 $\int_{\mathrm{e}}^{+\infty}\frac{1}{x(\ln x)^p}\mathrm{d}x$ 在 p 取何值时收敛，取何值时发散.

2. 设函数 $f(x)=\begin{cases}2x, & 0\leqslant x\leqslant1,\\ 0, & 其他,\end{cases}$ 计算广义积分 $\int_{-\infty}^{+\infty}xf(x)\mathrm{d}x$.

§5.4　定积分的应用

定积分的应用很广泛，本节只介绍利用定积分求平面图形的面积和由已知边际函数（如边际成本函数）求总函数（如总成本函数）.

一、平面图形的面积

由定积分的几何意义，我们已经知道：由连续曲线 $y=f(x)\ (\geqslant0)$，直线 $x=a,x=b$ $(a<b)$ 和 x 轴所围成的曲边梯形的面积为

$$A=\int_a^b f(x)\mathrm{d}x=\int_a^b y\mathrm{d}x,\tag{5.12}$$

若 $y=f(x)$ 在区间 $[a,b]$ 上不具有非负的条件，则所围成的平面图形的面积为

$$A=\int_a^b |f(x)|\,\mathrm{d}x=\int_a^b |y|\,\mathrm{d}x. \tag{5.13}$$

一般地，由两条连续曲线 $y=g(x)$，$y=f(x)$ 及两条直线 $x=a$，$x=b$ $(a<b)$ 所围成的平面图形的面积 A 按如下方法求得：

在区间 $[a,b]$ 上，若有 $g(x)\leqslant f(x)$，则面积的计算公式是(图 5-17)

$$A=\int_a^b [f(x)-g(x)]\,\mathrm{d}x. \tag{5.14}$$

在区间 $[a,b]$ 上，若不具有条件 $g(x)\leqslant f(x)$，则面积的计算公式是

$$A=\int_a^b |f(x)-g(x)|\,\mathrm{d}x. \tag{5.15}$$

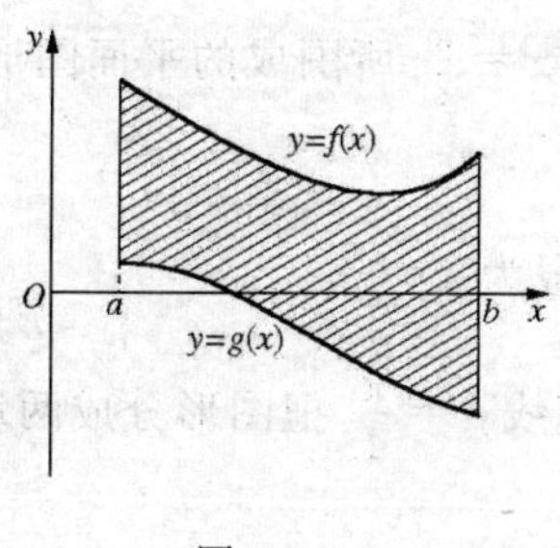

图 5-17

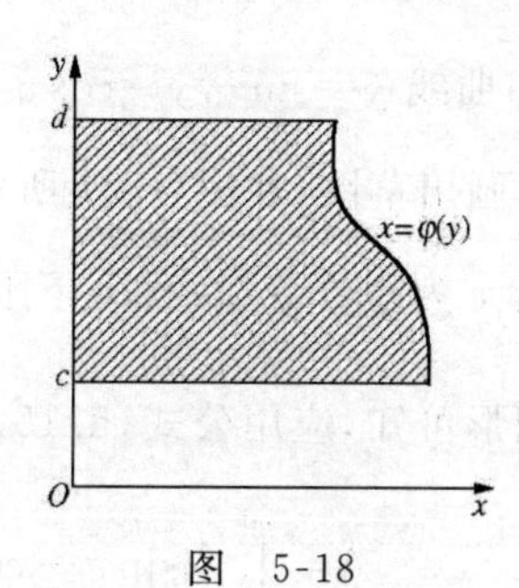

图 5-18

由连续曲线 $x=\varphi(y)(\geqslant 0)$，直线 $y=c$，$y=d$ $(c<d)$ 和 y 轴所围成的平面图形的面积为(图 5-18)

$$A=\int_c^d \varphi(y)\,\mathrm{d}y.$$

由两条连续曲线 $x=\varphi(y)$，$x=\psi(y)$ 及两条直线 $y=c$，$y=d$ $(c<d)$ 所围成的平面图形的面积为(参见图 5-19)

$$A=\int_c^d |\varphi(y)-\psi(y)|\,\mathrm{d}y. \tag{5.16}$$

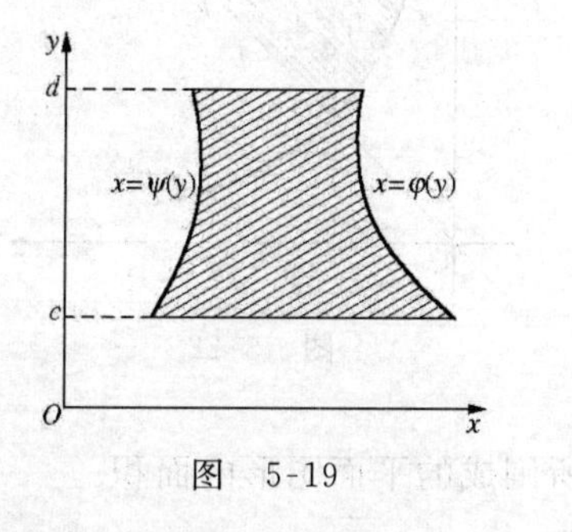

图 5-19

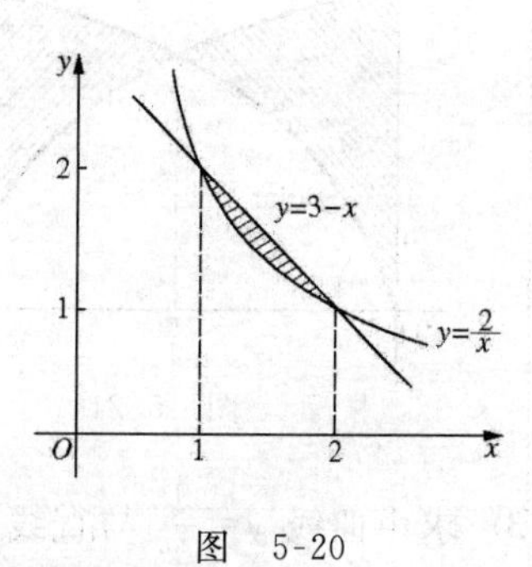

图 5-20

例 1 求由曲线 $xy=2$ 与直线 $x+y=3$ 所围成的平面图形的面积.

解 首先，画出草图，如图 5-20 所示.

其次,由草图知,平面图形可看成由曲线 $y=\dfrac{2}{x}$ 与直线 $y=3-x$ 围成,可选 x 作积分变量.为了确定积分限,由

$$\begin{cases} y=2/x, \\ y=3-x \end{cases} \quad 解得 \quad x_1=1,\ x_2=2.$$

于是,积分下限是1,积分上限是2.

最后,用公式(5.14)求面积:

$$A=\int_1^2\left[(3-x)-\frac{2}{x}\right]dx=\left(3x-\frac{x^2}{2}-2\ln x\right)\Big|_1^2$$

$$=\frac{3}{2}-2\ln 2.$$

例2 求由曲线 $y=\sin x$, $y=\cos x$ 及直线 $x=0$, $x=\dfrac{\pi}{2}$ 所围成的平面图形的面积.

解 首先,画出草图,如图5-21所示.

其次,若选 x 为积分变量,积分下限为 $x=0$,上限为 $x=\dfrac{\pi}{2}$.

最后,由图形可知,应用公式(5.15)求面积,用直线 $x=\dfrac{\pi}{4}$ 把图形分成两块:

$$A=\int_0^{\pi/2}|\sin x-\cos x|\,dx$$

$$=\int_0^{\pi/4}(\cos x-\sin x)\,dx+\int_{\pi/4}^{\pi/2}(\sin x-\cos x)\,dx$$

$$=(\sin x+\cos x)\Big|_0^{\pi/4}+(-\cos x-\sin x)\Big|_{\pi/4}^{\pi/2}$$

$$=2(\sqrt{2}-1).$$

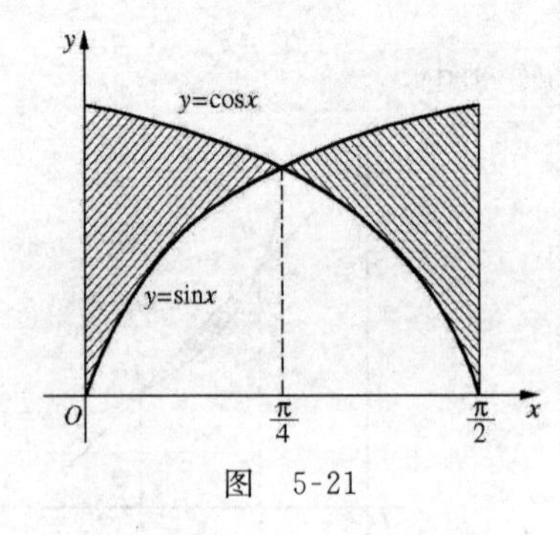

图 5-21

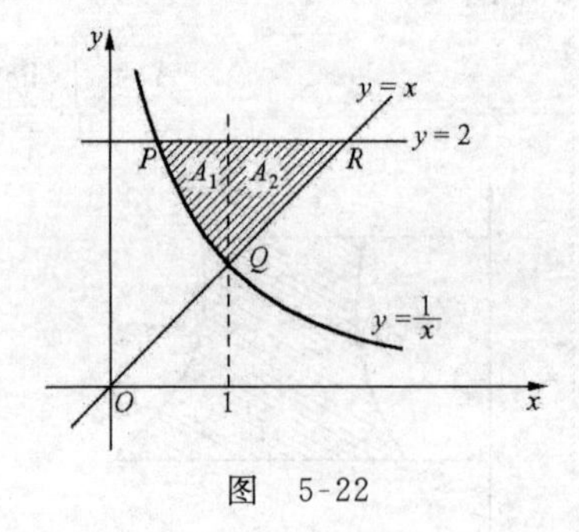

图 5-22

例3 求由曲线 $y=\dfrac{1}{x}$ 与直线 $y=x$, $y=2$ 所围成的平面图形的面积.

解 画出草图,如图5-22所示.

若选 x 为积分变量,所求面积 A 必须看成两块面积 A_1 与 A_2 之和:

$$A = A_1 + A_2.$$

注意到曲线 $y=\frac{1}{x}$ 与直线 $y=2$ 的交点 P 的坐标为 $\left(\frac{1}{2},2\right)$，与直线 $y=x$ 的交点 Q 的坐标为 $(1,1)$，而直线 $y=x$ 与 $y=2$ 的交点 R 的坐标为 $(2,2)$，于是

$$A_1 = \int_{1/2}^{1}\left(2-\frac{1}{x}\right)\mathrm{d}x = (2x-\ln x)\Big|_{1/2}^{1} = 1-\ln 2,$$

$$A_2 = \int_{1}^{2}(2-x)\mathrm{d}x = \left(2x-\frac{x^2}{2}\right)\Big|_{1}^{2} = \frac{1}{2}.$$

故
$$A = A_1 + A_2 = \frac{3}{2}-\ln 2.$$

本例若选 y 为积分变量，则平面图形可看成由曲线 $x=\frac{1}{y}$ 与直线 $x=y$，$y=1$，$y=2$ 所围成的.由面积公式(5.16)有

$$A = \int_{1}^{2}\left(y-\frac{1}{y}\right)\mathrm{d}y = \left(\frac{y^2}{2}-\ln y\right)\Big|_{1}^{2} = \frac{3}{2}-\ln 2.$$

说明 用定积分求平面图形的面积时，可选取 x 为积分变量，用公式 (5.15)，也可选取 y 为积分变量，用公式(5.16).对于例 3，选取 y 为积分变量较好.一般地，用定积分求面积时，应恰当地选取积分变量，尽量使图形不分块和少分块(必须分块时)为好.

二、已知边际函数求总函数

已知总成本函数 $C=C(Q)$ 和总收益函数 $R=R(Q)$(统称为总函数)，由微分法可分别得到边际成本函数和边际收益函数(统称为边际函数)：

$$MC = \frac{\mathrm{d}C}{\mathrm{d}Q},\quad MR = \frac{\mathrm{d}R}{\mathrm{d}Q}.$$

由于积分法是微分法的逆运算，因此积分法能使我们由边际函数求得总函数.

由于变上限的定积分是被积函数的一个原函数，因此已知边际成本函数 MC 和边际收益函数 MR，可分别用变上限的定积分来表示总成本函数和总收益函数：

$$C(Q)^{①} = \int_{0}^{Q} MC\,\mathrm{d}x + C_0, \tag{5.17}$$

$$R(Q) = \int_{0}^{Q} MR\,\mathrm{d}x, \tag{5.18}$$

其中公式(5.17)中的 $C_0=C(0)$ 是固定成本.由(5.17)式和(5.18)式可得到总利润函数为

$$\pi(Q) = \int_{0}^{Q}(MR-MC)\mathrm{d}x - C_0. \tag{5.19}$$

总成本函数和总收益函数也可用不定积分分别表示为

---

① 公式(5.17)，(5.18) 和(5.19) 中积分上限是 Q，由于 MC，MR 也是 Q 的函数，为了区别积分变量与积分上限，这里将 MC，MR 看作 x 的函数.

$$C(Q)=\int MC\,\mathrm{d}Q, \tag{5.20}$$

$$R(Q)=\int MR\,\mathrm{d}Q. \tag{5.21}$$

因不定积分中含有一个任意常数,为了得到所要求的总函数,用公式(5.20)或公式(5.21)时,尚需知道一个确定积分常数的条件.一般情况,求总成本函数时,题设中会给出固定成本C_0,即$C(0)=C_0$;求总收益函数时,确定任意常数的条件是$R(0)=0$,即尚没销售产品时,总收益为零(不过这个条件往往题设中不给出).

容易理解,产量由a个单位改变到b个单位时,总成本的改变量和总收益的改变量分别用如下式子计算:

$$\int_a^b MC\,\mathrm{d}Q, \tag{5.22}$$

$$\int_a^b MR\,\mathrm{d}Q. \tag{5.23}$$

例 4　设某工厂生产某产品的固定成本为100万元,边际收益和边际成本分别为(单位:万元/百台)

$$R'(Q)=125-2Q,\quad C'(Q)=Q^2-4Q+5.$$

(1) 产量由3百台增加到6百台时,总收益和总成本各增加多少?

(2) 产量为多大时,总利润最大?

(3) 求利润最大时的总利润、总收益和总成本.

解　(1) 由公式(5.23)可得总收益的增加量为

$$\int_3^6 R'(Q)\mathrm{d}Q=\int_3^6(125-2Q)\mathrm{d}Q=(125Q-Q^2)\Big|_3^6=348\ (\text{单位: 万元}).$$

由公式(5.22)可得总成本的增加量为

$$\int_3^6 C'(Q)\mathrm{d}Q=\int_3^6(Q^2-4Q+5)\mathrm{d}Q=\left(\frac{1}{3}Q^3-2Q^2+5Q\right)\Big|_3^6=24\ (\text{单位: 万元}).$$

(2) 由公式(5.19)可得总利润函数为

$$\begin{aligned}\pi(Q)&=\int_0^Q[(125-2x)-(x^2-4x+5)]\mathrm{d}x-100\\&=\left(120x+x^2-\frac{1}{3}x^3\right)\Big|_0^Q-100\\&=120Q+Q^2-\frac{1}{3}Q^3-100.\end{aligned}$$

令

$$\pi'(Q)=-Q^2+2Q+120=0,$$

得$Q=12$ ($Q=-10$舍去).又

$$\pi''(Q)=-2Q+2,\quad \pi''(12)=-22<0,$$

故产量 $Q=12$ 百台时,利润最大.

(3) 将 $Q=12$ 代入总利润函数中,可得最大利润为

$$\pi(12)=120\times 12+12^2-\frac{1}{3}\times 12^3-100=908\ (\text{单位: 万元}).$$

由公式(5.18)可得利润最大时的总收益为

$$R(12)=\int_0^{12}(125-2Q)\mathrm{d}Q=(125Q-Q^2)\Big|_0^{12}=1356\ (\text{单位: 万元}).$$

由公式(5.17)可得利润最大时的总成本为

$$C(12)=\int_0^{12}(Q^2-4Q+5)\mathrm{d}Q+100=\left(\frac{1}{3}Q^3-2Q^2+5Q\right)\Big|_0^{12}+100$$
$$=448\ (\text{单位: 万元}).$$

例 5 某厂购置一台机器,该机器在时刻 t 所生产出的产品,其追加盈利(即追加收益减去追加生产成本,单位:万元/年)为

$$E(t)=225-\frac{1}{4}t^2,$$

在时刻 t 机器的追加维修成本(单位:万元/年)为

$$F(t)=2t^2.$$

在不计购置成本的情况下,工厂追求最大利润. 假设在任何时刻拆除这台机器,它都没有残留价值,使用这台机器可获得的最大利润是多少?

分析 这里追加收益就是总收益对时间 t 的变化率,追加成本就是总成本对时间 t 的变化率;而 $E(t)-F(t)$ 就是在时刻 t 的追加净利润,或者说是利润对时间 t 的变化率. 由于 $F(t)$ 是单调增加函数,$E(t)$ 是单调减少函数,这意味着维修费用逐年增加,而所得盈利(没考虑维修成本时的利润)逐年减少. 由图 5-23 看,所获得的最大利润就是阴影部分面积的数值.

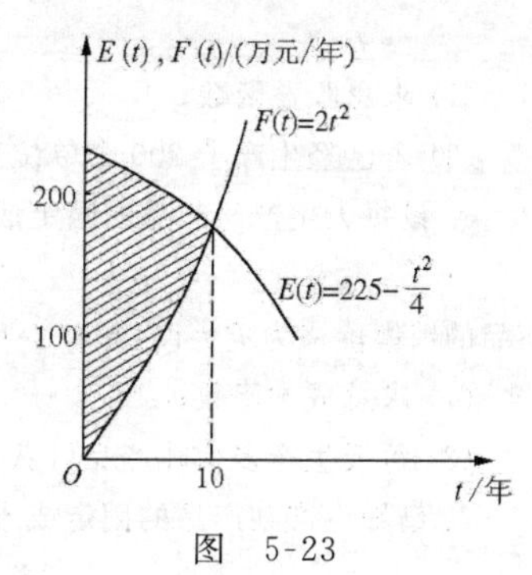

图 5-23

解 (1) 使用这台机器,在时刻 t 的追加净利润(单位:万元/年)为

$$E(t)-F(t)=225-\frac{9}{4}t^2.$$

由极值存在的必要条件 $E(t)-F(t)=0$,即

$$225-\frac{9}{4}t^2=0,$$

可解得 $t=10$(只取正值). 又

$$\frac{\mathrm{d}}{\mathrm{d}t}[E(t)-F(t)]=-\frac{9}{2}t,\quad 且\quad -\frac{9}{2}t\Big|_{t=10}<0,$$

所以到 10 年末,使用这台机器可获得最大利润,其值为

$$\pi = \int_0^{10} [E(t) - F(t)] \mathrm{d}t = \int_0^{10} \left(225 - \frac{9}{4}t^2\right) \mathrm{d}t = 1500 \text{（单位：万元）}.$$

习　题　5.4

A　组

1. 求由下列曲线与直线所围成的平面图形的面积：

(1) $y=\ln x$, $y=0$, $x=\mathrm{e}$；　　(2) $y=x^2$, $y^2=x$；

(3) $y=x^2$, $y=2-x$；　　(4) $y=x^2$, $y=3x+4$；

(5) $y=x^3$, $y=x$；　　(6) $y=4-x^2\,(x\geqslant 0)$, $y=0$, $x=0$, $x=4$；

(7) $y=\ln x$, $y=0$, $y=1$, $x=0$；　　(8) $y^2=x$, $x-2y-3=0$；

(9) $y^2=x$, $x+y-2=0$；　　(10) $y=x^2$, $y=2x-1$, $y=0$；

(11) $y=x^2\,(x\geqslant 0)$, $y=\frac{1}{2}(3-x)$, $y=0$；　　(12) $y=x+1$, $y=x^2\,(x\geqslant 0)$, $y=1$, $y=0$.

2. 求由抛物线 $y=1-x^2$ 及其在点$(1,0)$的切线和 y 轴所围成的平面图形的面积.

3. 求由曲线 $y=\ln x$ 及其在点$(\mathrm{e},1)$的切线和直线 $y=0$ 所围成的平面图形的面积.

4. 已知生产某产品的固定成本为 2000，边际成本函数为

$$MC = 3Q^2 - 118Q + 1315,$$

试确定总成本函数.

5. 设生产某产品的边际收益函数为

$$MR = 200 - \frac{Q}{50}.$$

(1) 求总收益函数；　　(2) 求生产 200 个单位产品时的总收益；

(3) 若已经生产了 200 个单位产品，求再生产 200 个单位产品时的总收益.

6. 设每天生产某产品的固定成本为 20 万元，边际成本函数（单位：万元/吨）为

$$MC = 0.4Q + 2,$$

商品的销售价格为 $P=18$（单位：万元/吨）.

(1) 求总成本函数；　　(2) 求总利润函数；

(3) 每天生产多少吨产品可获最大利润？最大利润是多少？

7. 已知生产某产品的固定成本为 6，而边际成本函数和边际收益函数分别是

$$MC = 3Q^2 - 18Q + 36, \quad MR = 33 - 8Q,$$

试求获最大利润的产量和最大利润.

B　组

1. 求由曲线 $y=\frac{2}{1+x^2}$, $y=x^2$ 与直线 $x=-2$, $x=2$ 所围成的平面图形的面积.

2. 求由曲线 $y=x^3-3x+2$ 与 x 轴所围成的介于两极值点之间的曲边梯形的面积.

3. 设生产某产品的边际成本函数为

$$MC = 3Q^2 - 18Q + 33,$$

且当产出量为 3 时，总成本为 155.

(1) 求总成本函数；(2) 当产量由 2 个单位增至 10 个单位时，总成本的增量是多少？

总 习 题 五

单项选择题：

1. 函数 $f(x)$ 在闭区间 $[a,b]$ 上可积的必要条件是 $f(x)$ 在 $[a,b]$ 上(　　).

(A) 有界；(B) 无界；(C) 单调；(D) 连续.

2. 函数 $f(x)$ 在闭区间 $[a,b]$ 上连续是 $f(x)$ 在 $[a,b]$ 上可积的(　　).

(A) 必要条件非充分条件；(B) 充分条件非必要条件；

(C) 充分必要条件；(D) 无关条件.

3. 设函数 $f(x)$ 在闭区间 $[a,b]$ 上连续，则由曲线 $y=f(x)$ 与直线 $x=a, x=b, y=0$ 所围成的平面图形的面积等于(　　).

(A) $\int_a^b f(x)\mathrm{d}x$；(B) $-\int_a^b f(x)\mathrm{d}x$；(C) $\left|\int_a^b f(x)\mathrm{d}x\right|$；(D) $\int_a^b |f(x)|\mathrm{d}x$.

4. 初等函数 $f(x)$ 在其有定义的区间 $[a,b]$ 上一定(　　).

(A) 可导；(B) 可微分；(C) 可积；(D) (A),(B),(C)均不成立.

5. 设 $\int_0^2 xf(x)\mathrm{d}x = k\int_0^1 xf(2x)\mathrm{d}x$，则 $k=$ (　　).

(A) 1；(B) 2；(C) 3；(D) 4.

6. $\frac{\mathrm{d}}{\mathrm{d}x}\int_a^b \arctan x\mathrm{d}x =$ (　　).

(A) $\arctan x$；(B) $\arctan b-\arctan a$；(C) 0；(D) $\frac{1}{1+x^2}$.

7. 设 $\varphi''(x)$ 在区间 $[a,b]$ 上连续，且 $\varphi'(b)=a, \varphi'(a)=b$，则 $\int_a^b \varphi'(x)\varphi''(x)\mathrm{d}x =$ (　　).

(A) $a-b$；(B) $\frac{1}{2}(a-b)$；(C) a^2-b^2；(D) $\frac{1}{2}(a^2-b^2)$.

8. 设 $M=\int_{-\pi/2}^{\pi/2}\frac{\sin x}{1+x^4}\cos^2 x\mathrm{d}x, N=\int_{-\pi/2}^{\pi/2}\left(\frac{\mathrm{e}^x-\mathrm{e}^{-x}}{2}+\cos^2 x\right)\mathrm{d}x, P=\int_{-\pi/2}^{\pi/2}(x^3\mathrm{e}^{x^2}-4)\mathrm{d}x$，则有不等式关系(　　).

(A) $N<P<M$；(B) $M<P<N$；(C) $N<M<P$；(D) $P<M<N$.

9. 设函数 $f(x)=\int_0^x (t-1)\mathrm{e}^t\mathrm{d}t$，则 $f(x)$ 有(　　).

(A) 极小值 $2-\mathrm{e}$；(B) 极小值 $\mathrm{e}-2$；(C) 极大值 $2-\mathrm{e}$；(D) 极大值 $\mathrm{e}-2$.

10. 设函数 $f(x)=\begin{cases}0, & x<0, \\ \lambda\mathrm{e}^{-\lambda x}, & x\geqslant 0\end{cases}$ $(\lambda>0)$，则 $\int_{-\infty}^{+\infty} f(x)\mathrm{d}x$ (　　).

(A) 等于 1；(B) 等于 2；(C) 等于 -1；(D) 发散.

第六章　多元函数微分学

本章将在一元函数微分学的基础上，讨论多元函数微分学及其应用. 多元函数微分学中具有一元函数微分学中的许多性质，但也有本质区别. 对于多元函数，我们将着重讨论二元函数.

§6.1　多元函数的基本概念

为了讨论多元函数微分学，本节先介绍空间直角坐标系，然后讲述多元函数、二元函数的极限和连续这些基本概念.

一、空间直角坐标系

1. 建立空间直角坐标系

以空间一定点 O 为共同原点，作三条互相垂直的数轴 Ox, Oy, Oz，按右手规则确定它们的正方向：右手的拇指、食指、中指伸开，使其互相垂直，则拇指、食指、中指分别指向 Ox 轴，Oy 轴，Oz 轴的正方向. 这就建立了空间直角坐标系 $Oxyz$（图 6-1).

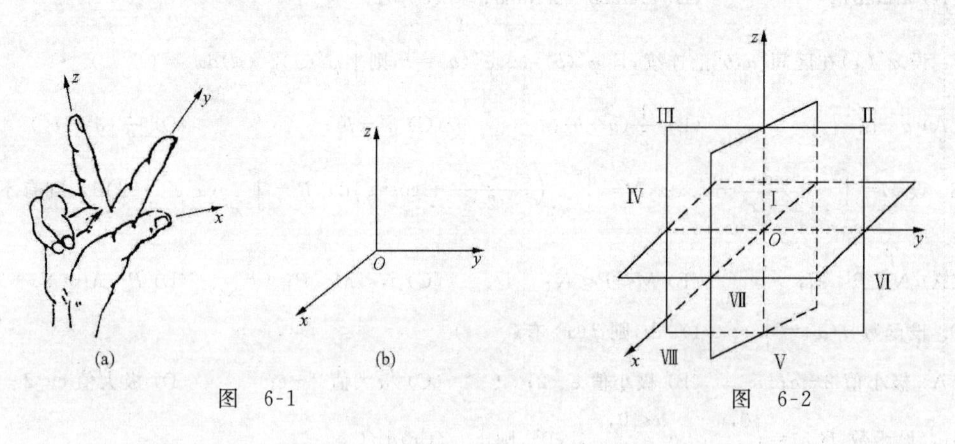

图　6-1　　　　图　6-2

点 O 称为**坐标原点**，Ox 轴，Oy 轴，Oz 轴分别简称为 x 轴，y 轴，z 轴，又分别称为**横轴、纵轴、竖轴**，统称为**坐标轴**. 每两个坐标轴确定一个平面，称为**坐标平面**. 由 x 轴与 y 轴确定的平面称为 xy 平面，由 y 轴与 z 轴确定的平面称为 yz 平面，由 z 轴与 x 轴确定的平面称为 zx 平面. 三个坐标平面将空间分成八个部分，每一个部分称为一个卦限，八个卦限的顺序如图 6-2 所示.

2. 空间点的坐标

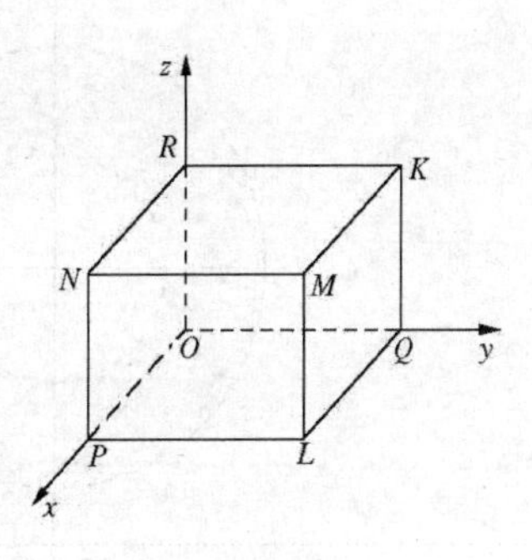

图 6-3

建立了空间直角坐标系 $Oxyz$ 后，空间中任意一点 M 与三元有序数组(x,y,z)就有一一对应关系.事实上，过点 M 作三个平面分别垂直于 x 轴，y 轴，z 轴，它们与各轴的交点依次为 P，Q，R，这三点在 x 轴，y 轴，z 轴上的坐标依次为 x,y,z，于是空间一点 M 就唯一地确定了三元有序数组(x,y,z).反之，已知三元有序数组(x,y,z)，可在 x 轴上取坐标为 x 的点 P，在 y 轴上取坐标为 y 的点 Q，在 z 轴取坐标为 z 的点 R，然后过点 P,Q,R 分别作 x 轴，y 轴，z 轴的垂直平面，这三个平面唯一的交点 M 便是三元有序数组(x,y,z)所确定的空间中的一点(图 6-3).

(x,y,z)称为点 M 的坐标，记作 $M(x,y,z)$，其中 x,y,z 分别称为点 M 的**横坐标**、**纵坐标**、**竖坐标**.

显然，原点 O 的坐标为$(0,0,0)$；x 轴上点的坐标为$(x,0,0)$，y 轴上点的坐标为$(0,y,0)$，z 轴上点的坐标为$(0,0,z)$；xy 平面上点的坐标为$(x,y,0)$，yz 平面上点的坐标为$(0,y,z)$，zx 平面上点的坐标为$(x,0,z)$.

二、平面区域

1. 平面区域

一般来说，整个 xy 平面或由 xy 平面上的一条或几条曲线所围成的一部分平面，称为 xy 平面的**平面区域**，简称为**区域**.围成区域的曲线称为**区域的边界**，边界上的点称为**边界点**.平面区域一般分类如下：

无界区域：区域可以延伸到平面的无限远处.

有界区域：区域可以包含在一个以原点(0,0)为中心，半径适当长的圆内.

闭区域：包括边界在内的区域.

开区域：不包括边界在内的区域.

平面区域用 D 表示，例如：

$D_1=\{(x,y)\mid -\infty<x<+\infty,-\infty<y<+\infty\}$是无界区域，它表示整个 xy 平面；

$D_2=\{(x,y)\mid 1<x^2+y^2<4\}$是有界开区域(图 6-4，不包括边界)；

$D_3=\{(x,y)\mid 1\leqslant x^2+y^2\leqslant 4\}$是有界闭区域(参见图 6-4，包括边界)；

$D_4=\{(x,y)\mid x+y>0\}$是无界开区域(图 6-5)，它是以直线 $x+y=0$ 为界的上半平面，不包括直线 $x+y=0$.

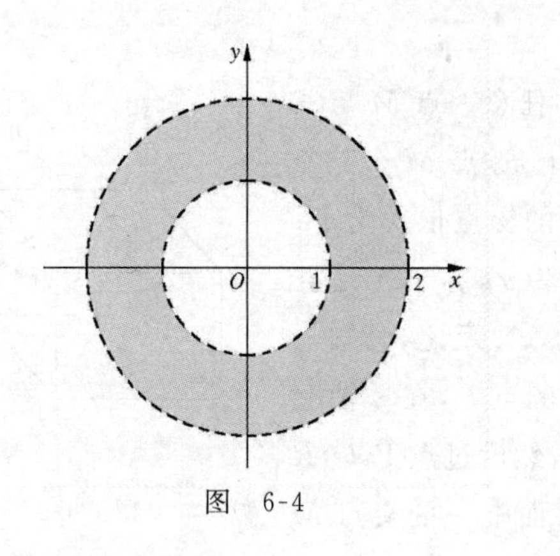

图　6-4

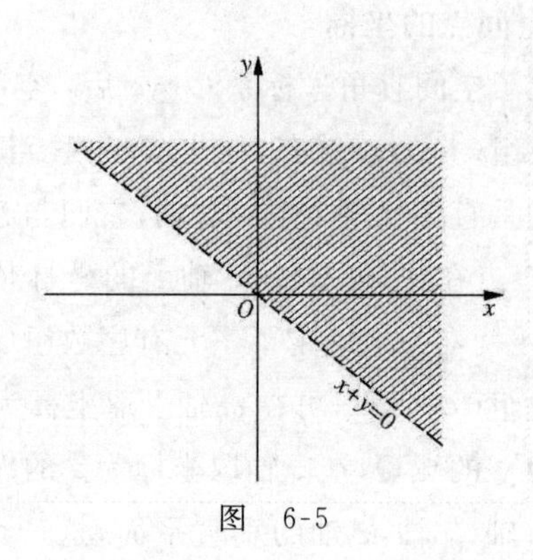

图　6-5

2. 点 P_0 的 δ 邻域

在 xy 平面上，以点 $P_0(x_0,y_0)$ 为中心，$\delta(\delta>0)$ 为半径的开区域，称为点 $P_0(x_0,y_0)$ 的 δ **邻域**，它可以表示为

$$\{(x,y)\mid\sqrt{(x-x_0)^2+(y-y_0)^2}<\delta\},$$

或简记作

$$\sqrt{(x-x_0)^2+(y-y_0)^2}<\delta.$$

三、多元函数的基本概念

只有一个自变量的函数，称为一元函数. 有两个或多于两个自变量的函数，称为多元函数. 我们着重讨论二元函数的基本概念.

1. 二元函数的概念

1）二元函数的定义

例 1　圆柱体的体积公式

$$V=\pi r^2 h$$

描述了体积 V 与其底半径 r 和高 h 这两个变量之间确定的数量关系. 当底半径 r 和高 $h(r>0,h>0)$ 取定一对值时，体积 V 的值就随之由上式确定. 这就是一个二元函数.

定义 6.1　设 x,y 和 z 是三个变量，D 是一个给定的**非空二元有序数组集**. 若对于二元有序数组 $(x,y)\in D$，按照某一确定的**对应法则** f，变量 z 总有唯一确定的数值与之对应，则称 z **是** x,y **的函数**，记作

$$z=f(x,y),\quad (x,y)\in D,$$

其中 x,y 称为**自变量**，z 称为**因变量**，二元有序数组集 D 称为该函数的**定义域**. 这时，函数 $z=f(x,y)$ 也称为**二元函数**.

定义域 D 是自变量 x,y 的取值范围，也就是使函数 $z=f(x,y)$ 有意义的二元有序数组集. 由此，若 x,y 可取二元有序数组 $(x_0,y_0)\in D$，则称该函数在点 (x_0,y_0) **有定义**. 与

(x_0,y_0)对应的 z 的数值称为函数在点(x_0,y_0)的**函数值**,记作 $f(x_0,y_0)$或 $z\Big|_{(x_0,y_0)}$. 当(x,y)取遍二元有序数组集 D 中的所有二元有序数组时,对应的函数值全体构成的数集

$$Z=\{z\,|\,z=f(x,y),(x,y)\in D\}$$

称为函数的**值域**.

若$(x_0,y_0)\overline{\in}D$,则称该函数在点(x_0,y_0)**没有定义**.

与一元函数一样,定义域 D,对应法则 f,值域 Z 是确定二元函数的三个因素,而前二者是两个要素. 若函数 f 的对应法则用解析式 $f(x,y)$表示,f 的定义域 D 又是使该解析式有意义的点(x,y)的集合,则二元函数可简记作

$$z=f(x,y),$$

定义域 D 将省略不写.

一元函数的定义域是数轴上点的集合,一般情况下是数轴上的区间. 二元函数的定义域 D 则是 xy 平面上点的集合,一般情况下这种点的集合是 xy 平面上的平面区域.

例 2 函数

$$z=3x+2y$$

的定义域 D 是整个 xy 平面,它是无界区域,如前述 D_1 所示.

例 3 函数

$$z=\sqrt{x^2+y^2-1}+\sqrt{4-x^2-y^2}$$

的定义域是一个有界闭区域,如前述 D_3 所示.

例 4 已知函数 $f(x,y)=\dfrac{e^{xy}}{x^2+y^2}$,则

$$f(1,0)=\frac{e^{1\times 0}}{1^2+0^2}=1,$$

$$f(-2,2)=\frac{e^{-2\times 2}}{(-2)^2+2^2}=\frac{e^{-4}}{8}.$$

类似地,可以定义三元函数

$$u=f(x,y,z),$$

即三个自变量 x,y,z 按照对应法则 f 对应因变量 u.

例如,长方体的体积 V 就是其长 x,宽 y,高 h 三个变量的函数,即有

$$V=xyh.$$

二元以及二元以上的函数统称为**多元函数**.

2) 二元函数的几何表示

对函数 $z=f(x,y),(x,y)\in D$,D 是 xy 平面上的区域,给定 D 中一点 $P(x,y)$,就有一个实数 z 与之对应,从而就可确定空间中的一点 $M(x,y,z)$. 一般地,当点 P 在区域 D 中移

动，并经过 D 中所有点时，与之对应的动点 M 就在空间形成一张曲面(图 6-6). 由此可知，二元函数 $z=f(x,y)$，$(x,y)\in D$，其图形是空间直角坐标系下的空间曲面，此曲面在 xy 平面上的投影区域就是该函数的定义域 D(图 6-7).

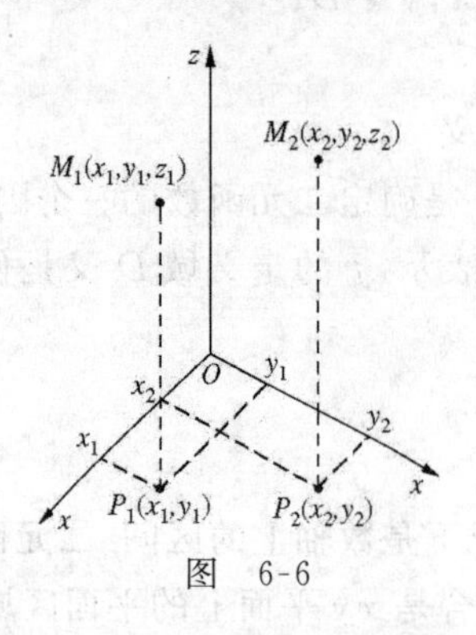

图　6-6

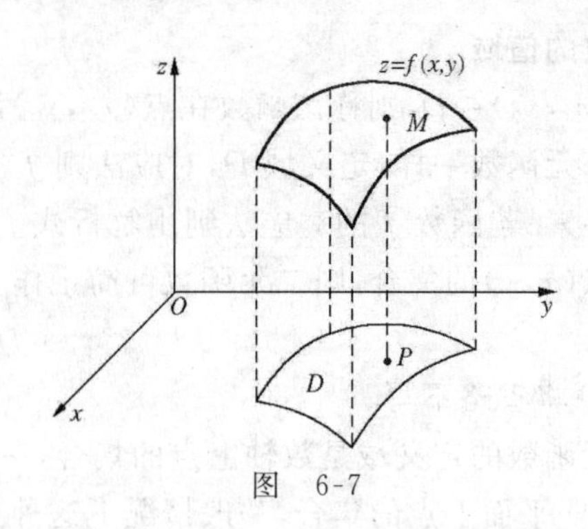

图　6-7

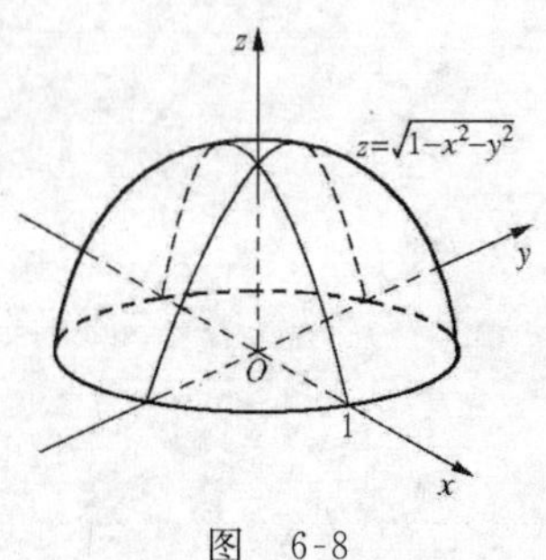

图　6-8

例 5　函数 $z=\sqrt{1-x^2-y^2}$ 的图形是以原点(0,0,0)为球心，半径为 1 的球面的上半球面，半球面在 xy 平面上的投影是圆形闭区域(图 6-8)

$$D=\{(x,y)\mid x^2+y^2\leqslant 1\}.$$

这正是函数的定义域.

2. 二元函数的极限

与一元函数极限概念类似，二元函数 $z=f(x,y)$ 的极限是讨论当自变量 x,y 无限接近 x_0,y_0 时，即 $x\to x_0,y\to y_0$ 时，该函数的变化趋势.

定义 6.2　设函数 $z=f(x,y)$ 在点 $P_0(x_0,y_0)$ 的某邻域内有定义(在点 P_0 可以没有定义). 若点 $P(x,y)$ 以**任意方式**趋于点 $P_0(x_0,y_0)$ 时，函数 $f(x,y)$ 总趋于常数 A，则称**函数** $f(x,y)$ **当** (x,y) **趋于** (x_0,y_0) **时以** A **为极限**，记作

$$\lim_{\substack{x\to x_0\\ y\to y_0}} f(x,y)=A \quad \text{或} \quad \lim_{\rho\to 0} f(x,y)=A, \tag{6.1}$$

其中 $\rho=|PP_0|=\sqrt{(x-x_0)^2+(y-y_0)^2}$ 表示点 P 与点 P_0 之间的距离.

说明　(1) 由该定义知，函数 $z=f(x,y)$ 在点 $P_0(x_0,y_0)$ 是否存在极限与该函数在点 $P_0(x_0,y_0)$ 是否有定义无关.

(2) 成立"$\lim\limits_{\substack{x\to x_0\\ y\to y_0}} f(x,y)=A$"是要求"点 $P(x,y)$ 以任意方式趋于点 $P_0(x_0,y_0)$ 时，函数 $f(x,y)$ 总趋于常数 A". 若点 $P(x,y)$ 以某种特定的方式，例如沿着某条特定的曲线，趋于点 $P_0(x_0,y_0)$ 时，函数 $f(x,y)$ 趋于常数 A，不能断定(6.1)式成立. 当点 $P(x,y)$ 沿着不同的路径趋于点 $P_0(x_0,y_0)$ 时，若极限都存在，但却不是同一个数值，则可断定函数的极限一定不存在.

例 6 函数 $f(x,y)=(x^2+y^2)\sin\dfrac{1}{x^2+y^2}$ 在点(0,0)没有定义. 由于当$(x,y)\to(0,0)$时,有

$$(x^2+y^2)\to 0, \quad 且 \quad \left|\sin\frac{1}{x^2+y^2}\right|\leqslant 1,$$

所以 $f(x,y)$的极限存在,且

$$\lim_{\substack{x\to 0\\ y\to 0}}(x^2+y^2)\sin\frac{1}{x^2+y^2}=0.$$

3. 二元函数的连续性

有了二元函数极限的概念,就可以定义二元函数在一点的连续性.

定义 6.3 设函数 $z=f(x,y)$在点 $P_0(x_0,y_0)$的某邻域内有定义. 若

$$\lim_{\substack{x\to x_0\\ y\to y_0}}f(x,y)=f(x_0,y_0),$$

则称**函数 $f(x,y)$在点(x_0,y_0)连续**,并称(x_0,y_0)为函数的**连续点**.

按该定义,函数 $f(x,y)$在点(x_0,y_0)**连续**,就是函数在该点的**极限值恰等于函数值**.

若函数 $f(x,y)$在点(x_0,y_0)不满足连续的定义,则称这一点是函数的**不连续点或间断点**.

若函数 $f(x,y)$在区域 D 内的**每一点都连续**,则称函数**在区域 D 内连续**,或称 $f(x,y)$为 D 上的**连续函数**.

例 7 函数 $f(x,y)=x^2+xy+y^2$ 在点(2,3)是连续的,这是因为 $f(x,y)$在点(2,3)有定义:$f(2,3)=19$,且

$$\lim_{\substack{x\to 2\\ y\to 3}}(x^2+xy+y^2)=19=f(2,3).$$

例 8 函数 $f(x,y)=\sin\dfrac{1}{x^2+y^2-1}$ 的间断点是一条曲线(圆周)$x^2+y^2=1$,因为该函数在 $x^2+y^2-1=0$ 时没有定义.

一元连续函数的运算性质可以完全平行地推广到二元连续函数. 特别需要强调指出的是,**二元初等函数在其有定义的区域内是连续的.**

二元连续函数 $f(x,y)$在有界闭区域 D 上有**最大值和最小值.**

习 题 6.1

A 组

1. 求下列函数的函数值:

(1) $f(x,y)=\dfrac{x^2-y^2}{2xy}$, 求 $f(2,3)$, $f\left(a,\dfrac{1}{a}\right)$, $f\left(1,\dfrac{y}{x}\right)$;

(2) $f(x,y)=\dfrac{x+y}{xy}$, 求 $f(x+y,x-y)$.

2. 求下列函数的定义域：

(1) $f(x,y)=\mathrm{e}^{-(x^2+y^2)}$；　　(2) $f(x,y)=\dfrac{a^2}{x^2-y^2}$；

(3) $f(x,y)=\sqrt{x-\sqrt{y}}$；　　(4) $f(x,y)=\ln(16-x^2-y^2)(x^2+y^2-4)$.

B 组

1. 设 $f\left(x+y,\dfrac{y}{x}\right)=x^2-y^2$，求 $f(x,y)$.

2. 求 $\lim\limits_{\substack{x\to 0\\ y\to 3}}\dfrac{\sin xy}{x}$.

§6.2 偏 导 数

在一元函数中，我们由函数的变化率问题引入了一元函数导数的概念.对于二元函数，虽然也有类似的问题，但由于自变量多了一个，问题将变得复杂得多.这是因为，在 xy 平面上，点 $P_0(x_0,y_0)$ 可以沿着不同方向变动，因而函数 $f(x,y)$ 就有沿着各个方向的变化率.这里，我们仅限于讨论当点 $P_0(x_0,y_0)$ 沿着平行 x 轴和平行 y 轴这两个特殊方向变动时，函数 $f(x,y)$ 的变化率问题，即固定 y 仅 x 变化时和固定 x 仅 y 变化时，函数 $f(x,y)$ 的变化率问题.这实际上是把二元函数作为一元函数来讨论变化率问题.这就是下面要讨论的偏导数问题.

一、偏导数

设函数 $z=f(x,y)$ 在点 $P_0(x_0,y_0)$ 的某邻域内有定义，当点 P_0 沿着平行于 x 轴的方向移动到点 $P_1(x_0+\Delta x,y_0)$ 时（图 6-9），函数相应的改变量记作 $\Delta_x z$，即

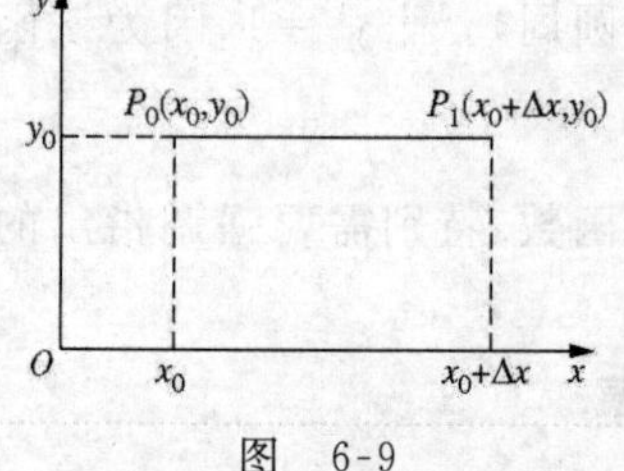

图 6-9

$$\Delta_x z=f(x_0+\Delta x,y_0)-f(x_0,y_0),$$

称之为函数 $f(x,y)$ 在点 $P_0(x_0,y_0)$ 关于 x 的**偏改变量**.由一元函数导数的概念，可以这样理解：如果极限 $\lim\limits_{\Delta x\to 0}\dfrac{\Delta_x z}{\Delta x}$ 存在，那么这一极限值就是函数 $f(x,y)$ 在点 P_0 沿着平行于 x 轴方向的变化率.称这一极限值为 $f(x,y)$ 对 x 的偏导数.

定义 6.4 设函数 $z=f(x,y)$ 在点 (x_0,y_0) 的某邻域内有定义.若极限

$$\lim_{\Delta x\to 0}\frac{\Delta_x z}{\Delta x}=\lim_{\Delta x\to 0}\frac{f(x_0+\Delta x,y_0)-f(x_0,y_0)}{\Delta x}$$

存在，则称此极限值为函数 $f(x,y)$ **在点** (x_0,y_0) **关于** x **的偏导数**，记作

$$f_x(x_0,y_0),\quad z_x\Big|_{(x_0,y_0)},\quad \frac{\partial f}{\partial x}\Big|_{(x_0,y_0)}\quad 或\quad \frac{\partial z}{\partial x}\Big|_{(x_0,y_0)}.$$

同样,函数 $z=f(x,y)$ 在点 (x_0,y_0) 关于 y 的**偏改变量**记作 $\Delta_y z$,即

$$\Delta_y z = f(x_0, y_0+\Delta y) - f(x_0, y_0).$$

函数 $f(x,y)$ 在**点** (x_0,y_0) **关于 y 的偏导数**定义为极限

$$\lim_{\Delta y\to 0}\frac{\Delta_y z}{\Delta y} = \lim_{\Delta y\to 0}\frac{f(x_0, y_0+\Delta y) - f(x_0, y_0)}{\Delta y},$$

记作

$$f_y(x_0,y_0),\quad z_y\Big|_{(x_0,y_0)},\quad \frac{\partial f}{\partial y}\Big|_{(x_0,y_0)}\quad 或\quad \frac{\partial z}{\partial y}\Big|_{(x_0,y_0)}.$$

若函数 $z=f(x,y)$ 在区域 D 内每一点 (x,y) 都有关于 x 和关于 y 的偏导数,这就得到了函数 $f(x,y)$ 在 D 内关于 x 和关于 y 的**偏导函数**,分别记作

$$f_x(x,y),\quad z_x,\quad \frac{\partial f}{\partial x}\quad 或\quad \frac{\partial z}{\partial x};$$

$$f_y(x,y),\quad z_y,\quad \frac{\partial f}{\partial y}\quad 或\quad \frac{\partial z}{\partial y}.$$

偏导函数是 x,y 的函数,简称为**偏导数**.

由函数 $f(x,y)$ 的偏导数定义知,求 $f_x(x,y)$ 时,是将 y 视为常量,只对 x 求导数;求 $f_y(x,y)$ 时,是将 x 视为常量,只对 y 求导数.也就是说,有

$$f_x(x,y) = \frac{\mathrm{d}}{\mathrm{d}x}f(x,y)\Big|_{y不变},$$

$$f_y(x,y) = \frac{\mathrm{d}}{\mathrm{d}y}f(x,y)\Big|_{x不变}.$$

这样,求偏导数仍是一元函数的求导数问题.

例 1 求函数 $f(x,y)=2x^2-3xy^2+y^3$ 在点 $(2,1)$ 的偏导数.

解 先求偏导函数,再求在指定点的偏导数.

视 y 为常量,对 x 求导数:

$$f_x(x,y) = 4x - 3y^2.$$

视 x 为常量,对 y 求导数:

$$f_y(x,y) = -6xy + 3y^2.$$

将 $x=2,y=1$ 代入上两式,得在点 $(2,1)$ 的偏导数

$$f_x(2,1) = (4x-3y^2)\Big|_{(2,1)} = 5,$$

$$f_y(2,1) = (-6xy+3y^2)\Big|_{(2,1)} = -9.$$

本例也可采取下述方法:

令函数 $f(x,y)$ 中的 $y=1$,得到以 x 为自变量的函数

$$f(x,1) = 2x^2 - 3x + 1.$$

求它在 $x=2$ 时的导数:

$$f_x(2,1) = (4x-3)\Big|_{x=2} = 5.$$

令函数 $f(x,y)$ 中的 $x=2$，得到以 y 为自变量的函数

$$f(2,y)=8-6y^2+y^3.$$

求它在 $y=1$ 时的导数：

$$f_y(2,1)=(-12y+3y^2)\Big|_{y=1}=-9.$$

例 2　求函数 $z=x^y(x>0)$ 的偏导数.

解　对 x 求偏导数时，视 y 为常量，这时 x^y 是幂函数，有

$$\frac{\partial z}{\partial x}=yx^{y-1}.$$

对 y 求偏导数时，视 x 为常量，这时 x^y 是指数函数，有

$$\frac{\partial z}{\partial y}=x^y\ln x.$$

例 3　设函数 $z=x^2\ln(x^2-y^2)$，求 $\frac{\partial z}{\partial x},\frac{\partial z}{\partial y}$.

解　视 y 为常量，对 x 求偏导数. 由乘积的导数法则得

$$\begin{aligned}\frac{\partial z}{\partial x}&=2x\ln(x^2-y^2)+x^2\,\frac{2x}{x^2-y^2}\\&=2x\ln(x^2-y^2)+\frac{2x^3}{x^2-y^2}.\end{aligned}$$

视 x 为常量，对 y 求偏导数得

$$\frac{\partial z}{\partial y}=x^2\,\frac{-2y}{x^2-y^2}=-\frac{2x^2y}{x^2-y^2}.$$

这里，我们还需指出，对一元函数 $y=f(x)$，$\frac{\mathrm{d}y}{\mathrm{d}x}$ 既表示 y 对 x 求导数，又可看成一个分式：y 的微分 $\mathrm{d}y$ 与 x 的微分 $\mathrm{d}x$ 之商；但对二元函数 $z=f(x,y)$，$\frac{\partial z}{\partial x}$，$\frac{\partial z}{\partial y}$ 只是一个偏导数的整体记号，比如 $\frac{\partial z}{\partial x}$ 不能再看成 ∂z 与 ∂x 之商.

二元函数的偏导数概念很容易推广到三元函数. 一个三元函数 $u=f(x,y,z)$ 对 x 的偏导数，就是固定自变量 y 与 z 后，u 作为 x 的函数的导数；其他两个偏导数类推.

例 4　求三元函数 $u=\sqrt{x^2+y^2+z^2}$ 的偏导数 $\frac{\partial u}{\partial x},\frac{\partial u}{\partial y},\frac{\partial u}{\partial z}$.

解　求 $\frac{\partial u}{\partial x}$ 时，要视函数表达式中的 y,z 为常数，对 x 求导数. 由复合函数的导数法则得

$$\frac{\partial u}{\partial x}=\frac{1}{2\sqrt{x^2+y^2+z^2}}\cdot 2x=\frac{x}{\sqrt{x^2+y^2+z^2}}.$$

同理可得

$$\frac{\partial u}{\partial y}=\frac{y}{\sqrt{x^2+y^2+z^2}},\quad \frac{\partial u}{\partial z}=\frac{z}{\sqrt{x^2+y^2+z^2}}.$$

二、高阶偏导数

函数 $z=f(x,y)$的偏导数 $\frac{\partial z}{\partial x}$, $\frac{\partial z}{\partial y}$ 一般仍是 x,y 的函数,若它们关于 x 和关于 y 的偏导数存在,则 $\frac{\partial z}{\partial x}$, $\frac{\partial z}{\partial y}$ 关于 x 和关于 y 的偏导数,称为函数 $z=f(x,y)$的**二阶偏导数**. 函数 $z=f(x,y)$的二阶偏导数,依对变量求导数次序不同,共有以下四个:

$$\frac{\partial}{\partial x}\left(\frac{\partial z}{\partial x}\right)=\frac{\partial^2 z}{\partial x^2}=z_{xx}=f_{xx}(x,y),\qquad \frac{\partial}{\partial y}\left(\frac{\partial z}{\partial x}\right)=\frac{\partial^2 z}{\partial x\partial y}=z_{xy}=f_{xy}(x,y),$$

$$\frac{\partial}{\partial x}\left(\frac{\partial z}{\partial y}\right)=\frac{\partial^2 z}{\partial y\partial x}=z_{yx}=f_{yx}(x,y),\quad \frac{\partial}{\partial y}\left(\frac{\partial z}{\partial y}\right)=\frac{\partial^2 z}{\partial y^2}=z_{yy}=f_{yy}(x,y),$$

其中 $f_{xx}(x,y)$是对 x 求二阶偏导数;$f_{yy}(x,y)$是对 y 求二阶偏导数;$f_{xy}(x,y)$是先对 x 求偏导数,所得结果再对 y 求偏导数; $f_{yx}(x,y)$ 是先对 y 求偏导数,所得结果再对 x 求偏导数. $f_{xy}(x,y)$和 $f_{yx}(x,y)$通常称为二阶**混合偏导数**.

类似地,可以定义更高阶的偏导数. 例如,$z=f(x,y)$对 x 的三阶偏导数是

$$\frac{\partial}{\partial x}\left(\frac{\partial^2 z}{\partial x^2}\right)=\frac{\partial^3 z}{\partial x^3};$$

对 x 的二阶偏导数,再对 y 求一阶偏导数是

$$\frac{\partial}{\partial y}\left(\frac{\partial^2 z}{\partial x^2}\right)=\frac{\partial^3 z}{\partial x^2\partial y}.$$

二阶和二阶以上的偏导数统称为**高阶偏导数**.

例 5 求函数 $z=x^3y^2-3xy^3+2xy-7y^2$ 的二阶偏导数.

解 先求一阶偏导数:

$$\frac{\partial z}{\partial x}=3x^2y^2-3y^3+2y,\quad \frac{\partial z}{\partial y}=2x^3y-9xy^2+2x-14y;$$

再求二阶偏导数:

$$\frac{\partial^2 z}{\partial x^2}=\frac{\partial}{\partial x}\left(\frac{\partial z}{\partial x}\right)=6xy^2,\qquad \frac{\partial^2 z}{\partial x\partial y}=\frac{\partial}{\partial y}\left(\frac{\partial z}{\partial x}\right)=6x^2y-9y^2+2,$$

$$\frac{\partial^2 z}{\partial y\partial x}=\frac{\partial}{\partial x}\left(\frac{\partial z}{\partial y}\right)=6x^2y-9y^2+2,\quad \frac{\partial^2 z}{\partial y^2}=\frac{\partial}{\partial y}\left(\frac{\partial z}{\partial y}\right)=2x^3-18xy-14.$$

由以上计算结果看到,两个二阶混合偏导数相等. 这并非偶然. 关于这一点,有下述**结论**:

若函数 $z=f(x,y)$的二阶混合偏导数 $f_{xy}(x,y)$和 $f_{yx}(x,y)$**在区域 D 内连续**,则在 D 内,**必有**

$$f_{xy}(x,y)=f_{yx}(x,y).$$

例 6 求函数 $z=\ln(\mathrm{e}^x+\mathrm{e}^y)$的二阶偏导数.

解　先求一阶偏导数：

$$\frac{\partial z}{\partial x}=\frac{e^x}{e^x+e^y},\quad \frac{\partial z}{\partial y}=\frac{e^y}{e^x+e^y};$$

再求二阶偏导数：

$$\frac{\partial^2 z}{\partial x^2}=\frac{e^x(e^x+e^y)-e^x\cdot e^x}{(e^x+e^y)^2}=\frac{e^{x+y}}{(e^x+e^y)^2},$$

$$\frac{\partial^2 z}{\partial y^2}=\frac{e^y(e^x+e^y)-e^y\cdot e^y}{(e^x+e^y)^2}=\frac{e^{x+y}}{(e^x+e^y)^2},$$

$$\frac{\partial^2 z}{\partial x\partial y}=\frac{-e^x\cdot e^y}{(e^x+e^y)^2}=-\frac{e^{x+y}}{(e^x+e^y)^2},$$

$$\frac{\partial^2 z}{\partial y\partial x}=-\frac{e^{x+y}}{(e^x+e^y)^2}.$$

习　题　6.2

A　组

1. 求下列函数的偏导数：

(1) $z=y\cos x$；　(2) $z=e^{xy}$；　(3) $z=\left(\frac{1}{3}\right)^{y/x}$；　(4) $z=\sin\frac{x}{y}\cos\frac{y}{x}$；

(5) $z=\arctan\frac{y}{x}$；　(6) $z=x\ln\frac{y}{x}$；　(7) $z=(2x+y)^{2x+y}$；　(8) $z=(1+xy)^y$.

2. 求下列函数在指定点的偏导数：

(1) $f(x,y)=e^{\sin x}\sin y$，求 $f_x(0,0)$，$f_y(0,0)$；

(2) $f(x,y)=x+y+\sqrt{x^2+y^2}$，求 $f_x(3,4)$，$f_y(3,4)$.

3. 求下列函数的所有二阶偏导数：

(1) $z=x^4+y^4-4x^2y^2$；　(2) $z=e^x(\cos y+x\sin y)$；

(3) $z=e^{xe^y}$；　(4) $z=\sin^2(ax+by)$.

B　组

1. 求下列函数在指定点的偏导数：

(1) $f(x,y)=x+(y-1)\arcsin\sqrt{\frac{x}{y}}$，求 $f_x(x,1)$；

(2) $f(x,y)=\ln\left(x+\frac{y}{2x}\right)$，求 $f_y(1,0)$.

2. 求下列函数的偏导数：

(1) $u=e^{x(x^2+y^2+z^2)}$；　(2) $u=x^{y^z}$.

§6.3　多元函数的极值

我们曾用导数解决了求一元函数的极值问题，从而可求得实际问题中一元函数的最大值和最小值.仿照这种思路,我们来研究多元函数极值的求法,并进而解决实际问题中多元函数求最大值和最小值的问题.

我们以二元函数为例进行讨论.

一、二元函数的极值

1. 极值的定义

定义 6.5 设函数 $z=f(x,y)$ 在点 $P_0(x_0,y_0)$ 的某邻域内有定义,$P(x,y)$ 为该邻域内异于 P_0 的任一点.

(1) 若有 $f(x,y)<f(x_0,y_0)$,则称 $P_0(x_0,y_0)$ 是函数 $f(x,y)$ 的**极大值点**,称 $f(x_0,y_0)$ 是函数 $f(x,y)$ 的**极大值**;

(2) 若有 $f(x,y)>f(x_0,y_0)$,则称 $P_0(x_0,y_0)$ 是函数 $f(x,y)$ 的**极小值点**,称 $f(x_0,y_0)$ 是函数 $f(x,y)$ 的**极小值**.

极大值点与极小值点统称为**极值点**;极大值与极小值统称为**极值**.

例如,对于函数 $f(x,y)=\sqrt{1-x^2-y^2}$(图 6-8),点(0,0)是其极大值点,$f(0,0)=1$ 是其极大值.这是因为,在点(0,0)的邻近,对任意一点(x,y),有

$$f(x,y)<1=f(0,0),\quad (x,y)\neq(0,0).$$

又如,对于函数 $f(x,y)=x^2+y^2$,点(0,0)是其极小值点,$f(0,0)=0$ 是其极小值.这是因为,在点(0,0)的邻近,除原点(0,0)以外的函数值均为正数:

$$f(x,y)>0=f(0,0),\quad (x,y)\neq(0,0).$$

2. 极值存在的条件

先考虑极值存在的必要条件.为了确定起见,我们不妨假定 $P_0(x_0,y_0)$ 是函数 $f(x,y)$ 的极大值点,即在点 P_0 的某邻域内,有

$$f(x,y)<f(x_0,y_0),\quad (x,y)\neq(x_0,y_0).$$

过点 P_0 作平行于 x 轴的直线 $y=y_0$,这一直线在该邻域内的一段上的所有点,当然也满足不等式(图 6-10)

$$f(x,y_0)<f(x_0,y_0),\quad (x,y_0)\neq(x_0,y_0).$$

于是,函数 $f(x,y_0)$ 可看作一元函数,它在 $x=x_0$ 处取极大值.若函数 $f(x,y_0)$ 在点 $x=x_0$ 可导,根据一元函数极值存在的必要条件,应有

$$\left.\frac{\partial f(x,y_0)}{\partial x}\right|_{x=x_0}=0.$$

同理,若函数 $f(x_0,y)$ 在点 $y=y_0$ 可导,这时也应有

$$\left.\frac{\partial f(x_0,y)}{\partial y}\right|_{y=y_0}=0.$$

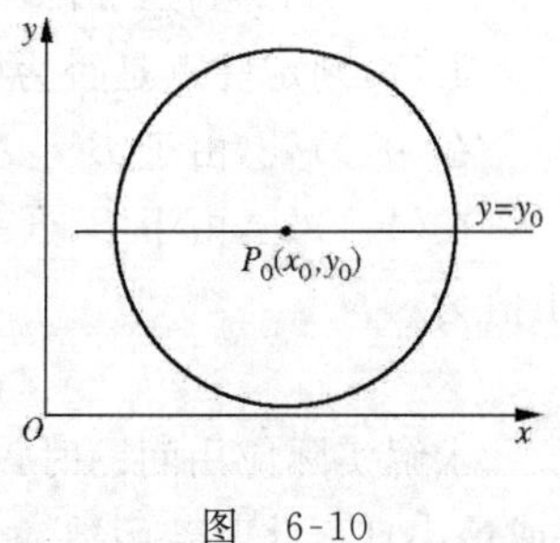

图 6-10

因此,有下面**极值存在的必要条件**:

若函数 $f(x,y)$ 在点 $P_0(x_0,y_0)$ 的**偏导数存在且 P_0 是极值点**，则

$$f_x(x_0,y_0)=0,\quad f_y(x_0,y_0)=0.$$

通常把满足上述条件即 $f_x(x_0,y_0)=0, f_y(x_0,y_0)=0$ 的点 $P_0(x_0,y_0)$ 称为函数的**驻点**. 这里需指出，若函数 $f(x,y)$ 存在偏导数，则函数的极值只能在驻点取得. 但驻点并不都是极值点. 例如，对于函数

$$z=f(x,y)=-x^2+y^2,$$

点(0,0)是其驻点，且 $f(0,0)=0$，但(0,0)不是极值点. 这是因为，在点(0,0)的邻近，当 $|x|<|y|$ 时，函数 $f(x,y)$ 取正值；而当 $|x|>|y|$ 时，$f(x,y)$ 则取负值.

定理 6.1（极值存在的充分条件）　设函数 $f(x,y)$ 在点 $P_0(x_0,y_0)$ 的某邻域内具有一阶和二阶的连续偏导数，且满足 $f_x(x_0,y_0)=0, f_y(x_0,y_0)=0$. 记

$$A=f_{xx}(x_0,y_0),\quad B=f_{xy}(x_0,y_0),\quad C=f_{yy}(x_0,y_0).$$

(1) 当 $B^2-AC<0$ 时，

(i) 若 $A<0$（或 $C<0$），则 (x_0,y_0) **是函数** $f(x,y)$ **的极大值点**；

(ii) 若 $A>0$（或 $C>0$），则 (x_0,y_0) **是函数** $f(x,y)$ **的极小值点**.

(2) 当 $B^2-AC>0$ 时，(x_0,y_0) **不是函数** $f(x,y)$ **的极值点**.

(3) 当 $B^2-AC=0$ 时，**不能判定** (x_0,y_0) 是否为函数 $f(x,y)$ 的**极值点**.

例 1　求函数 $f(x,y)=x^3+y^3-3xy$ 的极值.

解　首先，求函数的偏导数，并解方程组确定驻点. 由

$$\begin{cases} f_x(x,y)=3x^2-3y=0, \\ f_y(x,y)=3y^2-3x=0 \end{cases}$$

解得驻点(0,0)和(1,1).

其次，计算出二阶偏导数在驻点的值. 求二阶偏导数，得

$$f_{xx}=6x,\quad f_{xy}=-3,\quad f_{yy}=6y.$$

对于点(0,0)，有

$$A=f_{xx}(0,0)=0,\quad B=f_{xy}(0,0)=-3,\quad C=f_{yy}(0,0)=0.$$

对于点(1,1)，有

$$A=f_{xx}(1,1)=6,\quad B=f_{xy}(1,1)=-3,\quad C=f_{yy}(1,1)=6.$$

最后，判定驻点是否为极值点. 若是，计算出极值.

在(0,0)处，由于 $B^2-AC=(-3)^2-0>0$，故(0,0)不是极值点.

在(1,1)处，由于 $B^2-AC=(-3)^2-6\times6<0$，且 $A>0$，故(1,1)是极小值点，相应的极小值为

$$f(1,1)=1^3+1^3-3\times1\times1=-1.$$

求解实际应用问题时，如果已经知道或能够判定函数在其定义域 D 的内部确实有最大（或最小）值，此时若函数在 D 内只有一个驻点，就可以断定该驻点的函数值就是函数在区域 D 内的最大（或最小）值.

例 2　要做一个容积为 a 的长方体箱子,问:怎样选择尺寸,才能使所用材料最少?

解　箱子的容积一定,而使所用材料最少,这就是使箱子的表面积最小.

设箱子的长为 x,宽为 y,高为 z,则依题设有

$$a = xyz, \quad 即 \quad z = \frac{a}{xy}.$$

于是,箱子的表面积为

$$A = 2(xy + yz + zx) = 2\left(xy + \frac{a}{x} + \frac{a}{y}\right) \quad (x > 0, y > 0).$$

这是求二元函数的极值问题.由

$$\begin{cases} \dfrac{\partial A}{\partial x} = 2\left(y - \dfrac{a}{x^2}\right) = 0, \\ \dfrac{\partial A}{\partial y} = 2\left(x - \dfrac{a}{y^2}\right) = 0 \end{cases}$$

可解得 $x=\sqrt[3]{a}$, $y=\sqrt[3]{a}$.

实际问题中箱子的表面积一定存在最小值,而在函数 A 的定义域

$$D = \{(x,y) \mid x > 0, y > 0\}$$

内有唯一的驻点$(\sqrt[3]{a},\sqrt[3]{a})$.由此,当 $x=\sqrt[3]{a}$,$y=\sqrt[3]{a}$ 时,A 取最小值.

综上,当箱子的长为 $\sqrt[3]{a}$,宽为 $\sqrt[3]{a}$,高为 $\dfrac{a}{\sqrt[3]{a}\sqrt[3]{a}}=\sqrt[3]{a}$ 时,做箱子所用的材料最少.

例 3　工厂生产两种产品,产量分别为 Q_1 和 Q_2 时,总成本函数是

$$C = 4Q_1 + Q_2,$$

两种产品的需求函数分别是

$$Q_1 = 1 - P_1 + 2P_2, \quad Q_2 = 11 + P_1 - 3P_2.$$

为了使工厂利润最大,试确定两种产品的产量,并求出最大利润.

解　为了求最大利润,需先写出利润函数.

由两种产品的需求函数得

$$P_1 = 25 - 3Q_1 - 2Q_2, \quad P_2 = 12 - Q_1 - Q_2.$$

由此得销售两种产品的收益函数

$$\begin{aligned} R &= P_1Q_1 + P_2Q_2 = (25 - 3Q_1 - 2Q_2)Q_1 + (12 - Q_1 - Q_2)Q_2 \\ &= 25Q_1 + 12Q_2 - 3Q_1^2 - Q_2^2 - 3Q_1Q_2, \end{aligned}$$

从而利润函数是

$$\pi = R - C = 21Q_1 + 11Q_2 - 3Q_1^2 - Q_2^2 - 3Q_1Q_2.$$

再求利润函数的最值.

解方程组

$$\begin{cases} \dfrac{\partial \pi}{\partial Q_1} = 21 - 6Q_1 - 3Q_2 = 0, \\ \dfrac{\partial \pi}{\partial Q_2} = 11 - 2Q_2 - 3Q_1 = 0, \end{cases}$$

得 $Q_1=3, Q_2=1$.

依题意，该问题应该有最大利润，而函数 π 有唯一驻点 $(3,1)$. 可知，当两种产品的产量分别为 3 和 1 时，可获最大利润，其值为

$$\pi = (21Q_1 + 11Q_2 - 3Q_1^2 - Q_2^2 - 3Q_1Q_2)\Big|_{\substack{Q_1=3\\Q_2=1}} = 37.$$

例 4　设生产函数为 $Q=2K^{1/2}L^{1/3}$，其投入价格为 $P_K=3, P_L=4$，其中 Q 是产量，K 和 L 是两种生产要素的投入量，P_K 和 P_L 分别是两种要素的价格. 已知产品的价格为 $P=9$，求使利润最大的两种要素的投入水平、产出水平和最大利润.

解　依题设，收益函数与成本函数分别是

$$R = PQ = 18K^{1/2}L^{1/3}, \quad C = P_K K + P_L L = 3K + 4L,$$

于是利润函数是

$$\pi = R - C = 18K^{1/2}L^{1/3} - 3K - 4L.$$

由极值存在的必要条件有

$$\begin{cases} \dfrac{\partial \pi}{\partial K} = 9K^{-1/2}L^{1/3} - 3 = 0, \\ \dfrac{\partial \pi}{\partial L} = 6K^{1/2}L^{-2/3} - 4 = 0, \end{cases}$$

解得 $K=182.25, L=91.125$.

依题意，该问题应该有最大利润，而函数 π 有唯一驻点，故当两种要素的投入分别为 $K=182.25, L=91.125$ 时，利润最大. 此时，产出水平 Q 和最大利润 π 分别为

$$Q = 2 \times 182.25^{1/2} \times 91.125^{1/3} = 121.5,$$

$$\pi = 18 \times 182.25^{1/2} \times 91.125^{1/3} - (3 \times 182.25 + 4 \times 91.125) = 182.25.$$

二、条件极值

1. 条件极值的意义

用例题来阐明什么是条件极值，什么是无条件极值.

例 5　从几何意义上判定下列函数的极值：

(1) 求函数 $z=x^2+y^2+1$ 的极小值；

(2) 在约束条件 $x+y-3=0$ 之下，求函数 $z=x^2+y^2+1$ 的极小值.

解　(1) 这是在函数的定义域 D 内确定函数的极小值点，从而求函数的极小值. 该函数的定义域 D 是 xy 平面.

从几何意义上看，$z=x^2+y^2+1$ 是顶点在 $(0,0,1)$，开口向上的旋转抛物面. 显然，抛物

面的顶点是曲面的最低点(图 6-11).

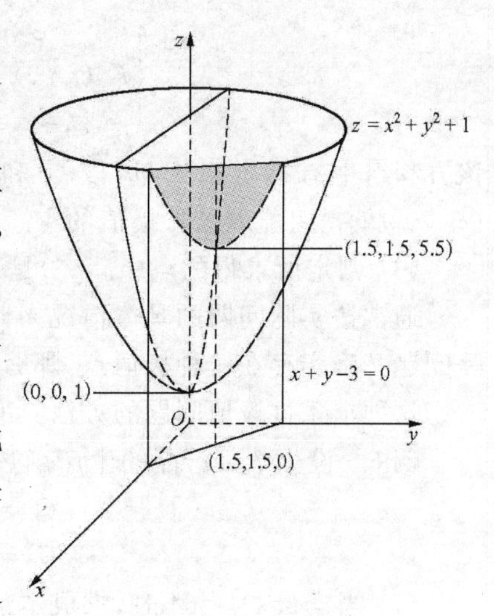

图 6-11

从极值意义看,点(0,0)是该函数的极小值点,$z=1$是其极小值.

(2) 由于方程 $x+y-3=0$ 在 xy 平面上是一条直线,这样就是在 xy 平面的这条直线上确定函数的极小值点,从而求出函数的极小值.

从几何意义上看,方程 $x+y-3=0$ 在空间直角坐标系下表示平行于 z 轴的平面.这个极值问题就是要确定旋转抛物面 $z=x^2+y^2+1$ 被平面 $x+y-3=0$ 所截得的抛物线的顶点.由图 6-11 可看出,顶点的坐标是(1.5,1.5,5.5).

所以,点(1.5,1.5)是在约束条件 $x+y-3=0$ 之下的极小值点,而极小值为 $z=5.5$.

后一个问题,因在求极值时,有附加条件 $x+y-3=0$,故称为条件极值问题.一般地,在约束条件 $g(x,y)=0$ ($g(x,y)=0$ 在空间直角坐标系下表示母线平行于 z 轴的柱面,在 xy 平面上表示一条曲线)之下,求函数 $z=f(x,y)$的极值问题,称为**条件极值问题**,相应的极值称为**条件极值**.而前一个极值问题没有约束条件,就相应地称为**无条件极值问题**.

2. 拉格朗日乘数法

在**约束条件** $g(x,y)=0$(也称**约束方程**)之下,求函数 $z=f(x,y)$ (通常称为**目标函数**)的极值问题,有两种方法:

其一,从约束方程 $g(x,y)=0$ 中解出 y: $y=\varphi(x)$,把它代入目标函数中,得到一元函数 $z=f(x,\varphi(x))$,这个一元函数的极值就是函数 $z=f(x,y)$在约束条件 $g(x,y)=0$ 之下的条件极值.

这种方法,当从方程 $g(x,y)=0$ 中解出 y 较困难时,就很不方便.特别是对多于两个自变量的多元函数,很难行得通.

其二,是**拉格朗日乘数法**.

欲求函数 $z=f(x,y)$在约束条件 $g(x,y)=0$ 之下的极值点,可按下列**程序**进行:

(1) 作辅助函数(称为**拉格朗日函数**).

令

$$F(x,y)=f(x,y)+\lambda g(x,y),$$

其中 λ 是待定常数,称为**拉格朗日乘数**.

(2) 求可能取条件极值的点.

求函数 $F(x,y)$的偏导数,并解方程组

$$\begin{cases} F_x(x,y) = f_x(x,y) + \lambda g_x(x,y) = 0, \\ F_y(x,y) = f_y(x,y) + \lambda g_y(x,y) = 0, \\ g(x,y) = 0. \end{cases}$$

该方程组中有三个未知量：x，y 和 λ（待定常数），一般是设法消去 λ，解出 x_0 和 y_0，则 (x_0, y_0) 就是可能取条件极值的点.

(3) 判定所求得的点 (x_0, y_0) 是否为取条件极值的点.

通常按实际问题的具体情况来判定，即我们求得了可能取条件极值的点 (x_0, y_0)，而实际问题又确实存在这种极值点，那么所求的点 (x_0, y_0) 就是条件极值点.

这种求条件极值问题的方法具有一般性，它可推广到 n 元函数的情形.

例 6　设生产某产品的生产函数和成本函数分别为

$$Q = f(K,L) = 4K^{1/2}L^{1/2},$$
$$C = P_K K + P_L L = 2K + 8L.$$

(1) 当产量 $Q_0 = 64$ 时，求成本最低的投入组合（成本最低时两种要素的投入量）及最低成本；

(2) 当成本预算 $C_0 = 64$ 时，求产量最高的投入组合及最高产量.

解　这是条件极值问题.

(1) 依题意，这是在给定产出水平的约束条件 $4K^{1/2}L^{1/2} = 64$ 之下，求成本函数（目标函数）

$$C = 2K + 8L$$

的最小值.

作辅助函数 $F(K,L) = 2K + 8L + \lambda(4K^{1/2}L^{1/2} - 64)$. 解方程组

$$\begin{cases} F_K(K,L) = 2 + 2\lambda K^{-1/2}L^{1/2} = 0, \\ F_L(K,L) = 8 + 2\lambda K^{1/2}L^{-1/2} = 0, \\ 4K^{1/2}L^{1/2} = 64, \end{cases}$$

得 $K = 32, L = 8$.

只有唯一可能取条件极值的点，根据问题实际意义可断定，当两种生产要素的投入量分别为 $K = 32, L = 8$ 时，成本最低，最低成本是

$$C = 2 \times 32 + 8 \times 8 = 128.$$

(2) 依题意，这是在给定成本预算的约束条件 $2K + 8L = 64$ 之下，求生产函数（目标函数）

$$Q = 4K^{1/2}L^{1/2}$$

的最大值.

作辅助函数 $F(K,L) = 4K^{1/2}L^{1/2} + \lambda(2K + 8L - 64)$. 由

$$\begin{cases} F_K = 2K^{-1/2}L^{1/2} + 2\lambda = 0, \\ F_L = 2K^{1/2}L^{-1/2} + 8\lambda = 0, \\ 2K + 8L = 64 \end{cases}$$

可解得 $K=16, L=4$.

因为可能取条件极值的点唯一,且实际问题存在最大值,所以当投入量分别为 $K=16$, $L=4$ 时,产量最高,最高产量是

$$Q = 4 \times 16^{1/2} \times 4^{1/2} = 32.$$

例 7 两种产品 A_1, A_2,其年需求量分别为 1200 件和 2000 件,分批生产,每批的生产准备费分别为 40 元和 70 元,每年每件产品的库存费为 0.15 元.若两种产品的总生产能力为 1000 件,市场对该两种商品一致需求,不许缺货,试确定最优批量 Q_1 和 Q_2,以使生产准备费与库存费之和最小.

解 这是条件极值问题.

依题意,这是在约束条件 $Q_1+Q_2=1000$ 之下,求存货总费用 E(目标函数)的最小值.由于按批量的一半收库存费,所以存货总费用函数为

$$E = \frac{1200}{Q_1} \times 40 + \frac{Q_1}{2} \times 0.15 + \frac{2000}{Q_2} \times 70 + \frac{Q_2}{2} \times 0.15.$$

作辅助函数

$$F(Q_1, Q_2) = \frac{1200 \times 40}{Q_1} + \frac{0.15 Q_1}{2} + \frac{2000 \times 70}{Q_2} + \frac{0.15 Q_2}{2} + \lambda(Q_1 + Q_2 - 1000).$$

由

$$\begin{cases} F_{Q_1} = -\dfrac{48000}{Q_1^2} + \dfrac{0.15}{2} + \lambda = 0, \\ F_{Q_2} = -\dfrac{140000}{Q_2^2} + \dfrac{0.15}{2} + \lambda = 0, \\ Q_1 + Q_2 == 1000 \end{cases}$$

可解得 $Q_1=369$, $Q_2=631$.

因为可能取条件极值的点唯一,所以由实际问题的意义知,当批量 $Q_1=369$ 件,$Q_2=631$ 件时,存货总费用最小.

三、最小二乘法

作为二元函数极值的应用,在此介绍用最小二乘法建立直线型经验公式的问题.

设在一实际问题中有两个相依的变量 x 和 y,经测定得到它们的 n 对数据

$$(x_1, y_1), (x_2, y_2), \cdots, (x_n, y_n).$$

将这 n 对数据看作平面直角坐标中的 n 个点:

$$A_i(x_i, y_i), \quad i = 1, 2, \cdots, n,$$

并将其画在坐标平面上(图 6-12).若这些点大致呈直线分布,就可用线性函数

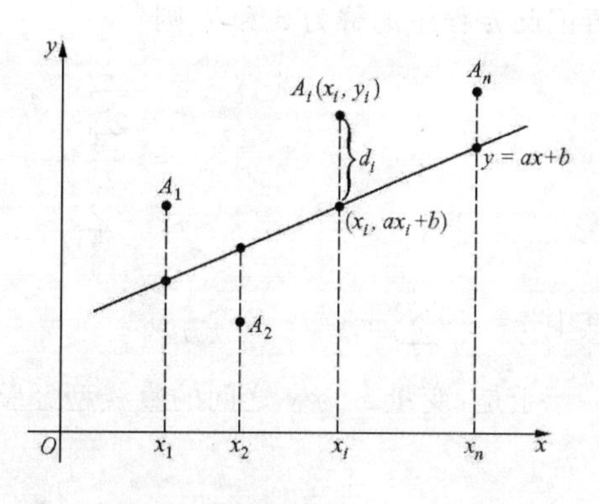

图 6-12

$$y = ax + b$$

来近似地反映变量 x 与 y 之间的关系. 这样,就要**提出如下问题**:

如何选择线性函数的系数 a 和 b,使函数 $y=ax+b$ 能"最好"地表达变量 x 与 y 之间的关系.

若记

$$d_i = ax_i + b - y_i, \quad i = 1,2,\cdots,n,$$

则 d_i 是用函数 $y=ax+b$ 表示 x_i 与 y_i 之间关系所产生的偏差(图 6-12). 这些偏差的平方和称为**总偏差**,记作 S,即

$$S = \sum_{i=1}^{n} d_i^2 = \sum_{i=1}^{n} (ax_i + b - y_i)^2. \tag{6.2}$$

使偏差的平方和 S (即总偏差)取得最小值来选择线性函数 $y=ax+b$ 的系数 a 和 b,这种建立直线型经验公式的方法称为**最小二乘法**. 这种选择系数 a 和 b 的方法,就是使函数 $y=ax+b$ 能"最好"地表达 x 与 y 之间的关系.

由(6.2)式,总偏差 S 可看作以 a 和 b 为自变量的二元函数. 这是求 S 的最小值问题.

由极值存在的必要条件有

$$\begin{cases} \dfrac{\partial S}{\partial a} = 2\sum\limits_{i=1}^{n} (ax_i + b - y_i) x_i = 0, \\ \dfrac{\partial S}{\partial b} = 2\sum\limits_{i=1}^{n} (ax_i + b - y_i) = 0, \end{cases}$$

化简、整理得系数 a 和 b 所应满足的线性方程组

$$\begin{cases} a\sum\limits_{i=1}^{n} x_i^2 + b\sum\limits_{i=1}^{n} x_i = \sum\limits_{i=1}^{n} x_i y_i, \\ a\sum\limits_{i=1}^{n} x_i + nb = \sum\limits_{i=1}^{n} y_i. \end{cases}$$

若记此方程组的解为 $\hat{a}$ 和 $\hat{b}$,则

$$\hat{a} = \frac{\sum\limits_{i=1}^{n} x_i y_i - n\bar{x}\bar{y}}{\sum\limits_{i=1}^{n} x_i^2 - n\bar{x}^2}, \quad \hat{b} = \bar{y} - \hat{a}\,\bar{x}.$$

其中 $\bar{x}=\dfrac{1}{n}\sum\limits_{i=1}^{n} x_i$, $\bar{y}=\dfrac{1}{n}\sum\limits_{i=1}^{n} y_i$.

于是,变量 x 与 y 之间的直线型经验公式为

$$y = \hat{a}x + \hat{b}.$$

例 8　根据调查分析得知,某一行业生产费用与产品产量之间存在着线性关系. 现从该

行业中随机抽取 12 个企业,所得产量与生产费用的数据如表 6.1 所示.试将生产费用 y 表示为产量 x 的线性函数,并预测当产品产量为 15 万件时生产费用的值.

表 6.1

产量 x/千件	40	42	50	55	65	78	84	100	116	125	130	140
生产费用 y/千元	130	150	155	140	150	154	165	170	167	180	175	185

解 设所求的线性函数为

$$y = ax + b.$$

为了用最小二乘法计算 a 和 b,由已知的 12 对数据可计算出表 6.2 中的数据. 由表 6.2 得

表 6.2

序号	x_i	y_i	x_i^2	y_i^2	x_iy_i
1	40	130	1600	16900	5200
2	42	150	1764	22500	6300
3	50	155	2500	24025	7750
4	55	140	3025	19600	7700
5	65	150	4225	22500	9750
6	78	154	6084	23716	12012
7	84	165	7056	27225	13860
8	100	170	10000	28900	17000
9	116	167	13456	27889	19372
10	125	180	15625	32400	22500
11	130	175	16900	30625	22750
12	140	185	19600	34225	25900
$\sum$	1025	1921	101835	310505	170094

$$\bar{x} = \frac{1025}{12} = 85.4167, \quad \bar{y} = \frac{1921}{12} = 160.0833,$$

于是

$$\hat{a} = \frac{170094 - 12 \times 85.4167 \times 160.0833}{101835 - 12 \times (85.4167)^2} \approx 0.4207,$$

$$\hat{b} = 160.0833 - 0.4207 \times 85.4167 = 124.1485,$$

从而得到生产费用对产量的线性函数为

$$y = 0.4207x + 124.1485.$$

$\hat{a}=0.4207$ 的经济意义是,产品产量每增加 1 千件,生产费用平均增加 0.4207 千元.

为了预测当产品产量为 15 万件时生产费用的值,令 $x=150$ 千件,代入上式得

$$y = 0.4207 \times 150 + 124.1485 = 187.2535,$$

即生产费用为 187.2535 千元.

习 题 6.3

A 组

1. 求下列函数的极值：

(1) $f(x,y)=x^2+5y^2-6x+10y+6$；　　(2) $f(x,y)=x^3-y^3+3x^2+3y^2-9x$.

2. 欲造一长方体盒子，所用材料的价格其底为顶与侧面的两倍. 若此盒容积为 324 cm^3，各边长为多少时，其造价最低？

3. 用 108 m^2 的木板，做一敞口的长方体木箱，尺寸如何选择，其容积最大？

4. 设工厂的总成本函数为

$$C=C(Q_1,Q_2)=Q_1^2+2Q_1Q_2+3Q_2^2+2,$$

两种产品的价格分别为 $P_1=4,P_2=8$，求最大利润及此时的产出水平.

5. 设产量 Q 是两种生产要素投入量 K 和 L 的函数：$Q=6K^{1/3}L^{1/2}$，其投入价格为 $P_K=4,P_L=3$；又设产品的价格为 $P=2$. 为了使利润最大，求两种要素的投入水平、产出水平和最大利润.

6. 生产两种机床，产量分别为 Q_1 和 Q_2，总成本函数为

$$C=Q_1^2+2Q_2^2-Q_1Q_2.$$

若两种机床的总产量为 8 台，要使成本最低，两种机床各生产多少台？

7. 设生产函数和成本函数分别为

$$Q=50K^{2/3}L^{1/3},\quad C=6K+4L,$$

其中 K 和 L 为两种生产要素的投入量. 若成本约束为 72，试确定两种要素的投入量，以使产量最高，并求最高产量.

8. 设生产函数和总成本函数分别为

$$Q=4K^{1/2}L^{1/2},\quad C=2K+8L,$$

其中 K 和 L 为两种生产要素的投入量，求产量 $Q_0=32$ 时所用 K 和 L 的最低成本组合.

B 组

1. 求函数 $f(x,y)=x^2-(y-1)^2$ 的极值.

2. 用 a 元购料，建造一个宽与深(高)相同的长方体水池. 已知四周的单位面积材料费为底面单位面积材料费的 1.2 倍，水池长、宽与深各为多少时，才能使容积最大？

3. 设总成本函数为 $C=Q_1^2+Q_2^2+Q_1Q_2$，两种产品的需求函数分别为

$$Q_1=40-2P_1+P_2,\quad Q_2=15+P_1-P_2,$$

两种产品的产量各为多少时利润最大？最大利润为多少？此时，产品的价格为多少？

4. 设销售量 Q 与用在两种广告手段的费用 x 和 y 之间的函数关系为

$$Q=\frac{200x}{5+x}+\frac{100y}{10+y}.$$

若净利润是销售量的 $\frac{1}{5}$ 减去广告成本，而广告预算是 25，试确定如何分配两种手段的广告成本，以使利润最大.

5. 某电器经销公司在15个城市设有经销处.该公司发现彩电销售量与该城市居民户数之间存在着线性关系,表6.3是彩电销售量与城市居民户数的统计数据.试将彩电销售量 y 表示为城市居民户数 x 的线性函数.

表 6.3

户数 x/万户	189	193	197	202	206	209	185	179	182	175	161	214	166	163	167
销售量 y/台	5425	6319	6827	7743	8365	8916	5970	4715	5375	4500	3310	8239	4596	3652	4203

总习题六

单项选择题:

1. 二元函数 $z=\sqrt{x^2+y^2-1}+\dfrac{1}{\ln(x+y)}$ 的定义域是(　　).

(A) $D=\{(x,y)\,|\,x^2+y^2>1, y>-x, y\neq 1-x\}$;

(B) $D=\{(x,y)\,|\,x^2+y^2\geqslant 1, y\geqslant -x, y\neq 1-x\}$;

(C) $D=\{(x,y)\,|\,x^2+y^2>1, y>-x, y\neq 1-x\}$;

(D) $D=\{(x,y)\,|\,x^2+y^2\geqslant 1, y>-x, y\neq 1-x\}$.

2. 设函数 $f(x,y)=\dfrac{xy+x^2}{xy+y^2}$,下列各式不成立的是(　　).

(A) $f\left(\dfrac{y}{x},1\right)=f(x,y)$;　　(B) $f\left(1,\dfrac{y}{x}\right)=f(x,y)$;

(C) $f\left(\dfrac{x}{y},1\right)=f(x,y)$;　　(D) $f\left(\dfrac{y}{x},1\right)=f\left(1,\dfrac{x}{y}\right)$.

3. 设函数 $f(x,y)=x+y+(x-1)e^{xy^2}$,则下列各式成立的是(　　).

(A) $f_x(x,1)=f_y(1,y)$;　　(B) $f_y(0,y)=f_y(x,0)$;

(C) $f_y(x,0)=f_x(x,0)$;　　(D) $f_y(0,y)=f_x(0,y)$.

4. 设函数 $f(x,y)=x^2+5y^2-6x+10y+6$,则点$(3,-1)$(　　).

(A) 不是驻点;　　(B) 是驻点却非极值点;

(C) 是极大值点;　　(D) 是极小值点.

5. 对于函数 $f(x,y)=x^2+xy$,原点$(0,0)$(　　).

(A) 不是驻点;　　(B) 是驻点却非极值点;

(C) 是极大值点;　　(D) 是极小值点.

附录　初等数学中的常用公式

(一) 代　　数

1. 乘法和因式分解

(1) $(a\pm b)^2=a^2\pm 2ab+b^2$；

(2) $(a\pm b)^3=a^3\pm 3a^2b+3ab^2\pm b^3$；

(3) $a^2-b^2=(a+b)(a-b)$；

(4) $a^3\pm b^3=(a\pm b)(a^2\mp ab+b^2)$；

(5) $$(a+b)^n=a^n+na^{n-1}b+\frac{n(n-1)}{2!}a^{n-2}b^2+\frac{n(n-1)(n-2)}{3!}a^{n-3}b^3$$
$$+\cdots+\frac{n(n-1)(n-2)\cdots(n-k+1)}{k!}a^{n-k}b^k+\cdots+nab^{n-1}+b^n;$$

(6) $a^n-b^n=(a-b)(a^{n-1}+a^{n-2}b+\cdots+ab^{n-2}+b^{n-1})$.

2. 指数 ($a>0,a\neq 1;m,n$ 是任意实数)

(1) $a^0=1$；

(2) $a^{-m}=\dfrac{1}{a^m}$；

(3) $a^m\cdot a^n=a^{m+n}$；

(4) $\dfrac{a^m}{a^n}=a^{m-n}$；

(5) $(a^m)^n=a^{mn}$；

(6) $a^{\frac{m}{n}}=\sqrt[n]{a^m}=(\sqrt[n]{a})^m$.

3. 对数 ($a>0,a\neq 1$)

(1) $\log_a 1=0$；

(2) $\log_a a=1$；

(3) 恒等式 $a^{\log_a x}=x$；

(4) 换底公式 $\log_a x=\dfrac{\log_b x}{\mathrm{lag}_b a}$ ($b>0,b\neq 1$)；

(5) $\log_a xy=\log_a x+\log_a y$；

(6) $\log_a\dfrac{x}{y}=\log_a x-\log_a y$；

(7) $\log_a x^\alpha=\alpha\log_a x$.

4. 阶乘

(1) $n!=1\times 2\times 3\times\cdots\times(n-1)\times n$；

(2) $(2n-1)!!=1\times 3\times 5\times\cdots\times(2n-1)$，$(2n)!!=2\times 4\times 6\times\cdots\times(2n)$.

5. 求和公式

(1) $a+aq+aq^2+\cdots+aq^{n-1}=\dfrac{a(1-q^n)}{1-q}$，$|q|\neq 1$；

(2) $1+2+3+\cdots+n=\dfrac{1}{2}n(n+1)$；

(3) $1^2+2^2+3^2+\cdots+n^2=\dfrac{1}{6}n(n+1)(2n+1)$；

(4) $1^3+2^3+3^3+\cdots+n^3=\left[\dfrac{1}{2}n(n+1)\right]^2$；

(5) $1+3+5+\cdots+(2n-1)=n^2$.

(二) 几　　何

1. 平面图形的基本公式

(1) 梯形面积 $S=\dfrac{1}{2}(a+b)h$ (其中 a,b 为底边长，h 为高)；

(2) 圆面积 $S=\pi r^2$，圆周长 $l=2\pi r$ (其中 r 为圆半径)；

(3) 圆扇形面积 $S=\frac{1}{2}r^2\theta$，圆扇形弧长 $l=r\theta$（其中 r 为圆的半径，θ 为圆心角，单位为弧度）.

2. 立体图形的基本公式

(1) 圆柱体体积 $V=\pi r^2 h$，圆柱体侧面积 $S=2\pi rh$（其中 r 为底半径，h 为高）；

(2) 球体积 $V=\frac{4}{3}\pi r^3$（其中 r 为球的半径）；

(3) 球面积 $S=4\pi r^2$（其中 r 为球的半径）.

（三）三　角

1. 度与弧度

(1) 1 度 $=\frac{\pi}{180}$ 弧度；

(2) 1 弧度 $=\frac{180}{\pi}$ 度.

2. 基本公式

(1) $\sin^2\alpha+\cos^2\alpha=1$；

(2) $1+\tan^2\alpha=\sec^2\alpha$；

(3) $1+\cot^2\alpha=\csc^2\alpha$；

(4) $\frac{\sin\alpha}{\cos\alpha}=\tan\alpha$；

(5) $\frac{\cos\alpha}{\sin\alpha}=\cot\alpha$；

(6) $\cot\alpha=\frac{1}{\tan\alpha}$；

(7) $\csc\alpha=\frac{1}{\sin\alpha}$；

(8) $\sec\alpha=\frac{1}{\cos\alpha}$.

3. 和差公式

(1) $\sin(\alpha\pm\beta)=\sin\alpha\cos\beta\pm\cos\alpha\sin\beta$；

(2) $\cos(\alpha\pm\beta)=\cos\alpha\cos\beta\mp\sin\alpha\sin\beta$；

(3) $\tan(\alpha\pm\beta)=\frac{\tan\alpha\pm\tan\beta}{1\mp\tan\alpha\tan\beta}$；

(4) $\cot(\alpha\pm\beta)=\frac{\cot\alpha\cot\beta\mp1}{\cot\beta\pm\cot\alpha}$.

4. 倍角和半角公式

(1) $\sin2\alpha=2\sin\alpha\cos\alpha$；

(2) $\cos2\alpha=\cos^2\alpha-\sin^2\alpha=1-2\sin^2\alpha=2\cos^2\alpha-1$；

(3) $\tan2\alpha=\frac{2\tan\alpha}{1-\tan^2\alpha}$；

(4) $\cot2\alpha=\frac{\cot^2\alpha-1}{2\cot\alpha}$；

(5) $\sin^2\alpha=\frac{1-\cos2\alpha}{2}$；

(6) $\cos^2\alpha=\frac{1+\cos2\alpha}{2}$；

(7) $\tan\frac{\alpha}{2}=\pm\sqrt{\frac{1-\cos\alpha}{1+\cos\alpha}}=\frac{1-\cos\alpha}{\sin\alpha}=\frac{\sin\alpha}{1+\cos\alpha}$；

(8) $\cot\frac{\alpha}{2}=\pm\sqrt{\frac{1+\cos\alpha}{1-\cos\alpha}}=\frac{\sin\alpha}{1-\cos\alpha}=\frac{1+\cos\alpha}{\sin\alpha}$.

5. 和差化积公式

(1) $\sin A+\sin B=2\sin\frac{A+B}{2}\cos\frac{A-B}{2}$；

(2) $\sin A-\sin B=2\cos\frac{A+B}{2}\sin\frac{A-B}{2}$；

(3) $\cos A+\cos B=2\cos\frac{A+B}{2}\cos\frac{A-B}{2}$；

(4) $\cos A-\cos B=-2\sin\frac{A+B}{2}\sin\frac{A-B}{2}$.

6. 积化和差公式

(1) $\cos A\cos B=\frac{1}{2}[\cos(A-B)+\cos(A+B)]$；

(2) $\sin A\sin B=\frac{1}{2}[\cos(A-B)-\cos(A+B)]$;

(3) $\sin A\cos B=\frac{1}{2}[\sin(A-B)+\sin(A+B)]$.

7. 特殊角的三角函数值

α	$\sin\alpha$	$\cos\alpha$	$\tan\alpha$	$\cot\alpha$	$\sec\alpha$	$\csc\alpha$
0	0	1	0	∞	1	∞
$\frac{\pi}{6}$	$\frac{1}{2}$	$\frac{\sqrt{3}}{2}$	$\frac{\sqrt{3}}{3}$	$\sqrt{3}$	$\frac{2}{3}\sqrt{3}$	2
$\frac{\pi}{4}$	$\frac{\sqrt{2}}{2}$	$\frac{\sqrt{2}}{2}$	1	1	$\sqrt{2}$	$\sqrt{2}$
$\frac{\pi}{3}$	$\frac{\sqrt{3}}{2}$	$\frac{1}{2}$	$\sqrt{3}$	$\frac{\sqrt{3}}{3}$	2	$\frac{2}{3}\sqrt{3}$
$\frac{\pi}{2}$	1	0	∞	0	∞	1
π	0	-1	0	∞	-1	∞
$\frac{3}{2}\pi$	-1	0	∞	0	∞	-1
2π	0	1	0	∞	1	∞

(四) 平面解析几何

1. 距离、斜率、分点坐标

已知两点 $P_1(x_1,y_1)$ 与 $P_2(x_2,y_2)$，则

(1) 两点之间距离 $\rho=|P_1P_2|=\sqrt{(x_2-x_1)^2+(y_2-y_1)^2}$；

(2) 线段 P_1P_2 的斜率为 $k=\frac{y_2-y_1}{x_2-x_1}$；

(3) 设 $\frac{P_1P}{PP_2}=\lambda$，则分点 $P(x,y)$ 的坐标为 $x=\frac{x_1+\lambda x_2}{1+\lambda}$，$y=\frac{y_1+\lambda y_2}{1+\lambda}$.

2. 直线方程

(1) 点斜式：$y-y_0=k(x-x_0)$；

(2) 斜截式：$y=kx+b$；

(3) 两点式：$\frac{y-y_1}{y_2-y_1}=\frac{x-x_1}{x_2-x_1}$；

(4) 截距式：$\frac{x}{a}+\frac{y}{b}=1$；

(5) 一般式：$Ax+By+C=0$ (A,B 不同时为零)；

(6) 参数式：$\begin{cases}x=x_0+t\cos\alpha,\\ y=y_0+t\sin\alpha\end{cases}$ 或 $\begin{cases}x=x_0+lt,\\ y=y_0+mt,\end{cases}$ 其中常数 α 为直线与 x 轴正方向的夹角.

3. 点到直线的距离

点 $P_0(x_0,y_0)$ 到直线 $Ax+By+C=0$ 的距离为

$$d=\frac{|Ax_0+By_0+C|}{\sqrt{A^2+B^2}}.$$

4. 两直线的交角

设两直线的斜率分别为 k_1 与 k_2，交角为 θ，则

$$\tan\theta=\frac{k_1-k_2}{1+k_1k_2}.$$

5. 圆的方程

(1) 标准式：$(x-a)^2+(y-b)^2=r^2$；

(2) 参数式：$\begin{cases}x=a+r\cos t,\\ y=b+r\sin t,\end{cases}$ 其中圆心为 $G(a,b)$，半径为 r，$M(x,y)$ 为圆上任一点，t 为动径 GM 与 x 轴正方向的夹角.

6. 抛物线

(1) $y^2=2px$，焦点为 $\left(\frac{p}{2},0\right)$，准线为 $x=-\frac{p}{2}$；

(2) $x^2=2py$，焦点为 $\left(0,\frac{p}{2}\right)$，准线为 $y=-\frac{p}{2}$.

7. 椭圆

$\frac{x^2}{a^2}+\frac{y^2}{b^2}=1\ (a>b)$，焦点在 x 轴上.

8. 双曲线

$\frac{x^2}{a^2}-\frac{y^2}{b^2}=1$，焦点在 x 轴上.

9. 等轴双曲线

$xy=k$（常数）.

10. 直角坐标与极坐标之间的关系

$$\begin{cases}x=\rho\cos\theta,\\ y=\rho\sin\theta\end{cases}\Longleftrightarrow\begin{cases}\rho=\sqrt{x^2+y^2},\\ \theta=\arctan\dfrac{y}{x}\end{cases}$$（见右图）.

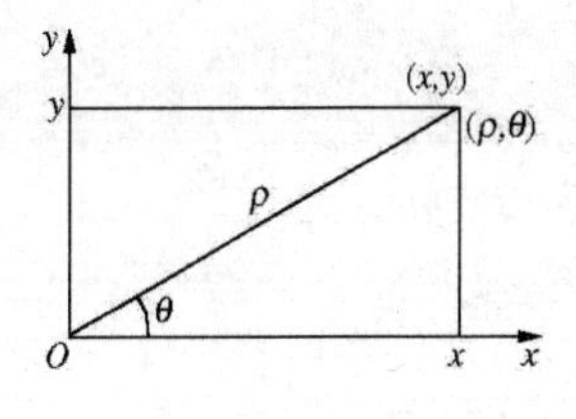

习题参考答案与提示

习 题 1.1

A 组

1. (1) $(-\infty,-1)\cup(-1,4)\cup(4,+\infty)$； (2) $(-\infty,-2]\cup[2,+\infty)$； (3) $(-\infty,1)$.

2. (1) 相同； (2) 不相同； (3) 不相同.

3. (1) $1,5,-1,x^2-3x+1,\dfrac{1}{x^2}+\dfrac{3}{x}+1$； (2) $2,-\dfrac{1}{128},\dfrac{x^2}{16}4^{x^2},\dfrac{1}{16x}4^{1/x}$.

4. (1) $(-1,3]$； (2) $\dfrac{\sqrt{2}}{2},2,2,1,2$.

5. $y=\begin{cases}-1, & x<0,\\ 1, & x>0;\end{cases}$ $(-\infty,0)\cup(0,+\infty)$；$f(-1)=-1,f(1)=1$.

6. (1) 偶函数； (2) 奇函数； (3) 非奇非偶； (4) 奇函数.

7. (1) $y=\dfrac{x-2}{3}$； (2) $y=\dfrac{1}{3}(1+\mathrm{e}^{x-1})$.

B 组

2. $y=\ln\dfrac{x}{1-x}$.

习 题 1.2

A 组

1. (1) $y=a^{\sin^2 x-1}$； (2) $y=\ln(\tan^4 x+1)$.　　**2.** $\mathrm{e}^{\mathrm{e}^x},x(x>0),x$.

3. (1) $y=4^u,u=x^{1/3}$； (2) $y=\sin u,u=\dfrac{1}{x}$； (3) $y=u^3,u=\tan x$； (4) $y=\sin u,u=x^{100}$；

(5) $y=\ln u,u=\cos v,v=x^3$； (6) $y=u^2,u=\arctan v,v=2^x$.

4. (1) $y=\ln u,u=1-x^2$； (2) $y=\mathrm{e}^u,u=\sin x+\cos x$； (3) $y=\cos u,u=5x^2-3$；

(4) $y=u^{10},u=2x-1$； (5) $y=\sqrt{u},u=\sin v,v=\ln x$； (6) $y=u^2,u=\sin v,v=3x-2$；

(7) $y=\cos u,u=\mathrm{e}^v,v=x^2+2x+2$； (8) $y=u^2,u=\arcsin v,v=\dfrac{1-x^2}{1+x^2}$.

5. $x^6+1,(x^3+1)^2,(x^3+1)^3+1,\left(\dfrac{1}{x^3+1}\right)^3+1$.

B 组

1. (1) $f(x)=\dfrac{1+\sqrt{1+x^2}}{x}$； (2) $f(x)=\dfrac{1}{4}(x+1)^2$.　　**2.** (1) $(-\infty,0)$； (2) $(1,\mathrm{e})$.

习 题 1.3

A 组

1. $\bar{P}=8$, $\bar{Q}=2$.　　**2.** $R(Q)=-\dfrac{1}{2}Q^2+4Q$.

3. (1) $R(Q)=-\dfrac{1}{100}Q^2+10Q$；(2) $C(Q)=100+4Q$；(3) $\pi(Q)=-\dfrac{1}{100}Q^2+6Q-100$.

4. $C=b+mQ, AC=\dfrac{b}{Q}+m, \pi=PQ-b-mQ, Q\in(0,a]$.

5. (1) $R=10Q$；(2) $\pi=8(Q-100)$；$Q=100$ 件.

B 组

1. $R(Q)=6Q-0.001Q^2$.

提示　设 Q 为卖出的总件数，每件售价应降低 $\dfrac{Q-1000}{10}\times 0.01$，每件售价为 $5-\dfrac{Q-1000}{10}\times 0.01$.

2. $$R(Q)=\begin{cases}200Q, & 0\leqslant Q\leqslant 500,\\ 100000+(200-20)(Q-500), & 500<Q\leqslant 700,\\ 136000, & 700<Q.\end{cases}$$

习 题 1.4

A 组

1. (1) 收敛于 1/2；(2) 收敛于 0；(3) 收敛于 0；(4) 发散.

2. $\lim\limits_{x\to-\infty}f(x)=\pi$，$\lim\limits_{x\to+\infty}f(x)=0$，$\lim\limits_{x\to\infty}f(x)$不存在.

3. (1) $\lim\limits_{x\to0^-}f(x)=0$，$\lim\limits_{x\to0^+}f(x)=0$，$\lim\limits_{x\to0}f(x)=0$；(2) $\lim\limits_{x\to0^-}f(x)=1$，$\lim\limits_{x\to0^+}f(x)=-1$，$\lim\limits_{x\to0}f(x)$不存在.

4. 函数不同，极限相同.

5. (1) $x\to2$；(2) $x\to0$；(3) $x\to-\infty$；(4) $x\to3$，$x\to2$.

6. (1) $x\to2^-$，$x\to-\infty$；(2) $x\to-\infty$.　　**7.** (1) 0；(2) 0.

B 组

1. (1) 没有定义，$a=3$；(2) a，不存在，不存在.

2. 不存在，0，不存在，1，1，1.　**提示**　$y=\mathrm{e}^{-1/x}$ 与 $y=\mathrm{e}^{1/x}$ 的图形关于 y 轴对称.

习 题 1.5

A 组

1. (1) 6；(2) -5；(3) ∞；(4) 2/3；(5) 2/3；(6) 1/4.

2. (1) 3/2；(2) 0；(3) $(2/3)^{20}$；(4) ∞.　　**3.** (1) 0；(2) 0.

4. (1) 5；(2) a/b；(3) 2/3；(4) 1；(5) 2；(6) 2.

5. (1) e^2； (2) e^{-1}； (3) e^{-1}； (4) e^{-1}； (5) e； (6) e^2.

6. (1) 24.4199 万元； (2) 24.4281 万元.　**7.** 13051.19 元.

8. (1) 4093.65 元； (2) 4434.60 元.　**提示**　(2) $r=5\%-2\%$.

9. (1) 低阶； (2) 同阶； (3) 高阶； (4) 等价.

B 组

1. (1) $\frac{1}{2\sqrt{x}}$； (2) $-\frac{1}{2}$； (3) $\sqrt[5]{2}$； (4) 0.　**2.** (1) 0； (2) $\frac{4}{7}$； (3) ∞； (4) $\frac{1}{3}$.

3. (1) $a=-7,b=6$； (2) $a=1,b=-1$.　**4.** (1) 2； (2) 1.

习　题　1.6

A 组

1. (1) 不连续； (2) 连续.　**2.** (1) $k=1$； (2) $k=e^2$.

3. (1) $x=1,x=-3$； (2) $x=0$； (3) $x=0$.

4. (1) $a=-1$,b 为任意实数； (2) $a=-1,b=-2$.

5. (1) $(-2,+\infty)$,ln2； (2) $(-\infty,+\infty)$,$\sqrt{2}$.

B 组

1. (1) a 为任意值,$b=2$； (2) $a=b=2$.

习　题　1.7

A 组

1. 直线 $y=0$ 为水平渐近线.

2. 直线 $y=3$ 为水平渐近线,直线 $x=0$ 为垂直渐近线.

3. 直线 $x=-2$ 为垂直渐近线.

4. 直线 $y=0$ 和 $y=\pi$ 为水平渐近线.

5. 直线 $y=0$ 为水平渐近线,直线 $x=-3$ 为垂直渐近线.

6. 直线 $y=0$ 为水平渐近线.

B 组

1. (1) 直线 $y=1$ 为水平渐近线,直线 $x=-3$ 为垂直渐近线；

(2) 直线 $y=1$ 为水平渐近线,直线 $x=0$ 为垂直渐近线.

2. (1) 正确.　**提示**　$\lim\limits_{x\to 0^+}|\ln x|=+\infty$.

(2) 不正确,向下延伸以直线 $x=0$ 为垂直渐近线.

提示　当 $x>0$ 时,$\lim\limits_{x\to 0^+}\ln x=-\infty$；当 $x<0$ 时,$\lim\limits_{x\to 0^-}\ln(-x)=-\infty$.

总习题一

1. (B).　**2.** (D).　**3.** (D).　**4.** (D).　**5.** (C).　**6.** (D).

7. (A).　**8.** (A).　**9.** (D).　**10.** (D).

习　题　2.1

A　组

1. (1) 2,2；(2) $\frac{1}{2\sqrt{2}}, \frac{1}{2\sqrt{x}}$.　**2.** (1) $\frac{2}{3\sqrt[3]{x}}$；(2) $-\frac{1}{2\sqrt{x^3}}$.

3. (1) $\frac{\sqrt{2}}{2}, -1$；(2) $0, -1$；(3) $\frac{1}{\ln 2}, \frac{12}{\ln 2}$；(4) 1,2.

4. (1) $y-9=-6(x+3)$；(2) $y=1$；(3) $y=1$；(4) $y-x+1=0$.

B　组

1. (1) $2A$；(2) $-A$.　**2.** (1) 连续但不可导；(2) 连续且可导，$f'(0)=1$.

习　题　2.2

A　组

1. (1) $\frac{1}{m}+\frac{m}{x^2}+\frac{1}{\sqrt{x}}+\frac{1}{x\sqrt{x}}$；(2) $9x^2+3^x\ln 3+\frac{1}{x\ln 3}$；(3) $3x^2-\frac{1}{x^2}-1+\frac{3}{x^4}$；(4) 0；

(5) $e^x(\sin x+\cos x)$；(6) $\tan x+x\sec^2 x+\csc^2 x$；(7) $2e^x\cos x$；

(8) $2\sec x(1+x\tan x)+\csc x[2x+(2-x^2)\cot x]$；(9) $-(\csc^2 x\cos x+x\sin x)$；

(10) $(a^2+b^2)e^x x^2\left[(x+3)\arctan x+\frac{x}{1+x^2}\right]$；(11) $a^x e^x(1+\ln a)-\frac{\ln x-1}{\ln^2 x}$；

(12) $\frac{b^2-a^2}{(ax+b)^2}$；(13) $-\frac{2}{x(1+\ln x)^2}$；(14) $\frac{1-2\ln x-x}{x^3}$；(15) $-\frac{1}{1+\sin 2x}$；

(16) $\frac{1}{1+\cos t}$；(17) $\frac{\sin x-x\cos x}{\sin^2 x}+\frac{x\cos x-\sin x}{x^2}$；(18) $\frac{x^2}{(\cos x+x\sin x)^2}$.

2. (1) $3e$；(2) $\frac{1-\ln 2}{2}$.

3. (1) $-\frac{2x}{a^2-x^2}$；(2) $\frac{1}{x\ln x}$；(3) $-4xe^{-2x^2}$；(4) $3\sin(1-3x)$；(5) $6x\cos(3x^2-5)$；

(6) $\frac{2x}{\sqrt{1-x^4}}$；(7) $\frac{-e^{-x}}{3\sqrt[3]{(1+e^{-x})^2}}$；(8) $\frac{x}{\sqrt{x^2+1}}e^{\sqrt{x^2+1}}$；(9) $\sin 2x+2x\cos x^2$；

(10) $\frac{2x^2-1}{\sqrt{x^2-1}}$；(11) $-e^{-2x}(2\cos 3x+3\sin 3x)$；(12) $\frac{-x}{\sqrt{1-x^2}}\arccos x-1$；

(13) $2\left(\frac{1}{a^2}\sec^2\frac{x}{a^2}\tan\frac{x}{a^2}+\frac{1}{b^2}\sec^2\frac{x}{b^2}\tan\frac{x}{b^2}\right)$；(14) $-\frac{1}{1+x^2}$；(15) $\frac{x(2a^2+x^2)}{(x^2+a^2)^{3/2}}$；

(16) $-\frac{1}{\sqrt{x^2+4}}$；(17) $\frac{e^x}{\sqrt{1+e^{2x}}}$；(18) $-\frac{1}{\cos x}$.

4. (1) $y=x-1$； (2) $2x-4y+\sqrt{3}-\frac{\pi}{3}=0$. **5.** 点$(1,0)$或$(-1,-4)$.

B 组

1. (1) $\frac{2}{x\ln 3x\cdot\ln(\ln 3x)}$，$\frac{2}{\mathrm{e}\ln 3\mathrm{e}\cdot\ln(\ln 3\mathrm{e})}$； (2) $-\frac{1}{x^2}\mathrm{e}^{\tan\frac{1}{x}}\left(\sec^2\frac{1}{x}\cdot\sin\frac{1}{x}+\cos\frac{1}{x}\right)$，$\pi^2$.

2. (1) $(\mathrm{e}^x+\mathrm{e}x^{\mathrm{e}-1})f'(\mathrm{e}^x+x^{\mathrm{e}})$； (2) $\mathrm{e}^{f(x)}[\mathrm{e}^x f'(\mathrm{e}^x)+f(\mathrm{e}^x)f'(x)]$.

4. $f'(x)=\begin{cases}2x\sin\frac{1}{x}-\cos\frac{1}{x}, & x\neq 0,\\ 0, & x=0.\end{cases}$

习 题 2.3

A 组

1. (1) $\frac{1-x-y}{x-y}$； (2) $\frac{xy-y}{x-xy}$； (3) $\frac{\mathrm{e}^y}{1-x\mathrm{e}^y}$； (4) $\frac{x+y}{x-y}$.

2. (1) $x-y+4=0$； (2) $(1+\mathrm{e})x-2y+2=0$.

3. (1) $x^{\tan x}\left(\frac{\tan x}{x}+\frac{\ln x}{\cos^2 x}\right)$； (2) $x^{\mathrm{e}^x}\mathrm{e}^x\left(\ln x+\frac{1}{x}\right)$；

(3) $\frac{\sqrt{x-2}}{(x+1)^3(4-x)^2}\left[\frac{1}{2(x-2)}-\frac{3}{x+1}+\frac{2}{4-x}\right]$； (4) $\sqrt{\frac{\mathrm{e}^{3x}}{x^3}}\left[\frac{3(x-1)}{2x}\arcsin x+\frac{1}{\sqrt{1-x^2}}\right]$.

4. (1) $\frac{\mathrm{e}^{\sqrt{x}}}{4x}-\frac{\mathrm{e}^{\sqrt{x}}}{4x\sqrt{x}}$； (2) $(4x^3-6x)\mathrm{e}^{-x^2}$； (3) $-2\mathrm{e}^x\sin x$；

(4) $-\frac{x}{\sqrt{(x^2-1)^3}}$； (5) $\frac{2x-10}{(x+1)^4}$； (6) $\frac{2-x^2}{\sqrt{(1+x^2)^5}}$.

5. (1) $a^n\mathrm{e}^{ax}$； (2) $(-1)^{n-1}\frac{(n-1)!}{(1+x)^n}$.

B 组

1. $y'=\frac{y^2-y\sin x}{1-xy}$，$y'\Big|_{\substack{x=0\\y=\mathrm{e}}}=\mathrm{e}^2$.

2. (1) $f(x)^{g(x)}\left[g'(x)\ln f(x)+g(x)\frac{f'(x)}{f(x)}\right]$； (2) $(\sin x)^{\cos x}\left(\frac{\cos^2 x}{\sin x}-\sin x\ln\sin x\right)+2^x\ln 2$.

3. (1) $\frac{1}{x^2}[f''(\ln x)-f'(\ln x)]$； (2) $\mathrm{e}^x[f'(\mathrm{e}^x)+f''(\mathrm{e}^x)\mathrm{e}^x]$；

(3) $2[f'(x^2)+2x^2f''(x^2)]$； (4) $(\mathrm{e}^x+1)^2f''(\mathrm{e}^x+x)+\mathrm{e}^xf'(\mathrm{e}^x+x)$.

5. (1) $(n+1)!(x-a)$； (2) $\frac{(-1)^n(n-2)!}{x^{n-2}}$ $(n>1)$；当 $n=1$ 时，$y'=\ln x+1$.

习　题　2.4

A　组

1. (1) $-\frac{1}{1+x^2}\mathrm{d}x$；　(2) $\frac{2+\sqrt{1-x}}{2(x-1)}\mathrm{d}x$；　(3) $(\sin 2x+2\cos 2x)\mathrm{e}^x\mathrm{d}x$；　(4) $\frac{(1-x^2)\cos x+2x\sin x}{(1-x^2)^2}\mathrm{d}x$.

2. (1) $-\frac{y}{x}\mathrm{d}x$；(2) $-\frac{\sin(x+y)}{1+\sin(x+y)}\mathrm{d}x$.

3. (1) $ax+C$；　(2) $b\frac{x^2}{2}+C$；　(3) $\sqrt{x}+C$；　(4) $\ln|x|+C$；

(5) $\arctan x+C$；　(6) $\arcsin x+C$；　(7) $-\frac{1}{2}\cos 2x+C$；　(8) $\frac{1}{a}\sin ax+C$；

(9) $-\frac{1}{3}\mathrm{e}^{-3x}+C$；(10) $\sec x+C$.

B　组

1. $\mathrm{e}^{uv}(u'v+uv')\mathrm{d}x$.　　**2.** $\frac{vu'-uv'}{u^2+v^2}\mathrm{d}x$.

总 习 题 二

1. (C).　**2.** (B).　**3.** (A).　**4.** (C).　**5.** (A).　**6.** (C).
7. (B).　**8.** (D).　**9.** (B).　**10.** (B).　**11.** (D).　**12.** (B).

习　题　3.1

A　组

1. (1) 1/2；(2) 2.　　**2.** (1) e−1；(2) 3/2.

B　组

1. 有三个实根，分别在区间(1,2),(2,3)和(3,4)内.

习　题　3.2

A　组

1. (1) n；(2) $\ln\frac{a}{b}$；(3) −3；(4) 1；(5) $+\infty$；(6) 3；(7) 2；(8) $+\infty$.

2. (1) 1；(2) $+\infty$；(3) 1/2；(4) 0.

B　组

1. 1.　　**2.** (1) 1；(2) 1.

习 题 3.3

A 组

1. (1) 在$(-\infty,0)$,$(2,+\infty)$内单调增加;在$(0,2)$内单调减少.

(2) 在$(-1,0)$内单调减少;在$(0,+\infty)$内单调增加.

(3) 在$(-\infty,0)$内单调增加,在$(0,+\infty)$内单调减少.

(4) 在$(-\infty,-2)$,$(0,+\infty)$内单调增加,在$(-2,-1)$,$(-1,0)$内单调减少.

3. (1) $f(0)=-27$ 是极大值;$f(6)=-135$ 是极小值.

(2) $f(0)=0$ 是极大值;$f(1)=-\dfrac{1}{2}$ 是极小值.

(3) $f(1)=2-4\ln2$ 是极小值. (4) $f(3)=108$ 是极大值;$f(5)=0$ 是极小值.

4. (1) 在$(-\infty,-1)$,$(1,+\infty)$内单调增加;在$(-1,1)$内单调减少;$f(-1)=\dfrac{2}{15}$ 是极大值;$f(1)=-\dfrac{2}{15}$ 是极小值.

(2) 在$(-\infty,-1)$,$(0,1)$内单调减少;在$(-1,0)$,$(1,+\infty)$内单调增加;$f(-1)=-\dfrac{9}{8}$,$f(1)=-\dfrac{9}{8}$ 是极小值;$f(0)=0$ 是极大值.

5. (1) $f(-1)=f(3)=-12$ 是最小值;$f(-2)=f(4)=13$ 是最大值.

(2) $f(2)=1$ 是最大值;$f(0)=1-\dfrac{2}{3}\sqrt[3]{4}$ 是最小值.

6. 池底半径 $r=\sqrt[3]{\dfrac{150}{\pi}}$,高 $h=\sqrt[3]{\dfrac{1200}{\pi}}$. **7.** 长为 1.5 m,宽为 1 m,面积为 $\dfrac{3}{2}\ \mathrm{m}^2$.

8. 旅行者从距离 A 地 9 km 处下公路到达 B 地所用时间最短.

9. 长为 18 m,宽为 12 m 时,建造围墙用料最省.

B 组

1. $-1/3\leqslant k\leqslant 0$. **2.** $a=1/4,b=-3/4,c=-6$.

习 题 3.4

A 组

1. (1) 在$\left(-\infty,\dfrac{2}{3}\right)$内上凹,在$\left(\dfrac{2}{3},+\infty\right)$内下凹;拐点是$\left(\dfrac{2}{3},\dfrac{16}{27}\right)$.

(2) 在$(-\infty,-1)$,$(1,+\infty)$内下凹,在$(-1,1)$内上凹;拐点是$(-1,\ln2)$和$(1,\ln2)$.

(3) 在$(-\infty,-1)$,$(1,+\infty)$内上凹,在$(-1,1)$内下凹;拐点是$(-1,0.242)$和$(1,0.242)$. 注:$y\Big|_{x=1}=\dfrac{1}{\sqrt{2\pi}}e^{-1/2}\approx0.242$.

(4) 在$(-\infty,0)$内下凹,在$(0,+\infty)$内上凹;无拐点.

(5) 在$(0,1)$,$(e^2,+\infty)$内下凹,在$(1,e^2)$内上凹; 拐点是(e^2,e^2).

(6) 在$(-\infty,4)$内下凹,在$(4,+\infty)$内上凹; 拐点是$(4,0)$.

2. (1) 定义域是$(-\infty,+\infty)$. (2) 奇函数,无周期性. (3) 没有水平与垂直渐近线.

(4) 在$(-\infty,-1)$,$(1,+\infty)$内单调减少,在$(-1,1)$内单调增加;$y\Big|_{x=-1}=-2$是极小值,$y\Big|_{x=1}=2$是极大值.

(5) 在$(-\infty,0)$内上凹,在$(0,+\infty)$内下凹;拐点是$(0,0)$.

3. (1) 定义域是$(-\infty,+\infty)$;在$(-\infty,1)$,$(3,+\infty)$内单调增加,在$(1,3)$内单调减少;极大值是$y\Big|_{x=1}=2$,极小值是$y\Big|_{x=3}=-2$;在$(-\infty,2)$内下凹,在$(2,+\infty)$内上凹;拐点是$(2,0)$.

(2) 定义域是$(-\infty,0)\cup(0,+\infty)$,$x=0$是间断点;直线$y=-2$是水平渐近线,直线$x=0$是垂直渐近线;在$(-\infty,-2)$和$(0,+\infty)$内单调减少,在$(-2,0)$内单调增加;$y\Big|_{x=-2}=-3$是极小值;在$(-\infty,-3)$内下凹,在$(-3,0)$,$(0,+\infty)$内上凹;拐点是$\left(-3,-2\dfrac{8}{9}\right)$.

(3) 定义域是$(-\infty,0)$,$(0,+\infty)$,$x=0$是间断点;直线$y=1$是水平渐近线,直线$x=0$是垂直渐近线;在$(-\infty,0)$,$(0,+\infty)$内单调减少;在$\left(-\infty,-\dfrac{1}{2}\right)$内下凹,在$\left(-\dfrac{1}{2},0\right)$,$(0,+\infty)$内上凹;拐点是$\left(-\dfrac{1}{2},e^{-2}\right)$.

(4) 定义域是$(-\infty,+\infty)$;奇函数;直线$y=0$是水平渐近线;在$(-\infty,-1)$,$(1,+\infty)$内单调减少,在$(-1,1)$内单调增加;极小值是$y\Big|_{x=-1}=-\dfrac{1}{2}$,极大值是$y\Big|_{x=1}=\dfrac{1}{2}$;在$(-\infty,-\sqrt{3})$,$(0,\sqrt{3})$内下凹,在$(-\sqrt{3},0)$,$(\sqrt{3},+\infty)$内上凹;拐点是$\left(-\sqrt{3},-\dfrac{\sqrt{3}}{4}\right)$,$(0,0)$,$\left(\sqrt{3},\dfrac{\sqrt{3}}{4}\right)$.

B 组

1. $a=0$, $b=-1$, $c=3$.

习 题 3.5

1. $MC=3Q^2+2Q$,$MC\Big|_{Q=10}=320$. 2. $MR=10-0.08Q$,$MR\Big|_{Q=100}=2$.

3. (1) $\dfrac{ax}{ax+b}$; (2) ax.

4. (1) $E_d=-2P$;价格为P时,价格提高(或降低)1%,需求量将减少(或增加)$2P$%.

(2) -1,-4.

5. (1) $R=120$,$AR=6$,$MR=2$; (2) $E_d=-\dfrac{P}{10-P}$,-0.25,-1,-1.5; (3) $Q=25$,$R(25)=125$.

6. $E_s=4$. 7. 59亿. 8. 57.8年.

习 题 3.6

A 组

1. $Q=3$,$P=21$,$\pi(3)=3$. 2. (1) $C=130$,$AC=13$,$MC=3$; (2) $Q=61$,$\pi(61)=3621$.

3. (1) $Q=10$,$AC\big|_{Q=10}=15$; (2) $MC\big|_{Q=10}=15$. 4. $P=5$,$Q=50$. 5. 5批.

B 组

1. 每件售价定为 225 元,最大销售额为 101250 元. 2. $Q=300$ 台;$\pi(300)=25000$ 元.

3. 进货量为 600 件,定价为 3.75 元/件,$\pi=450$ 元.

4. (1) $Q=10, P=10, R=100, \pi=61\frac{2}{3}$; (2) $Q=9, P=11, R=99, \pi=66$.

5. (1) (i) $Q=20$; (ii) $Q=10$; (iii) $Q=10$. (2) (i) $Q=10$; (ii) $Q=6$; (iii) $Q=12$.

总习题三

1. (C). 2. (A). 3. (A). 4. (C). 5. (B). 6. (D).

习 题 4.1

A 组

1. (1) $2^x+x^2+C, \frac{2^x}{\ln 2}+\frac{1}{3}x^3+C$; (2) $\ln x, x+C$; (3) $\sin x+C, \cos x+C$; (4) $x+C$.

2. (1) $\frac{8}{15}x^{15/8}+C$; (2) $3x-2\ln|x|+4e^x+\cos x+C$; (3) $\frac{2}{5}x^{5/2}-\frac{4}{3}x^{3/2}+2\sqrt{x}+C$;

   (4) $\frac{4^x}{\ln 4}-\frac{2\cdot 6^x}{\ln 6}+\frac{9^x}{\ln 9}+C$; (5) $\frac{x^3}{3}-x+\arctan x+C$; (6) $-\frac{2}{x}-\arctan x+C$;

   (7) $\frac{1}{2}(x+\sin x)+C$; (8) $\tan x-x+C$; (9) $\tan x-\sec x+C$; (10) $-\cot x-\tan x+C$.

3. $y=x^2+3$.

B 组

1. (1) $\tan x+\sec x+C$; (2) $-\cot x+\csc x+C$. 2. $f(x)=x^3-6x^2-15x+2$.

习 题 4.2

A 组

1. 全部都错.

   (1) $\int\cos 2x\mathrm{d}x=\frac{1}{2}\int\cos 2x\mathrm{d}(2x)=\frac{1}{2}\sin 2x+C$; (2) $\int e^{-x}\mathrm{d}x=-\int e^{-x}\mathrm{d}(-x)=-e^{-x}+C$;

   (3) $\int\frac{1+\cos x}{\cos^2 x}\mathrm{d}x=\int\frac{1}{\cos^2 x}\mathrm{d}x+\int\frac{1}{\cos x}\mathrm{d}x=\tan x+\ln|\sec x+\tan x|+C$;

   (4) $\int(1+\ln x)\frac{1}{x}\mathrm{d}x=\int(1+\ln x)\mathrm{d}\ln x=\ln x+\frac{1}{2}(\ln x)^2+C$.

2. (1) $\frac{1}{22}(2x+1)^{11}+C$; (2) $\frac{1}{18}\frac{1}{(1-2x)^9}+C$; (3) $-\frac{2}{7}(2-x)^{7/2}+C$; (4) $-2e^{-x/2}+C$;

   (5) $\frac{1}{2}\ln|x^2+6x-8|+C$; (6) $-e^{1/x}+C$; (7) $-\sqrt{1-x^2}+C$; (8) $\frac{1}{12}(4x^2-1)^{3/2}+C$;

(9) $2\sin\sqrt{x}+C$；　(10) $\frac{1}{3}\arcsin\frac{3}{2}x+C$；　(11) $\frac{1}{6}\arctan\frac{3}{2}x+C$；

(12) $\frac{1}{12}\ln\left|\frac{2+3x}{2-3x}\right|+C$；　(13) $\ln|1+\ln x|+C$；　(14) $\frac{1}{2}\tan^2 x+C$；　(15) $-\cos e^x+C$；

(16) $\ln(e^x+1)+C$；　(17) $\frac{2}{3}(\arctan x)^{3/2}+C$；　(18) $\frac{1}{2}(\arcsin x)^2+C$；

(19) $\frac{1}{2}x+\frac{1}{8}\sin 4x+C$；　(20) $\frac{1}{3}\cos^3 x-\cos x+C$；　(21) $\frac{1}{5}\sin^5 x+C$；　(22) $e^{\sin x}+C$.

3. (1) $\sqrt{2x}-\ln(1+\sqrt{2x})+C$；　(2) $\frac{3}{2}x^{2/3}-3x^{1/3}+3\ln|1+x^{1/3}|+C$；

(3) $x+2-2\sqrt{x+2}+\ln(1+\sqrt{x+2})^2+C$.

4. (1) $\arcsin\frac{x}{\sqrt{2}}-\frac{x}{2}\sqrt{2-x^2}+C$；　(2) $\frac{1}{3}\ln\left|\frac{x}{3+\sqrt{9-x^2}}\right|+C$；

(3) $\sqrt{x^2-a^2}-a\arccos\frac{a}{x}+C$；　(4) $\frac{1}{2}\ln\left|\frac{x}{\sqrt{x^2+4}+2}\right|+C$.

B 组

1. (1) $\frac{1}{a}f(ax+b)+C$；　(2) $\frac{1}{2a}f(ax^2+b)+C$；　(3) $\frac{1}{\alpha+1}[f(x)]^{\alpha+1}+C$；　(4) $\ln|f(x)|+C$；

(5) $\arcsin f(x)+C$；　(6) $\arctan f(x)+C$；　(7) $\frac{1}{\ln a}a^{f(x)}+C$；　(8) $\sqrt{f(x)}+C$.

2. (1) $\frac{1}{3}\cdot\frac{2^{3x+1}}{\ln 2}+C$；　(2) $\frac{1}{2}e^{x^2-2x+3}+C$；　(3) $-\arctan\cos x+C$；　(4) $\arcsin\sin x+C$.

3. (1) $\frac{x}{4\sqrt{x^2+4}}$；　(2) $\frac{1}{4}\arcsin 2x+\frac{x}{2}\sqrt{1-4x^2}+C$.

习 题 4.3

A 组

1. (1) $-\frac{1}{2}x\cos 2x+\frac{1}{4}\sin 2x+C$；　(2) $\frac{1}{3}x\sin 3x+\frac{1}{9}\cos 3x+C$；

(3) $-\frac{1}{2}xe^{-2x}-\frac{1}{4}e^{-2x}+C$；　(4) $x^2\sin x+2x\cos x-2\sin x+C$；

(5) $\frac{1}{a^3}(a^2x^2-2ax+2)e^{ax}+C$；　(6) $x\ln x-x+C$；

(7) $\frac{1}{2}x^2\ln x-\frac{1}{4}x^2+C$；　(8) $2\sqrt{x}\ln x-4\sqrt{x}+C$；

(9) $\frac{1}{2}x^2\arctan x-\frac{1}{2}(x-\arctan x)+C$；　(10) $x\arcsin x+\sqrt{1-x^2}+C$；

(11) $x\ln(1+x^2)-2(x-\arctan x)+C$；　(12) $\frac{1}{2}e^x(\sin x-\cos x)+C$；

(13) $\frac{1}{13}e^{2x}(2\cos 3x+3\sin 3x)+C$；　(14) $\frac{x}{2}[\sin(\ln x)-\cos(\ln x)]+C$.

2. (1) $\ln x\cdot\ln\ln x-\ln x+C$； (2) $2e^{\sqrt{x}}(\sqrt{x}-1)+C$. **提示** 设$\sqrt{x}=t$.

B 组

1. (1) $\frac{1}{2}(\sec x\tan x+\ln|\sec x+\tan x|)+C$； (2) $x(\arcsin x)^2+2\sqrt{1-x^2}\arcsin x-2x+C$；

(3) $(\sqrt{2x-1}-1)e^{\sqrt{2x-1}}+C$； (4) $(x-1)\ln(1-\sqrt{x})-\sqrt{x}-\frac{x}{2}+C$.

2. $\frac{1}{x}(\cos x-2\sin x)+C$.

习　题　4.4

A 组

1. (1) 特解； (2) 通解.

2. (1) $e^x-e^{-y}=C$； (2) $y=C-\ln^2 x$； (3) $3\ln y+x^3=0$； (4) $2\ln(1-y)=1-2\sin x$.

3. (1) $y=Ce^{-2x}+e^{-x}$； (2) $y=Ce^{\frac{1}{2}x}+e^x$； (3) $y=\frac{1}{x}(\sin x+\pi)$； (4) $y=x-x^2$.

4. $y=2e^{3x}$.　**5.** 10000×5^{-2P}.　**6.** $x(t)=x_0e^{k(t-t_0)}$；15.5959 亿.

7. $C(Q)=\frac{1}{2}aQ+\frac{Q_0}{Q}\left(C_0-\frac{1}{2}aQ_0\right)$.

B 组

1. (1) $(x^2-1)(y^2+1)=-2$； (2) $y=(x^2+3)(\sin x+C)$.　**2.** $C=(kQ^2+2kaQ+C_0^2)^{1/2}$.

总习题四

1. (B).　**2.** (C).　**3.** (B).　**4.** (D).　**5.** (B).　**6.** (D).　**7.** (D).　**8.** (A).

习　题　5.1

A 组

1. 对. 因为 $f(x)$在区间$[a,x_0]$上连续.　**2.** (1),(3),(4)成立;(2)不成立.

3. (1),(2)不成立；(3),(4)成立.

B 组

2. (1),(2),(3)均成立.

习　题　5.2

A 组

1. (1) $3a^{3x}\ln a$； (2) $x^2\sqrt{1+x}$； (3) $-xe^{-x}$.

2. (1) $\frac{\pi}{3a}$； (2) $\frac{\pi}{6}$； (3) 1； (4) 4.

3. (1) $\frac{2}{3}$； (2) $\frac{1}{2}(e-1)$； (3) $\frac{1}{11}$； (4) $\frac{3}{2}$； (5) $\frac{1}{4}$； (6) $\frac{\pi}{12}-\frac{1}{8}$； (7) $-\ln 2$；

(8) $\arctan e^2-\frac{\pi}{4}$.

4. (1) $7\frac{1}{3}$； (2) $2\ln 3$； (3) $-\frac{4}{3}$； (4) $\sqrt{3}-\frac{\pi}{3}$； (5) $\frac{\pi}{8}$； (6) $2\ln(2+\sqrt{3})$.

5. (1) $\frac{1}{4}(e^2+1)$； (2) $\frac{\pi}{4}-\frac{1}{2}\ln 2$； (3) $2-\frac{2}{e}$； (4) 2.

B 组

1. $\frac{\pi}{4-\pi}$. **2.** 极小值 $F(0)=0$. **3.** 8.

习 题 5.3

A 组

1. (1) 1/2； (2) 1/3； (3) 1； (4) 1/4； (5) $\pi^2/8$； (6) π； (7) $+\infty$； (8) 1.

B 组

1. 当 $p>1$ 时，收敛，其值为 $\frac{1}{p-1}$；当 $p\leqslant 1$ 时，发散. **2.** $\frac{2}{3}$.

习 题 5.4

A 组

1. (1) 1； (2) 1/3； (3) 9/2； (4) 125/6； (5) 1/2； (6) 16；
(7) e−1； (8) 32/3； (9) 9/2； (10) 1/12； (11) 4/3； (12) 7/6.

2. $\frac{1}{3}$. **3.** $\frac{e}{2}-1$. **4.** $C=Q^3-59Q^2+1315Q+2000$.

5. (1) $R=200Q-\frac{Q^2}{100}$； (2) $R=39600$； (3) $R=38800$.

6. (1) $C=0.2Q^2+2Q+20$； (2) $\pi=(-0.2Q^2+16Q-20)$； (3) $Q=40$ 吨，$\pi=300$ 万元.

7. $Q=3, \pi=3$.

B 组

1. $2\pi+4-4\arctan 2$. **2.** 4. **3.** (1) $C(Q)=Q^3-9Q^2+33Q+110$； (2) 392.

总习题五

1. (A).　**2.** (B).　**3.** (D).　**4.** (C).　**5.** (D).　**6.** (C).　**7.** (D).
8. (D).　**9.** (A).　**10.** (A).

习　题　6.1

A　组

1. (1) $-\frac{5}{12},\frac{a^4-1}{2a^2},\frac{x^2-y^2}{2xy}$;　(2) $\frac{2x}{x^2-y^2}$.

2. (1) $\{(x,y)\mid -\infty<x<+\infty,-\infty<y<+\infty\}$;　(2) $\{(x,y)\mid y\neq\pm1\}$;
(3) $\{(x,y)\mid x\geqslant0,0\leqslant y\leqslant x^2\}$;　(4) $\{(x,y)\mid 4<x^2+y^2<16\}$.

B　组

1. $\frac{x^2(1-y)}{1+y}$.　**2.** 3.

习　题　6.2

A　组

1. (1) $-y\sin x,\cos x$;　(2) ye^{xy},xe^{xy};　(3) $\frac{y}{x^2}\ln3\left(\frac{1}{3}\right)^{y/x},-\frac{1}{x}\ln3\left(\frac{1}{3}\right)^{y/x}$;

(4) $\frac{1}{y}\cos\frac{x}{y}\cos\frac{y}{x}+\frac{y}{x^2}\sin\frac{x}{y}\sin\frac{y}{x},-\frac{x}{y^2}\cos\frac{x}{y}\cos\frac{y}{x}-\frac{1}{x}\sin\frac{x}{y}\sin\frac{y}{x}$;

(5) $-\frac{y}{x^2+y^2},\frac{x}{x^2+y^2}$;　(6) $\ln\frac{y}{x}-1,\frac{x}{y}$;

(7) $2(2x+y)^{2x+y}[1+\ln(2x+y)],(2x+y)^{2x+y}[1+\ln(2x+y)]$;

(8) $y^2(1+xy)^{y-1},xy(1+xy)^{y-1}+(1+xy)^y\ln(1+xy)$.

2. (1) 0,1;　(2) $\frac{8}{5},\frac{9}{5}$.

3. 答案顺序：z_{xx},z_{yy},z_{xy}.

(1) $12x^2-8y^2,12y^2-8x^2,-16xy$;

(2) $e^x(\cos y+x\sin y+2\sin y),-e^x(\cos y+x\sin y),e^x(x\cos y+\cos y-\sin y)$;

(3) $e^{xe^y+2y},xe^{xe^y+y}(xe^y+1),e^{xe^y+y}(xe^y+1)$;

(4) $2a^2\cos2(ax+by),2b^2\cos2(ax+by),2ab\cos2(ax+by)$.

B　组

1. (1) 1;　(2) 1/2.

2. (1) $e^{x(x^2+y^2+z^2)}(3x^2+y^2+z^2),2xye^{x(x^2+y^2+z^2)},2xze^{x(x^2+y^2+z^2)}$;

(2) $y^zx^{y^z-1},zy^{z-1}x^{y^z}\ln x,y^zx^{y^z}\ln x\ln y$.

习 题 6.3

A 组

1. (1) 极小值为 $f(3,-1)=-8$； (2) 极小值为 $f(1,0)=-5$,极大值为 $f(-3,2)=31$.

2. 各边长分别为 6 cm，6 cm，9 cm.

3. 各边长分别为 6 m，6 m，3 m.

4. 最大利润为 $\pi=4$,产出水平为 $Q_1=Q_2=1$.

5. $K=8,L=16,Q=48$,最大利润为 $\pi=16$.

6. 5 台,3 台.

7. $K=8,L=6,Q=200\sqrt[3]{6}$.

8. $K=16,L=4$.

B 组

1. 没有极值.

2. 长为 $\frac{4}{17}\sqrt{\frac{5a}{b}}$,宽与深均为 $\frac{1}{6}\sqrt{\frac{5a}{b}}$,其中 b 为底面单位面积造价.

3. 产量为 $Q_1=8,Q_2=7\frac{2}{3}$；最大利润为 $\pi=488\frac{1}{3}$；产品价格为 $P_1=39\frac{1}{3},P_2=46\frac{2}{3}$.

4. $x=15,y=10$.

5. $y=-12746.2155+100.1966x$.

总 习 题 六

1. (D).　　2. (A).　　3. (B).　　4. (D).　　5. (B).